AF391501

LE MUSÉUM

DES SCIENCES ET DES ARTS

PARIS. — TYPOGRAPHIE DE J. BEST,
rue Saint-Maur-Saint-Germain, 15.

LE MUSÉUM

DES SCIENCES ET DES ARTS

CHOIX DE TRAITÉS INSTRUCTIFS

SUR LES SCIENCES PHYSIQUES ET LEURS APPLICATIONS AUX USAGES DE LA VIE

PAR

LE Dr DIONYSIUS LARDNER

PROFESSEUR DE PHYSIQUE ET D'ASTRONOMIE A L'UNIVERSITÉ DE LONDRES;
MEMBRE DES SOCIÉTÉS ROYALES DE LONDRES ET D'ÉDIMBOURG,
DE LA SOCIÉTÉ ROYALE ASTRONOMIQUE DE LONDRES, DE L'ACADÉMIE ROYALE D'IRLANDE,
DE LA SOCIÉTÉ ZOOLOGIQUE, DE LA SOCIÉTÉ LINNÉENNE,
&c., &c., &c.

TRADUIT DE L'ANGLAIS ET ANNOTÉ

Par Ach. GENTY

AVEC L'AUTORISATION ET LE CONCOURS DE L'AUTEUR.

Ouvrage illustré de plus de 600 Gravures sur cuivre.

TOME PREMIER.

PARIS

AUX BUREAUX DE *LA SCIENCE POUR TOUS*,
RUE SAINT-SULPICE, 22,
ET CHEZ LES PRINCIPAUX LIBRAIRES.

1857

LE MUSÉUM

DES SCIENCES ET DES ARTS.

LES PLANÈTES

SONT-ELLES HABITÉES?

Grand télescope de lord Rosse.

CHAPITRE PREMIER.

I.

Lorsque, par une belle nuit émaillée d'étoiles brillantes, vous portez vos pas dans la campagne et contemplez l'admirable spectacle que présentent les cieux, certaines réflexions ne viennent-elles pas assiéger votre esprit? Ces globes resplendissants, qui sans nombre décorent le firmament, sont-ce des mondes peuplés de créatures, comme nous douées de raison pour découvrir, de sensibilité pour aimer, et d'imagination pour saisir, dans leur infini, les attributs de Celui « dont les cieux sont l'ouvrage? » A-t-il, Celui qui « fit l'homme inférieur aux anges pour le couronner » de la gloire de découvrir cette lumière dont il « s'est enveloppé comme d'un vêtement, » a-t-il aussi fait d'autres créatures riches de pouvoirs semblables, de destinées identiques, d'omnipotence sur les œuvres de ses mains, ayant, en un mot, toutes choses à leurs pieds et sous leur absolue domination? Et ces globes splendides qui roulent, dans un majestueux silence, à travers les abîmes sans fond de l'espace, sont-ils le séjour de ces créatures? — Telles sont les grandes questions que ni le tracas des affaires, ni le tourbillon des plaisirs, n'empêchent d'envahir, plus ou moins, l'esprit de l'homme.

II.

Ceux-là qui n'ont en ces matières que des idées superficielles et vagues prétendraient incontinent voir clair dans ces hautes questions; en conséquence, ils feraient appel au télescope (1). Mais le télescope ne répondrait pas à leur appel. Quel que soit le pouvoir de cet instrument, il ne saurait encore jeter un jour direct sur de telles questions; à cet égard, son impuissance est complète. De quel secours peut donc nous être le télescope dans l'examen des corps célestes ou de quelque autre objet éloigné? Voici quel est ce secours, rien de plus : le télescope nous mettra à même de voir l'objet comme nous le verrions s'il était plus rapproché; mais, strictement parlant, il ne peut opérer ce prodige (le supposer serait lui attribuer l'admirable perfection optique de l'œil), car cet instrument, quelle que soit sa ressemblance avec l'organe visuel, manque encore de quelques-unes des propriétés que l'œil a reçues du Créateur.

III.

Supposons, cependant, que nous avons à notre disposition un télescope dont le grossissement soit, par exemple, d'un millier de fois : qu'en résultera-t-il? Il en résultera que l'objet à examiner se trouvera, par le fait, mille fois plus près de nous; par conséquent, nous le verrons alors comme nous le verrions, sans l'intermédiaire du télescope, si sa distance était mille fois moindre. Telle est l'étendue du secours que l'on peut tirer de cet instrument. — Voyons maintenant quelle sera la conséquence de ce secours. Prenons la Lune pour exemple, la Lune, notre plus proche voisine dans l'univers. Sa distance à la Terre est d'environ 240 000 milles (*) (96 000 lieues environ); le télescope nous placerait donc à 240 milles (96 lieues environ) de cet astre. Or, à la distance de 96 lieues, nous est-il possible de voir distinctement, ou même confusément, un homme, un cheval, un éléphant, ou quelque autre objet naturel? Assurément non. Distinguons-nous un édifice, un travail d'art quelconque? Pas davantage. — Mais prenons pour exemple l'une des planètes. Mars, dans son plus grand rapprochement de la Terre, en est éloigné de 50 millions de milles (20 116 436 lieues). Notre télescope nous transporterait à la distance de 50 000 milles de cette planète. Quel objet peut-on s'attendre à voir à la distance de 50 000 milles (plus de 20 000 lieues)? La planète Vénus, quand elle est le plus près de la Terre, en est éloignée d'un peu moins de 30 millions de milles; mais, à ce moment, elle nous présente son hémisphère obscur; et quand une portion notable de son hémisphère éclairé est visible, sa distance n'est pas moindre alors que celle de Mars. — Toutes les autres planètes, même dans leur plus grand rapprochement de la terre, sont à des distances plus considérables encore. Quant aux étoiles, toutes plus éloignées de la terre que les planètes les plus éloignées, il est inutile d'en parler ici.

(*) Le *mile* ou *mille* anglais équivaut à 1 609 mètres 3 149 dix-millimètres. Il faut, par conséquent, à peu près 2 milles ¹/₂ pour faire une lieue française de 4 kilomètres. Toutes les conversions en mesures françaises opérées dans cet ouvrage l'ont été sur cette base.

IV.

Évidemment, le télescope ne peut apporter aucune lumière dans la question de savoir si les planètes sont, comme la Terre, des globes habités. Cependant, quoique la science ne se prononce pas catégoriquement dans une question de cette nature, elle présente un ensemble de faits, de circonstances, vraiment dignes d'intérêt. On a, de nos jours, groupé tous les phénomènes qui ont trait à la position des astres du système solaire (2), à leurs mouvements, à leur caractère physique, à leurs conditions, au rôle qu'ils jouent dans le système; et tous ces phénomènes, ainsi groupés, forment un corps d'analogies qui jette, dans la question dont il s'agit ici, un jour plus complet, véritablement, que ces probabilités d'après lesquelles nous décidons chaque jour, en justice, des biens et de la vie de nos concitoyens, ou d'après lesquelles nous hasardons même les nôtres (3).

V.

On envisagera d'abord cette intéressante question au point de vue du groupe de planètes qui, par les analogies qu'elles offrent avec la nôtre, ont reçu le nom de *planètes terrestres*. Ces planètes, au nombre de trois, sont Mercure, Vénus et Mars; elles tournent, avec la Terre, autour du Soleil, à des distances beaucoup plus rapprochées de cet astre que les autres éléments du système solaire. En second lieu, nous porterons notre examen sur les autres corps du système; enfin, nous considérerons ceux qui sont distribués à travers les régions de l'univers les plus distantes.

VI.

En considérant la Terre comme une demeure appropriée à l'homme et aux êtres qu'il a plu au Créateur de mettre sous sa dépendance, on remarque un accord, une concordance, entre une foule de dispositions qu'on ne saurait complétement suivre et qui, dans le fait, ne se peuvent manifester d'une manière sensible, quelle que soit la loi mécanique générale à laquelle obéissent les mouvements et les changements des masses purement matérielles. C'est dans la profusion, dans la richesse, dans la somptuosité de ces dispositions, conformes à nos besoins ou à nos désirs, dont notre séjour a été si abondamment pourvu, qu'on voit plus immédiatement percer l'intention·bienfaisante du Créateur. Les grandes lois physiques ou mécaniques qui régissent le monde, quel que soit leur grandiose, quelle que soit leur importance, laissent plus obscure cette intention. — Si, — possédant une notion suffisante de nos besoins naturels, de nos désirs et de nos passions, de nos aptitudes à la joie et à la douleur, en un mot, de notre organisation physique, — nous nous trouvions subitement transportés sur cette magnifique terre — à l'atmosphère embaumée, aux eaux pures et dia-

phanes, riche de vies animales et végétales ; exerçant sur la matière dont
se composent nos propres corps une attraction strictement suffisante pour
leur donner la stabilité convenable, mais non assez forte pour leur enlever
la possibilité de librement et rapidement se mouvoir ; produisant, par ses
intervalles de jour et de nuit, une alternative de travail et de repos scrupuleusement correspondante à nos facultés musculaires ; enfin, présentant
une agréable succession de saisons et des variations de température modé-
rées si parfaitement appropriées à notre organisation : — en présence d'une
telle concordance en tout et partout, comment hésiter à conclure que la
Terre ait été formellement destinée à nous servir de demeure ?

VII.

Si donc la science nous révèle dans toute planète qui, comme la
nôtre, s'avance par périodes régulières autour du Soleil, des dispositions à
tous égards similaires ; s'il est prouvé que chacune d'elles est similaire-
ment construite, ventilée, chauffée, éclairée, approvisionnée ; que chacune
possède les mêmes alternatives de lumière et d'obscurité par un procédé
identique ; que la succession de saisons est conforme, la diversité de climats pareille, la distribution de terre et d'eau complétement la même :
plus de doute, ces planètes, elles aussi, sont habitées, et habitées par des
êtres semblables en tout point à nous-mêmes ! La présomption puissante
qui ressort de ces analogies se convertit en certitude morale si l'on réfléchit
qu'il est parfaitement prouvé que tous les corps ont pour auteur la même
main qui édifia l'univers et le lança dans l'espace. — Telle est donc la
nature des preuves que présente la science sur cette intéressante question.
Tâchons de la dépouiller de ces expressions techniques et de ces raisonne-
ments que les savants seuls ont le privilège de comprendre, et la présentons
de façon qu'elle devienne aisément et sans fatigue accessible à tout le monde.

VIII.

En jetant la vue sur un plan du système solaire, mais spécialement
sur le plan de cette partie du système dont nous entendons maintenant plus
particulièrement parler, on sera, du premier coup d'œil, convaincu que la
Terre n'est qu'un élément, un individu, d'une classe de mondes dont sont
membres les trois autres planètes. Le plan ci-annexé (fig. 1) représente les
positions relatives de ces planètes dans leur marche autour du Soleil. La
position de Mercure est représentée en M, celle de Vénus en V, celle de la
Terre en E, et celle de Mars en M'. Les cercles représentent les différentes
routes que chacune parcourt autour du soleil. Lui-même, il est représenté
envoyant sa lumière et sa chaleur d'un centre commun à tous ces cercles.

Ces quatre corps ont la forme de globes et ne diffèrent pas extrêmement
dans leurs grandeurs. Ils se meuvent autour du Soleil comme autour d'un

centre commun, dans des orbites (4) circulaires, ainsi que l'indique le tableau ci-dessous, et à peu près dans le même plan (5).

Irrésistiblement, on est porté à croire que ces quatre globes sont des

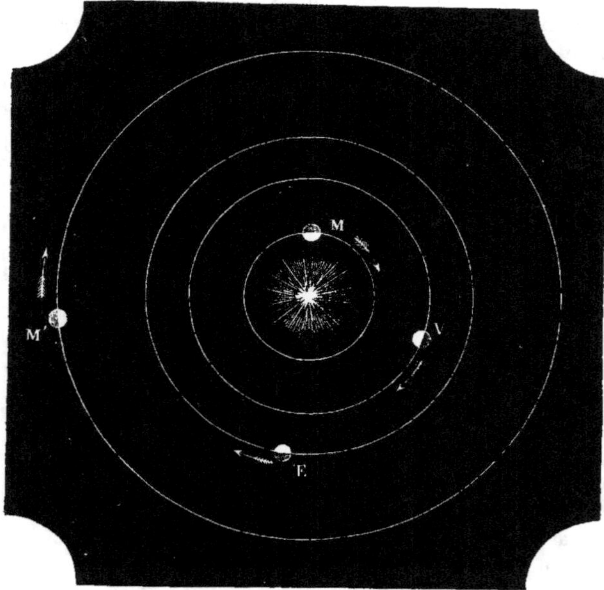

FIG. 1.

corps de la même classe; mais voyons les résultats qui, dans l'économie
de la nature, découlent, d'abord de ce caractère commun donné aux mouvements de ces planètes, et ensuite de la position du Soleil.

IX.

On trouve, en considérant les qualités des corps organisés, et spécialement celles des espèces animales et végétales, que le maintien de leur
bien-être physique dépend essentiellement de l'uniformité et de la régularité avec lesquelles ils sont entretenus, alimentés, par les deux grands
principes de la lumiere et de la chaleur. Si ces corps, où l'un d'eux, se
trouvaient soumis à quelques variations extrêmes, leur organisation subirait une atteinte souvent mortelle. D'un côté il y a un certain degré de
froid, et de l'autre un certain degré de chaleur dont l'influence serait
fatale à tout corps organisé; il y a des limites plus étroites encore dans
lesquelles il est nécessaire d'enfermer les températures pour maintenir la
santé physique des corps. Il y a, enfin, des degrés de lumière dont l'in-

tensité serait incompatible avec la conservation des organes de la vision.

Si donc l'on envisage cette somme toujours même de lumière et de chaleur qu'exige le bien-être des créatures qui peuplent ce globe, on est naturellement conduit à se demander par quels moyens un état de choses si nécessaire leur a été assuré. Si, près de nous, il jaillissait d'un foyer de la lumière et de la chaleur, et que des circonstances nous obligeassent à changer de position par rapport à ce foyer, comment nous y prendrions-nous pour en recevoir un degré uniforme de chaleur et de clarté ? Est-ce que nous suivrions une route différente d'un cercle dont le foyer serait le centre, nous en tenant ainsi et toujours à la même distance ? Eh bien, telle est exactement la route que suit la Terre, comme on le voit dans notre tableau ; et l'on remarquera que les trois autres planètes s'avancent aussi, indivi-duellement, en décrivant des cercles, chacune d'elles se tenant incessam-ment à la même distance de la source commune de lumière et de chaleur (6).

X.

Puisque ce mouvement circulaire est, pour la Terre, un moyen par lequel est atteint un but important, l'analogie justifie cette conclusion, que, pour chacune des planètes, un moyen ou procédé semblable doit exister, afin d'atteindre un but semblable. On dira probablement que les planètes sont à des distances différentes du Soleil ; que, par suite, quoi-qu'on doive admettre que chaque planète (considérée elle-même) est uniformément pourvue, grâce au mouvement circulaire, de lumière et de chaleur, cependant l'intensité de ces deux principes, auxquels elles sont individuellement exposées, diffère, si l'on compare l'une à l'autre, au point de renverser toute analogie entre elles.

XI.

Pour répondre à cette objection, il faut qu'on sache que l'influence de la lumière et de la chaleur sur une planète ne dépend pas uniquement de sa distance au Soleil. La chaleur produite par les rayons solaires dépend de la densité de l'air qui environne les objets affectés par la chaleur. Ainsi, à de grandes hauteurs, dans notre propre atmosphère, on trouve une tem-pérature considérablement plus basse qu'à la moyenne surface du globe. Pourquoi ? parce que, à ces hauteurs, l'air est si raréfié qu'il ne peut ni concentrer ni retenir la chaleur solaire. On peut donc aisément concevoir (si toutefois l'on admet l'existence d'atmosphères planétaires) que leurs densités ont été réglées de telle façon que les planètes les plus voisines du soleil, qui reçoivent ses rayons les plus intenses, ne sont pas soumises à une température plus élevée que les planètes les plus éloignées du soleil, lesquelles sont exposées à des rayons beaucoup moins intenses : c'est par la même raison précisément que la température du sommet des montagnes les plus hautes des tropiques est aussi basse que la température des montagnes polaires. On voit par là combien les effets résultant des différentes distances des planètes au Soleil peuvent être compensés et neutralisés. Pour y parvenir, il suffit que les atmosphères remplissent telles ou telles conditions, comme on l'expliquera plus loin.

XII.

Mais revenons à la lumière solaire. L'intensité de la lumière du Soleil varie avec sa distance comme l'intensité de sa chaleur, et l'éclat du jour, dans chacune des planètes, devrait être strictement proportionnelle aux grandeurs apparentes du Soleil dans chacune d'elles. Maintenant il est évident qu'à mesure qu'on s'approche d'un objet quelconque, sa grandeur augmente à l'œil, et qu'à mesure qu'on s'en éloigne, sa grandeur diminue. Un ballon qu'on voit à son point de départ présente des dimensions imposantes ; quand il a gagné une hauteur considérable, ce n'est plus qu'un point. Regardant du haut des falaises de Douvres, Edgar dit à Gloster, dans *le Roi Lear :*

> « . . . . Half way down
> » Hangs one that gathers samphire; dreadful trade!
> » Methinks, he seems no bigger than his head.
> » The fishermen, that walk upon the beach,
> » Appear like mice; and yon' tall anchoring bark
> » Diminish'd to her cock ; her cock, a buoy
> » Almost too small for sight. . . . . »

(A mi-côte, un homme est suspendu, qui cueille le fenouil de mer; triste métier! Il ne me paraît pas plus gros que sa tête. Les pêcheurs qui se promènent sur la plage semblent être des souris; et, plus loin, ce grand vaisseau à l'ancre prend les proportions de sa chaloupe; sa chaloupe n'est elle-même qu'une bouée, presque imperceptible à la vue.....) — (SHAKSPEARE, *le Roi Lear,* act. IV, sc. VI.)

Connaissant les distances relatives de Mercure, de Vénus, de la Terre et de Mars au Soleil, rien de plus facile que de calculer les apparentes grandeurs relatives du Soleil, vu de ces planètes individuellement; car le diamètre apparent doit diminuer proportionnellement à l'augmentation de la distance au Soleil, et réciproquement. Par ce moyen, on trouve que le Soleil, vu des quatre planètes, prend les grandeurs relatives de la figure 2, figure dans laquelle E, représentant le disque du Soleil vu de la Terre, M sera son disque vu de Mercure, V son disque vu de Vénus, et M' son disque vu de la planète Mars.

L'éclat de la lumière solaire dans Mercure sera plus grand que sur la Terre, dans la proportion de M à E; la lumière du Soleil dans Mars sera moins brillante que sur la Terre; elle sera dans le rapport de M' à E. On pourrait, par suite, conclure de là que la lumière dans Mars serait trop faible, et dans Mercure trop intense pour la vision.

XIII.

Quelques mots sur la structure et les fonctions de l'œil suffiront, toutefois, pour prouver que ces difficultés peuvent être facilement résolues.

La perception de la lumière qu'acquiert toute créature douée de l'organe visuel, dépend (toutes choses
pareilles d'ailleurs) de la grandeur de l'ouverture
circulaire ou foramen qu'on voit au-devant de l'œil,
et qui se nomme *la pupille ;* extérieurement, cette
ouverture a l'aspect d'un point noir, mais en réalité
c'est un trou circulaire que traverse la lumière pour
se rendre à l'intérieur, dans *la chambre* de la vision, et y agir sur l'enveloppe membraneuse, laquelle transmet cette action au cerveau et détermine la sensation.

Cet exposé sera mieux compris, si l'on fait attention aux figures 3 et 4. La première de ces figures
représente la forme extérieure et l'aspect de l'œil ;
la seconde représente une section du globe de l'œil,
pratiquée dans un plan horizontal suivant la ligne
ponctuée AZ.— La ligne P, figure 3, indique la pu-

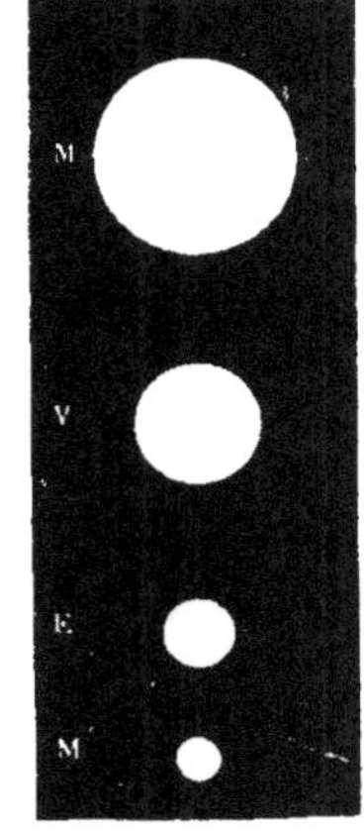

Fig. 2.

pille, I l'iris ; un rayon coloré entoure la pupille ; enfin B indique le blanc
de l'œil. — Dans la figure 4, P indique la pupille, I l'iris, N et O une

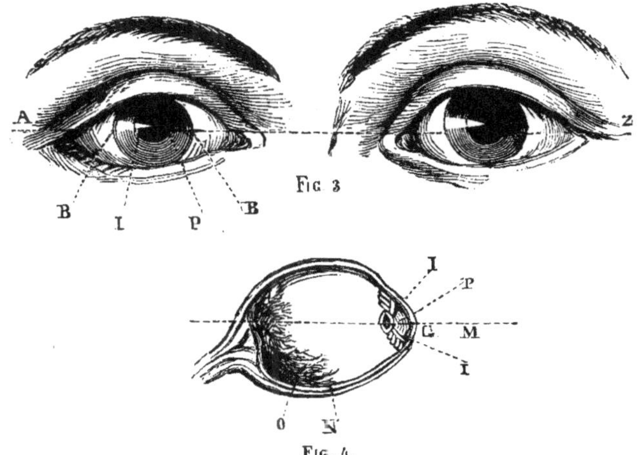

enveloppe membraneuse, parsemée de nerfs et de vaisseaux sanguins, qui
garnit l'intérieur du globe de l'œil. — La lumière, pénétrant de MG dans

la pupille et passant à travers les liquides intérieurs de l'œil, — liquides complétement diaphanes, — frappe l'enveloppe membraneuse et agit sur elle de manière à produire une perception. L'éclat apparent de la lumière dépendra, évidemment, de la quantité qui en pénétrera dans l'œil à travers la pupille, comme aussi de la sensibilité de l'enveloppe membraneuse sur laquelle agit cette lumière.

XIV.

Si donc les pupilles des yeux dans Mercure et Vénus avaient une petitesse, et dans Mars une grandeur, proportionnelles à E et VM, et à EM' (fig. 2), l'enveloppe membraneuse gardant d'ailleurs dans ces planètes la même sensibilité, il arriverait que l'éclat de la lumière solaire serait identique partout et pour toutes ces pupilles. Ou bien, en supposant que les pupilles eussent la même grandeur, on arriverait au même résultat, si l'on octroyait aux enveloppes membraneuses des yeux différents degrés de sensibilité, par exemple dans Vénus et Mercure un degré moindre, et dans Mars un degré plus grand que sur la Terre.

XV.

En considérant les facultés de se mouvoir et d'agir que possèdent les animaux terrestres, on trouve que ces facultés ont certaines limites. L'exercice de ces facultés peut avoir lieu pendant certaines périodes variant, à la vérité, suivant les individus, mais ne variant toutefois que dans des bornes restreintes. Après un certain laps de temps, le repos du corps est indispensable. Mais en outre des facultés de se mouvoir et d'agir, en outre de ce besoin de repos qui succède à la locomotion et à l'activité, les animaux ont, en général, d'autres besoins et des désirs périodiques. Ainsi, ils sont susceptibles de veille pendant certaines périodes, après quoi le besoin physique de dormir se fait sentir chez eux. Maintenant, si l'on embrasse du regard l'ensemble des êtres, on voit que la période moyenne qui doit régler les intervalles de travail et de repos, de veille et de sommeil, correspond le plus souvent à celle qui règle les alternatives de jour et de nuit.

Dans le règne végétal, on trouve aussi des fonctions périodiques, moins apparentes, il est vrai, mais non moins dignes d'intérêt et se rattachant étroitement à la période qui règle les alternatives de jour et de nuit. Les plantes subissent, en présence de la lumière solaire, certains changements, certains effets, différents (et à quelques égards contraires) de ceux qu'elles subissent en son absence. Ces changements sont nécessaires à la santé des plantes ; sans eux, elles disparaîtraient du globe.

XVI.

La durée de ces phénomènes, de leur action, n'est pas moins essentielle que leur succession. Il faut que la lumière soit présente pendant un certain temps, et ni en deçà ni au delà de ce temps ; son absence est pareillement limitée, autrement la créature végétale périrait. Il y a donc, évidemment, une liaison intime entre les fonctions et les qualités du règne végétal, entre la faculté d'agir, la susceptibilité de jouissance, les besoins physiques des animaux, et les périodes qui séparent la lumière de l'obscurité, le jour de la nuit. Mais ces périodes, quelles sont-elles ? Quel est le procédé mécanique auquel, pour accomplir ses impénétrables desseins, eut recours Celui qui sépara la lumière des ténèbres et « vit que cela était bon ? » Rien de plus simple, rien de plus beau, rien de plus admirablement parfait. Tandis que le globe terrestre accomplit son trajet annuel autour du soleil, il exécute en même temps un mouvement de rotation sur un certain diamètre, tel qu'un essieu ou axe ; en vertu de ce mouvement, il expose successivement toutes les parties de sa surface à la lumière et à la chaleur du Soleil. Chaque rotation complète se fait dans l'intervalle désigné sous le nom de vingt-quatre heures. Tous les points de la Terre sont alternativement exposés à la lumière solaire, puis soustraits à cette lumière. — La

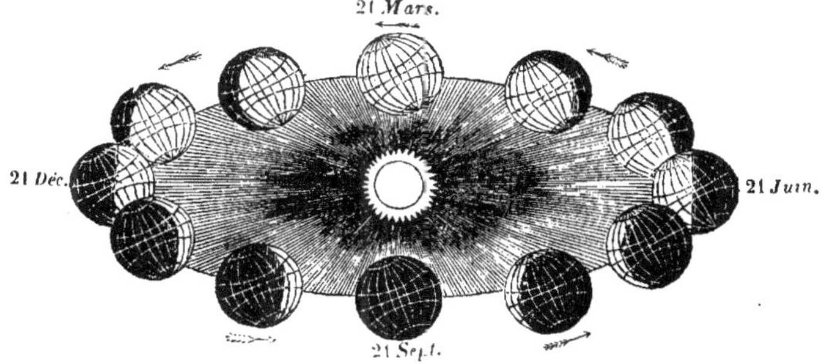

Fig. 5.

figure 5 représente la Terre dans son mouvement annuel autour du Soleil. On voit qu'un hémisphère est éclairé par le Soleil, pendant que l'autre est plongé dans les ténèbres. Mais comme le globe accomplit sur son axe un tour complet par 24 heures, chaque côté se trouve tour à tour exposé à la lumière et à la chaleur du Soleil pendant des intervalles moyens de 12 heures.

Le procédé culinaire au moyen duquel on fait tourner la viande au bout d'une ficelle ou sur une broche, devant le feu, afin de soumettre successivement à son action chacun des côtés de la viande, offre l'image exacte de la rotation de la Terre.

Maintenant, quand on réfléchit au rapport qui se manifeste entre ces intervalles et les besoins des créatures organisées, peut-on douter un instant que la Terre ait été astreinte à tourner sur son axe dans tel temps (24 heures) plutôt que dans tel autre, parce que cet état de choses était le plus avantageux au bien-être des myriades innombrables d'espèces animales et végétales, œuvre de Dieu, pour la jouissance desquelles la Terre fut créée? Si la durée de la rotation eût été matériellement moindre qu'elle n'est, nos périodes d'activité et de travail seraient trop courtes pour nous préparer au retour des ténèbres; si cette durée eût été plus longue, nous aurions besoin de repos avant le retour du temps qui lui est naturellement destiné. Ainsi donc, les alternatives naturelles de jour et de nuit sont strictement adaptées à nos besoins; et quoique notre organisation ne se rattache physiquement à la rotation de la Terre par aucune relation de cause et d'effet, supposer une telle adaptation fortuite serait un outrage à tous les principes de probabilité. Cette mutuelle convenance est donc une nouvelle preuve, entre beaucoup d'autres se présentant d'elles-mêmes, qui montre que la Terre, comme demeure, et l'homme, comme habitant, ont été formellement destinés l'un pour l'autre.

XVII.

On pourrait indiquer beaucoup d'exemples de cette corrélation entre la durée de rotation du globe sur son axe et les fonctions périodiques du monde organisé. De ce nombre est l'*horloge de Flore*, de Linné. Ce sont des plantes qui ouvrent et ferment leurs fleurs à certaines heures du jour. Ainsi, la belle-de-jour s'ouvre à 5 heures du matin, le pissenlit commun à 6, l'épervière à 7, le chrysanthème à 9, et ainsi de suite; elles se ferment l'après-midi à des heures correspondantes. Et qu'on ne croie pas que c'est là un effet particulier de la lumière sur les plantes; car si l'on introduit les fleurs dans une chambre obscure, on les trouve ouvertes ou fermées à leurs heures ordinaires.

XVIII.

La nécessité de maintenir une correspondance entre les intervalles de repos et d'activité, les heures des repas, etc., fut constatée pendant les voyages au pôle Nord, où des navigateurs atteignirent ces latitudes qui ne voient pas le Soleil durant plusieurs semaines. On jugea nécessaire de faire prendre aux hommes du bord l'habitude de se mettre au lit à neuf heures et de se lever à six heures moins un quart. Grâce à ce régime, la santé des équipages se maintint parfaite, malgré la rigueur accablante du climat auquel ils étaient exposés.

La rotation de la Terre en 24 heures est un exemple de la bienfaisance du Créateur. Cette durée n'est pas, comme le temps de la révolution terrestre autour du Soleil, une conséquence nécessaire d'une loi physique établie. Aucune loi régissant la matière n'eût empêché la Terre de recevoir quelque autre degré de rotation plus ou moins rapide : ainsi, la Terre eût pu ne faire qu'une seule rotation par mois, et alors les moyennes alternatives de jour et de nuit eussent été de quinze jours; ou bien elle eût pu accomplir une rotation par heure, et alors les alternatives eussent été de trente minutes. Un tel état de choses, quoique physiquement admissible, serait évidemment incompatible avec le maintien du monde organisé. On est donc conduit à envisager la période de rotation diurne de la Terre et sa merveilleuse adaptation aux besoins et au bien-être des créatures, non comme le résultat d'une loi physique, mais comme un don émanant directement de la bienfaisance divine, comme un exemple de l'habileté infinie de la Main qui, au moment de sa création, lança le globe terrestre dans l'espace.

XIX.

Voyant donc que le procédé, que le moyen employé pour faire tourner le globe terrestre sur son axe en 24 heures, est une conséquence de libéralités sans nombre, qu'il est en corrélation tellement intime avec les espèces organisées du globe que, si le globe tournait sur lui-même en un temps plus long ou en un temps plus court, il s'ensuivrait dans l'économie animale ou végétale un désordre complet, — ne devient-il pas intéressant de savoir si un procédé analogue a été appliqué aux autres planètes, et, en cas d'affirmative, si l'application de ce procédé a pour ces planètes des résultats identiques à ceux que présente la Terre? Toutes les planètes sans exception ont un mouvement de rotation sur certains diamètres ou essieux (axes), pendant qu'elles accomplissent leurs révolutions périodiques autour du Soleil. Le diamètre sur lequel elles tournent est tel que chacune d'elles a des alternatives régulières de lumière et d'obscurité dans chaque partie de sa surface; en un mot, les planètes ont, comme la terre, des jours et des nuits. Mais ces jours et ces nuits sont-ils réglés par les mêmes intervalles que les nôtres? C'est là, sans contredit une importante question; car ces intervalles, on l'a vu, sont, en quelque sorte, la clef qui permet de pénétrer dans le secret des organisations et des fonctions des êtres vivant dans chacune des planètes.

XX.

Lorsqu'on dirige sur la planète Mars un télescope d'un pouvoir suffisant, on observe que la surface de son disque est parsemée de points lumineux et obscurs comme celle de la Lune. Quelques-uns de ces points sont changeants et variables, mais la plupart demeurent fixes, sans altération.

On doit à MM. Beer et Madler, les célèbres astronomes prussiens, une riche collection de dessins représentant les différents hémisphères de Mars.

Mars. — D'après les dessins télescopiques de MM. Beer et Madler.

1. 14 septembre, 10 h. 30 m. — 2. 14 septembre, 13 h. — 3. 13 septembre, 10 h. 6 m. — 4. 14 octobre, 7 h. 37 m. — 5. 19 octobre, 8 h. 13 m. — 6. 20 octobre, 10 h. 20 m.

Trente-cinq ont été faits en 1830, au moment ou Mars était en opposition, trente en 1837, et quarante en 1841. Dans la figure ci-contre, on donne six de ces vues. Elles ont été prises à des heures différentes et à différentes dates.

En comparant entre elles toutes ces vues de la planète, M. Beer et Madler ont fait les deux projections de ses hémisphères nord et sud, dont les figures seront données plus loin.

Si l'on observe pendant quelques heures les points lumineux et obscurs de la planète, on remarque que ces points se transportent lentement d'un côté du disque à l'autre. Chacun d'eux disparaîtra tour à tour par un côté, et d'autres se présenteront par l'autre côté; après un laps d'envion 12 heures, les points qui avaient disparu par un côté reparaîtront de l'autre, et toujours de même.

Est-il besoin de dire que ces phénomènes sont le résultat de la rotation de Mars sur son axe, et que, puisque les points disparus reparaissent toujours dans leur position primitive après un laps de 24 heures 37 minutes 22 secondes, la planète, par suite, tourne sur son axe dans ce laps de temps?

XXI.

C'est par des observations analogues qu'on est parvenu à conclure que le globe de Vénus tourne sur son axe en 23 heures 21 minutes 21 secondes, et celui de Mercure en 24 heures 5 minutes.

XXII.

Ainsi, de ce qui précède il suit, non-seulement que Mars, Vénus et Mercure possèdent des jours et des nuits, mais que ces jours et ces nuits sont, en réalité et par les mêmes raisons pratiques, similaires à ceux de la Terre. Ils sont réglés par la même durée moyenne, se succèdent de la même façon, et Celui qui leur imposa cette loi vit sans doute qu'il était bon « de séparer la lumière des ténèbres » dans ces planètes comme sur la Terre.

Si donc la durée de nos jours et de nos nuits est évidemment réglée en vue de la convenance et du bien-être des créatures auxquelles la Terre a été appropriée, on est en droit, par analogie, de conclure que l'application des mêmes procédés aux planètes Mercure, Vénus et Mars, a été faite dans un dessein identique, et que les habitants de ces planètes ont, comme ceux de la Terre, une organisation qui réclame les mêmes intervalles de travail et de repos, d'activité et d'inertie, de veille et de sommeil.

XXIII.

En considérant le moyen ou procédé qui assure aux planètes des jours et des nuits, il est utile d'étudier la position particulière des diamètres sur lesquels elles sont astreintes à tourner. La Terre, en accomplissant sa révolution autour du Soleil, eût pu tourner sur un grand nombre de diamètres. Par exemple, elle aurait pu tourner sur un diamètre à angles droits avec son orbite annuelle. S'il en eût été ainsi, nous aurions des nuits et des jours égaux toute l'année et dans chaque partie du globe.

Si l'axe de la terre avait été dans le plan de son orbite annuelle, le Soleil se serait constamment montré au-dessus de l'horizon pendant plusieurs semaines de l'été, et constamment au-dessous pendant un temps égal en hiver. La durée de ces intervalles de lumière et de ténèbres incessantes eût varié sur les différents points du globe, et augmenté avec la latitude. Pas d'alternatives quotidiennes de jour et de nuit, sinon pendant un court intervalle, avant et après les équinoxes (7).

Il n'est pas nécessaire d'insister sur les conséquences d'un tel état de choses, pour qu'on reconnaisse qu'il eût été parfaitement incompatible avec le bien-être, et même peut-être avec la conservation du monde organique.

Dans la première des deux hypothèses ci-dessus, nous eussions été privés de saisons, et toute chronologie convenable eût été impossible; dans toutes deux, nous aurions été frustrés d'un grand nombre d'avantages que l'état de choses actuel nous procure.

XXIV.

Mais entre ces positions extrêmes que l'axe de rotation pouvait prendre, il en est une infinité d'autres qui eussent été à peu près impossibles. Si l'axe se fût incliné à peu près complétement sur l'écliptique, il en serait résulté des conséquences aussi fâcheuses que celles qu'eût amenées sa position dans le plan même de l'écliptique (8). On trouve cependant que cet axe a reçu une position qui s'écarte peu de la perpendiculaire, comme la figure 5 le prouve. En vertu de cette inclinaison, l'hémisphère nord du globe se présente au Soleil pendant une moitié de l'année, et l'hémisphère sud pendant l'autre. Nous jouissons par ce moyen d'une succession de saisons agréable; c'est ainsi que le printemps, l'été, l'automne et l'hiver se suivent l'un l'autre, opérant une diversion pleine de charmes et marquant dans leur marche, par des phénomènes sensibles, le cours du temps. En outre, cette inclinaison ou abaissement de l'axe est réglée de telle sorte que les extrêmes des saisons sont confinés dans des limites restreintes, si restreintes qu'ils sont avantageux, nécessaires même, au bien-être physique des nombreux habitants de la Terre.

A la vérité, cette succession de saisons n'était pas indispensable à la conservation des races terrestres; car si l'axe eût été perpendiculaire à l'orbite de manière à rendre les nuits et les jours partout et toujours égaux, le monde organique eût continué d'exister; mais il aurait dû subir quelques modifications.

XXV.

En observant la position de l'axe sur lequel Mars accomplit sa révolution, on trouve que cet axe forme avec le plan de l'orbite de la planète un angle de 28° 27', c'est-à-dire un angle peu différent de celui que forme l'axe de la Terre avec l'écliptique. Les climats et les saisons de Mars sont donc semblables à ceux de la Terre.

On n'a pas encore déterminé la position des axes de rotation de Vénus et de Mercure, mais, suivant toute probabilité, elle n'est pas matériellement différente de celle de Mars et de la Terre.

On voit donc que dans ces trois planètes, comme sur la Terre, se rencontrent et les mêmes alternatives de jour et de nuit, et la même succession de saisons réglée par des limites de températures semblables ou à peu près, et les mêmes variétés de climats, distinctes l'une de l'autre par des limites de latitudes. En un mot, les principaux phénomènes qui se manifestent sur le globe terrestre se manifestent aussi dans les trois planètes Mercure, Vénus et Mars.

XXVI.

L'atmosphère qui environne la Terre n'est qu'un accessoire, mais cet accessoire possède avec les règnes animal et végétal un rapport aussi important qu'évident. Tout être qui respire dépend de l'atmosphère; elle est la condition de son existence. L'appareil à la fois mécanique et chimique des organes respiratoires est positivement fait en vue de l'atmosphère; il y est adapté. Enfin, la vie végétale n'en dépend pas moins que la vie animale.

Mais outre ces propriétés, sans lesquelles la vie s'éteindrait sur le globe, l'atmosphère en a d'autres qui nous procurent des avantages et même des plaisirs. N'est-elle pas le médium ou milieu par où le son nous est transmis? De même que l'appareil pulmonaire est organisé de façon à pouvoir agir chimiquement sur l'atmosphère et, par ce moyen, à fournir au sang le principe qui permet à ce fluide d'entretenir la vie, de même le mécanisme admirable de l'oreille est disposé pour recevoir les effets des pulsations ou vibrations atmosphériques et les porter au *sensorium* (au cerveau), où ils déterminent la perception du son. Ce n'est pas tout. Le mécanisme des organes vocaux est disposé pour imprimer à l'atmosphère ces vibrations atmosphériques et, par son intermédiaire, transmettre les accents de la voix au mécanisme de l'oreille, mécanisme d'une susceptibilité corrélative. Sans l'atmosphère, par conséquent, et en supposant même qu'on pût vivre sans elle, de quelle utilité nous seraient, malgré leur perfection, et la voix et l'oreille? La voix, nous l'aurions, mais aucune parole ne pourrait franchir nos lèvres; nous prêterions l'oreille, mais aucun son ne se ferait entendre. Situation étrange! Faculté d'entendre, faculté de parler, nous aurions l'une et l'autre; et néanmoins nous serions à la fois sourds et muets.

On doit à l'atmosphère un autre avantage. C'est la diffusion de la lumière solaire et l'affaiblissement de son intensité. A cet égard, l'atmosphère remplit, au respect du soleil, le rôle d'un abat-jour en verre dépoli au respect d'une lampe. Sa transparence incomplète en atténue la clarté. En l'absence d'atmosphère, la lumière du soleil éclairerait seulement les objets sur lesquels tomberaient directement ses rayons. D'une clarté solaire intense, on arriverait, sans transition aucune, à une obscurité impénétrable. D'ombre, aucune; l'appartement dont les fenêtres ne feraient pas face au soleil, ne serait pas plus éclairé à midi qu'à minuit. — Mais la présence d'une masse d'air qui s'étend depuis la surface du globe jusqu'à plus de 40 milles de hauteur (16 lieues) ne permet pas qu'il en soit ainsi. Cette masse d'air réfléchit la lumière solaire sur chaque objet qui y est exposé, et comme l'air se répand sur tous les points de la surface du globe, il transporte avec lui la lumière réfléchie, mais adoucie, du soleil.

Lorsqu'à son déclin, le soleil semble se dépouiller de sa lumière, l'atmosphère, éclairée encore par ses rayons, nous fait jouir d'un demi-jour qui va s'éteignant graduellement et se perd enfin dans l'ombre même de la nuit. Avant son lever, le soleil est de la même manière annoncé par l'atmosphère, qui nous prépare au retour de ses splendeurs en se revêtant de teintes grises d'abord et bientôt plus éclatantes : voilà l'aurore. — Si l'atmosphère faisait faute, l'instant où le soleil se couche serait marqué par un passage brusque, instantané, de l'éclat solaire le plus complet aux ténèbres les plus sombres; et, par le même motif, l'instant où il se lève serait caractérisé par un changement brusque, instantané, par un passage subit des ténèbres les plus épaisses au jour le plus brillant.

CHAPITRE II.

I.

Pas d'atmosphère, pas de nuages. Sans atmosphère, le jour ne serait qu'une lumière monotone et fastidieuse, d'un éclat toujours identique. L'azur limpide du ciel, si agréable à la vue, n'est autre chose que la couleur naturelle de l'air réfléchi vers l'œil. Si l'air qui remplit un appartement ne paraît pas azuré, c'est qu'il n'y est pas assez abondant pour déterminer sur l'œil une perception de sa couleur : ainsi, et par la même raison, de l'eau de mer, déposée dans un verre, semble transparente et incolore, tandis que, vue à une profondeur considérable, elle se montre avec la teinte verte qui lui est propre.

Lorsque, par conséquent, nous élevons les yeux vers le ciel, en leur faisant franchir un volume d'air d'une épaisseur de 40 milles (16 lieues environ), nous voyons ce fluide revêtu de sa couleur bleue spécifique. En l'absence d'atmosphère, la grande voûte des cieux n'offrirait qu'une surface invariablement et perpétuellement noire; les étoiles scintilleraient

obscurément çà et là ; seul, par un contraste lugubre, l'orbe étincelant du
Soleil accomplirait sa carrière solitaire, en parcourant cette immensité de
ténèbres éternelles.

II.

L'atmosphère produit sur la température du séjour de l'homme d'autres
effets non moins importants. Elle retient et répand la chaleur qui vient du
Soleil ou des entrailles mêmes de la Terre. En ce qui regarde la température,
quelle serait la position de l'homme si l'atmosphère n'existait pas, si son
volume ou sa densité éprouvait seulement un changement notable ? Il suffit,
pour trouver la solution de cette question, de considérer l'état des contrées
du globe dont l'altitude est telle qu'une partie considérable de l'atmosphère gît au-dessous d'elles. Ainsi, les Alpes, les Andes, l'Himalaya.
Quelle que soit l'intensité de la chaleur solaire, quelque directement qu'elle
frappe un lieu, elle ne saurait compenser l'absence d'une atmosphère suffisamment dense, et, sous les tropiques mêmes, l'eau ne peut exister à l'état
liquide à des hauteurs supérieures à 14 000 pieds. Les sommets des Andes
sont couverts de neiges perpétuelles.

Si donc la Terre n'eût pas été pourvue d'une atmosphère, si même elle
n'eût eu qu'une atmosphère aussi ténue, aussi raréfiée que celle qu'on
rencontre à une élévation d'environ une lieue (à peine le dixième de sa
hauteur totale), les eaux de nos océans auraient été à l'état solide. La
végétation n'eût pu exister, et, en dépit de la lumière et de la chaleur
génératrice du Soleil, en dépit des changements si délicieux des saisons,
en dépit de cette belle et simple disposition par laquelle le printemps succède à l'hiver, l'été au printemps, l'automne à l'été, — la Terre n'eût
présenté qu'un immense et stérile désert, enveloppé d'une croûte de glace
éternelle, sans vie, sans mouvement, sans forme, sans beauté.

Or, en envisageant à quel point une atmosphère est nécessaire à l'existence des mondes animal et végétal, à quel point indispensable à une
société d'êtres qui possèdent, pour communiquer entre eux, des facultés
parfaites ; en réfléchissant, d'un autre côté, que cette atmosphère n'est
pas essentielle au jeu mécanique du globe terrestre dans l'économie du
système solaire ; en considérant enfin que, sans atmosphère, le rôle que
remplit le globe dans le groupe des planètes serait absolument ce qu'il est,
peut-on aboutir à une conclusion autre que celle-ci, savoir : que cette
atmosphère fut répartie autour de la Terre expressément en vue du bien-
être de ses occupants, pour leur procurer une lumière douce, atténuée,
pour transporter les sons, pour faciliter le bonheur social en procurant,
par le langage, des moyens de communication, pour conserver les mers à
l'état liquide et, par l'entremise des vents propices, favoriser les rapports
de nations à nations et unir les races d'êtres habitant les points les plus

reculés du globe par les liens naturels d'une réciproque bienfaisance? Si l'on admet que ce sont là, en effet, quelques-uns des nombreux usages, quelques-unes des nombreuses fins de notre atmosphère, la question de

Mars. Projections télescopiques des deux hémisphères. — D'après Madler.

savoir si d'autres planètes, dans une position analogue à la nôtre, sont occupées par des êtres semblables à nous, se réduit à savoir si ces planètes sont ou ne sont pas pourvues d'atmosphères identiques.

III.

Les observations faites à l'aide du télescope ont péremptoirement et clairement résolu la question dont il s'agit. Il n'est pas plus difficile de voir les atmosphères qui entourent les planètes que de voir les nuages qui flottent au-dessus de la Terre. D'épaisses atmosphères enveloppent Vénus et Mars : dans Vénus, la présence de l'air est surtout évidente ; on va même jusqu'à distinguer, dans ce monde si éloigné, l'aube et le déclin du jour. L'atmosphère de Mars n'est pas moins sensible ; on y aperçoit les nuages qui le sillonnent.

IV.

L'existence incontestable de nuages à la surface des planètes prouve plus que la simple présence d'atmosphères dans ces planètes. Pour supporter des nuages, il faut une atmosphère, mais il ne faut pas la confondre avec eux. Les nuages ne sont pas plus des parties constituantes de l'atmosphère que la boue et le sable qui surnagent dans un fleuve bourbeux ne sont des parties constituantes de ses eaux. L'eau se convertit en vapeur sous l'influence du soleil et du vent. Cette vapeur, au moment où elle abandonne la surface du liquide, est en général plus légère, à volume égal, que la partie de l'atmosphère contiguë. Elle s'élève dans des régions plus hautes, et là, sous l'influence du froid, sous l'influence de l'électricité, elle retourne à l'état liquide, mais divisée en particules si ténues qu'elle demeure flottante et forme ces masses à moitié opaques qu'on nomme *nuages* (9). Les nuages ne sont donc, en réalité, que de l'eau mécaniquement divisée presque à l'infini et affectée d'une manière particulière par l'électricité.

V.

Lorsque les particules se réunissent en globules ou gouttes d'eau, — effet que peut amener soit la température, soit l'électricité dont elles subissent l'influence, soit l'une et l'autre cause ensemble, — le poids de ces particules ne leur permet pas de rester plus longtemps suspendues. Elles tombent alors à la surface des planètes sous forme de *pluie ;* ou bien, si le froid qu'elles éprouvent est assez puissant pour les congeler avant qu'elles puissent se réunir en gouttes, elles tombent sous forme de *neige ;* enfin si, par une brusque évolution de la chaleur, évolution causée par des influences électriques, les particules sont solidifiées à l'état de gouttes, elles tombent sous forme de *grêle*.

Ainsi, partout où l'existence de nuages se révèle, là doit se trouver de l'eau ; là doit s'opérer l'évaporation ; là doit régner l'électricité, avec le cortége de phénomènes qu'elle engendre ; là il doit tomber de la pluie ; là, enfin, doivent tomber grêle et neige.

VI.

Que des vents salutaires et bienfaisants agitent les atmosphères du groupe de mondes au centre desquels préside notre Soleil et dont il est le lien commun ; que des ondées rafraîchissent leurs surfaces ; que l'évaporation modifie leurs saisons et leurs climats ; que leurs continents soient reliés entre eux par des océans et des mers ; que le commerce y soit favorisé par des vents qui convertissent la surface des eaux en grandes voies de communication ; ces faits et les mille conséquences qui découlent de ce qu'on a dit et qui conduisent à cette conclusion forcée, savoir : que les divers globes ont été placés dans le système avec une destination semblable à celle de la Terre, qu'ils sont, en réalité, le séjour d'êtres à tous égards, autant par leurs besoins physiques les plus infimes que par les plus grands avantages sociaux dont ils jouissent, absolument semblables à nous-mêmes ; tous ces faits, disons-nous, s'offrent à l'esprit groupés en une masse si compacte qu'on peut à peine les exprimer dans un ordre clair, intelligible.

Par l'observation immédiate, se demande-t-on peut-être, est-il possible d'apercevoir les surfaces géographiques des planètes, de façon à pouvoir, par un examen direct, dire : Voici des terres, voilà des mers ; voilà des montagnes, voici des vallées ; ici tels accidents de terrain, et là tels autres ?

Non. Il suffit de jeter sur le sujet qui nous occupe un coup d'œil très-superficiel pour saisir toutes les difficultés qui, au respect de la plupart des planètes, mettent obstacle à une investigation de cette nature. La présence même des atmosphères et des nuages dont les planètes sont enserrées, s'oppose formellement à toute observation dont le but serait de déterminer le caractère géographique de leurs surfaces. L'éloignement immense de quelques-unes d'entre elles est un obstacle formidable. Cependant, là où des circonstances particulières sont venues en aide aux observateurs, il a été fait quelque chose dans ce sens.

VII

Vénus et Mars, les deux planètes du système dont les orbites sont les plus voisines de celle de la Terre, offrent évidemment le plus de facilité à l'observation directe, qui, surtout en ce qui concerne la planète Mars, a été poussée au point qu'on connaît parfaitement, pour ainsi dire, les liens d'analogie par lesquels les planètes se rattachent à la Terre.

VIII.

L'existence d'océans et de continents, la configuration même de leurs contours, ont été nettement déterminées dans la planète Mars. La neige qui couvre ses régions polaires pendant l'hiver, on l'a vue distinctement ; on a même remarqué que cette neige disparaissait en partie sous l'influence des chaleurs de l'été. Quant à Vénus et à Mercure, les nuages dont ces planètes sont constamment enveloppées, la position qu'elles occupent, n'ont pas permis de faire à leur sujet de semblables observations. On a pu, toutefois, s'assurer que leur surface est, comme celle de la Terre, sillonnée par des chaînes de montagnes d'une hauteur considérable.

IX.

Au nombre des analogies qui prouvent l'aptitude des planètes à l'habitabilité, qui les rattachent à la terre par des liens de parenté, on voit qu'une des plus importantes, une des plus intéressantes, est celle qui a trait à la quantité de matière dont se composent les planètes, comparée à leurs volumes ou grosseurs. Voyons comment la condition des êtres qui les habitent peut en être affectée.

X.

Tous les êtres organisés, animaux et végétaux, possèdent une certaine somme de force corporelle. Chez les animaux, doués de locomobilité, cette force corporelle est en rapport avec leurs poids, avec l'étendue et la quantité de mouvement nécessaires à leur bien-être sur le globe. La structure des animaux est telle, en premier lieu, qu'ils aient la force de porter et de mouvoir leur propre corps; mais ce n'est pas assez. Il leur faut, en outre, une quantité de force supplémentaire en réserve, qui leur permette de poursuivre une proie, de chercher leur nourriture, de se construire une demeure, en un mot, de satisfaire par leur travail à leurs besoins physiques. Chez les végétaux, la force corporelle doit être telle qu'ils puissent supporter leur propre poids et résister aux chocs extérieurs auxquels ils sont exposés, soit de la part des vents, soit des autres phénomènes naturels. Mais qu'est-ce qui règle cette quantité de force nécessaire? De quelle résistance a-t-elle surtout à triompher? C'est le poids de l'animal qui détermine la quantité de force; c'est de ce poids qu'elle a à triompher. Mais ce poids, quel est-il? Par quoi produit? Il est le résultat des attractions combinées de toute la somme de matière dont se compose le globe terrestre, attractions qui agissent sur la matière dont se compose l'animal ou le végétal lui-même : ainsi le poids d'un homme n'est autre chose que le total de l'attraction exercée par le globe sur la matière dont est formé le corps de cet homme. Remarquons toutefois que le total ou la somme de cette attraction dépend de la quantité de matière qui compose le globe, comme aussi de cette loi universelle de la nature, en vertu de laquelle la force d'attraction exercée par la matière est d'autant plus grande que l'objet attiré est plus voisin du centre de la masse attirante (10). Par suite, si la matière dont se compose le globe terrestre était réduite à la moitié de son volume actuel, tous les corps à sa surface, étant propor-

tionnellement plus près du centre, seraient attirés avec une puissance plus
grande ; et si, d'un autre côté, la matière du globe prenait un volume plus
considérable, la distance au centre des objets placés à la surface se trouvant
alors proportionnellement augmentée, la force d'attraction deviendrait
moins énergique. Dans le premier cas, le poids de tous les corps à la surface du globe s'accroîtrait ; dans le second, il diminuerait. Donc le poids
des corps à la surface de la Terre dépend à la fois et de la masse de matière
dont se compose la Terre, et de la densité de cette matière.

XI.

N'est-il pas évident, par conséquent, que le rapport qu'on remarque
ordinairement entre la force et le poids des animaux et des végétaux est,
en réalité, le résultat d'une harmonie merveilleuse entre la force des êtres
organisés, et la masse ainsi que la densité du globe où ils vivent? Le plus
léger trouble, la plus légère modification dans cette harmonie dérangerait
l'accord régnant et rendrait le globe et ses habitants, animaux ou végétaux,
étrangers l'un à l'autre. Donc la somme d'attraction ou, pour employer
une expression plus familière, le poids du corps à la surface du globe trahit
l'organisation des êtres qui y vivent. Que suit-il de là? Est-ce que si l'on
voulait rechercher quelle est l'organisation probable des habitants des
autres planètes, on ne devrait pas, entre autres moyens, s'efforcer de déterminer le poids des corps à leur surface? Oui, certes. La science met ce
moyen tout à notre portée. On connaît les masses de matière dont se composent toutes les planètes. Leurs grandeurs ont été mesurées. Or, pour
déterminer le poids des corps situés à la surface de chacune d'elles, il suffit
d'envisager leurs masses et leurs grandeurs. Le poids d'un corps placé
dans une planète est plus grand ou plus petit, toutes choses égales d'ailleurs, que le poids d'un corps placé sur la Terre, suivant que la masse
de matière composant la planète est supérieure ou inférieure à la masse
de matière composant la Terre. Si de la surface au centre de la planète,
la distance était double de la distance terrestre correspondante, le poids
des corps sur la surface de cette planète serait quatre fois moins grand que
sur la Terre. Mais si, en même temps, la masse de matière dont est
formée la planète était seize fois plus considérable que la masse de matière
dont est formée la Terre, alors le poids des corps dans cette planète serait
seize fois plus grand. Or le poids étant, d'une part, seize fois plus grand,
et, de l'autre, quatre fois plus petit, il se trouverait, en dernier résultat,
quatre fois plus considérable dans la planète que sur la Terre. Tels sont
les principes d'après lesquels on peut calculer le poids des corps à la
surface des différentes planètes.

XII.

A la surface de Vénus, le poids des corps est à peu près le même qu'à la surface de la Terre; mais dans Mercure et Mars, il n'équivaut qu'à la moitié de celui qu'il aurait si les corps étaient placés sur la Terre. Ne s'ensuit-il pas que dans la planète Vénus les êtres organisés exigent une force corporelle à peu près semblable à celle des habitants de la Terre, et que dans les planètes Mars et Mercure il leur suffit de la moitié de cette force? Les nombreuses analogies qu'on a signalées ne donnent-elles pas enfin un haut degré de probabilité, pour ne dire pas de certitude morale, à cette conclusion que les trois planètes, Mercure, Vénus et Mars, qui, avec la Terre, sont les moins distantes du soleil, se trouvent, ainsi que la Terre, disposées par le souverain Créateur et Régulateur de l'univers pour recevoir des êtres à peu près semblables, sinon identiques, à ceux dont la Terre est peuplée?

XIII.

Le système solaire se compose du Soleil, globe d'une grandeur étonnante, dont la position relative est au centre des planètes, — et de trente-trois planètes qui circulent autour de lui en décrivant des cercles à peu près concentriques.

XIV.

Ces trente-trois planètes sont caractérisées par des différences saillantes dans leur position relative et dans leur grandeur; ces différences les ont fait partager en trois groupes.

XV.

Le groupe *intérieur* est formé de quatre planètes : Mercure, Vénus, la Terre et Mars. Toutes sont comprises dans un cercle de 150 millions de milles (plus de 60 millions de lieues); le Soleil en est le centre, et la Terre est éloignée de ce centre d'à peu près 100 millions de milles (environ 40 millions de lieues de 4 kilomètres).

Les phénomènes dont ces différents globes sont le théâtre, leurs mu-

Fig. 1.

tuelles analogies, la probabilité, sinon la certitude morale qu'ils sont le séjour d'êtres semblables à ceux qui habitent la Terre, nous l'avons dit, nous l'avons amplement exposé. Il est temps maintenant de passer à l'étude d'un autre groupe de planètes.

Le mode de distribution des trente-trois planètes autour du Soleil se voit dans la figure 1. Leurs distances relatives y sont représentées dans leur échelle réelle autant qu'on l'a pu faire. Vingt-cinq d'entre elles se trouvent réunies à une distance du Soleil une fois et demie (environ) plus grande que la distance dont en est séparée la Terre; elles constituent un groupe à part, caractérisé par des faits très-curieux dont il sera question plus loin.

<h3 style="text-align:center">XVI.</h3>

Les **quatre planètes** extérieures, Jupiter, Saturne, Uranus et Neptune, forment l'autre groupe (le groupe *extérieur*). On les passera en revue immédiatement.

<h3 style="text-align:center">XVII.</h3>

Les distances relatives de ces planètes, soit au Soleil, soit entre elles, soit à la Terre, sont figurées dans le diagramme (fig. 1); le cinquième du pouce(*) y égale 100 millions de milles (40 millions de lieues). La distance de Jupiter au Soleil étant d'un pouce dans la figure, sa distance réelle est, en nombres ronds, de 500 millions de milles (200 millions de lieues). La distance de Saturne étant d'un pouce huit dixièmes, celle d'Uranus de trois pouces six dixièmes, et celle de Neptune de cinq pouces cinq dixièmes, les distances réelles de ces planètes au Soleil sont de 360 millions, 720 millions, et 1120 millions de lieues, en nombres ronds, comme précédemment.

<h3 style="text-align:center">XVIII.</h3>

Quand on vient à considérer que la grandeur apparente du Soleil, l'intensité de sa lumière et celle de sa chaleur, diminuent dans une proportion considérable, suivant que s'accroît la distance de cet astre, on conçoit que ce corps, envisagé comme distributeur de chaleur et de lumière, doit fournir aux différents globes dont il s'agit ici des quantités bien différentes de ces principes physiques si nécessaires, lumière et chaleur. On a déjà établi que le diamètre apparent du disque solaire est d'autant moins grand que la distance de l'observateur à cet astre est plus considérable. Or, puisque les distances de Jupiter, de Saturne, d'Uranus et de Neptune égalent 5, 9, 18 et 28 fois la distance de la Terre, les diamètres apparents du

---

(*) Il s'agit ici du pouce anglais *(inch)*, qui équivaut à 25^{mm},399.

disque solaire, vu de ces planètes, seront $\frac{1}{5}$, $\frac{1}{9}$, $\frac{1}{18}$ et $\frac{1}{28}$ du diamètre de ce même disque, vu de la Terre.

Le cercle blanc NT (fig. 2), supposons qu'il représente le disque apparent du Soleil, tel que l'aperçoit un habitant de la Terre; alors J (fig. 3)

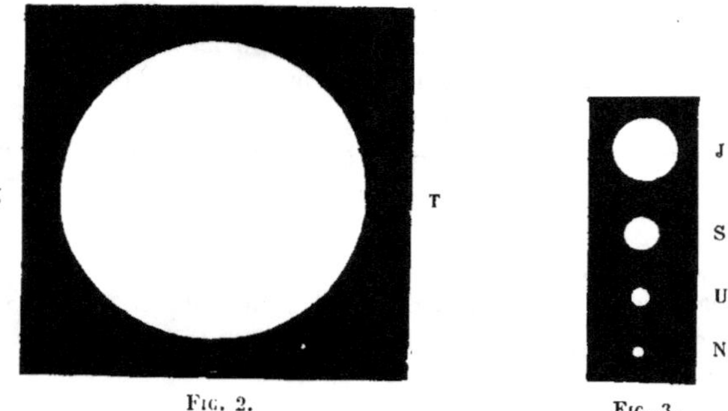

Fig. 2.   Fig. 3.

représentera son apparence à un habitant de Jupiter, S son apparence à un habitant de Saturne, U à un habitant d'Uranus, et N à un habitant de Neptune.

La lumière et la chaleur que l'astre fournira à chacune de ces planètes seront dans la proportion exacte de la surface apparente du disque solaire, et puisque les aires ou surfaces des cercles sont comme les carrés de leurs diamètres, il s'ensuivra que la lumière et la chaleur solaires seront dans Jupiter 25 fois, dans Saturne 81 fois, dans Uranus 324 fois, et dans Neptune 784 fois moins grandes que sur la Terre. Ces nombres ne sont pas rigoureusement vrais, mais ils suffisent pour l'intelligence du raisonnement.

XIX.

Mais ces globes sont-ils habités? D'après les chiffres qu'on vient de lire, on doit reconnaître que la lumière et la chaleur solaires seraient tellement affaiblies par la distance que l'existence d'êtres organisés y serait impossible, du moins en ce qui concerne le plus distant de ces globes, Neptune. Il faut toutefois considérer que la lumière solaire y pourrait être la même que sur terre; et il en serait ainsi, soit dans le cas où les habitants auraient la pupille des yeux élargie proportionnellement à la diminution de la grandeur superficielle apparente du disque solaire, soit dans le cas où la sensibilité de la rétine serait augmentée dans la même proportion.

De même, la diminution du pouvoir calorifique des rayons solaires, — diminution résultant de l'affaiblissement de leur densité, — serait compensée par une modification dans les conditions atmosphériques. N'est-ce

pas ainsi que, dans les montagnes des tropiques, se rencontrent, à diverses
hauteurs et depuis le niveau de la mer jusqu'à la limite des neiges perpétuelles, tous les climats sans exception, malgré l'intensité toujours même
des rayons solaires?

Ces points ont été déjà si longuement étudiés qu'il est inutile de s'y arrêter plus longtemps. Passons outre.

En résumé, il semble que, malgré l'immensité des distances de ces globes au Soleil comparées à celle dont la Terre en est séparée,
malgré l'atteinte profonde qu'en doivent subir
la lumière et la chaleur que le Soleil leur envoie, rien ne permette de conclure que ces
globes soient le séjour de créatures toutes
différentes de celles dont la Terre est peuplée.

XX.

Ce qui frappe le plus dans le groupe de
planètes qu'on passe en revue, ce qui surtout
le distingue de la Terre et des trois autres
planètes qui forment le groupe terrestre ou
intérieur, c'est la grandeur comparativement
plus considérable de ces globes. Le diamètre
effectif de la Terre est, en nombres ronds, de
8 000 milles (3 200 lieues environ); celui de
Jupiter est de 88 000 milles (35 398 lieues);
celui de Saturne, 75 000 milles (29 566 lieues);
celui d'Uranus, 35 000 milles (13 828 lieues);
et celui de Neptune, 37 500 milles (15 262
lieues). Le diamètre de Jupiter égale, par conséquent, 11 fois, celui de Saturne 9 fois $^1/_2$,
celui d'Uranus 4 fois $^1/_3$, et celui de Neptune
4 fois $^3/_4$ le diamètre de la Terre.

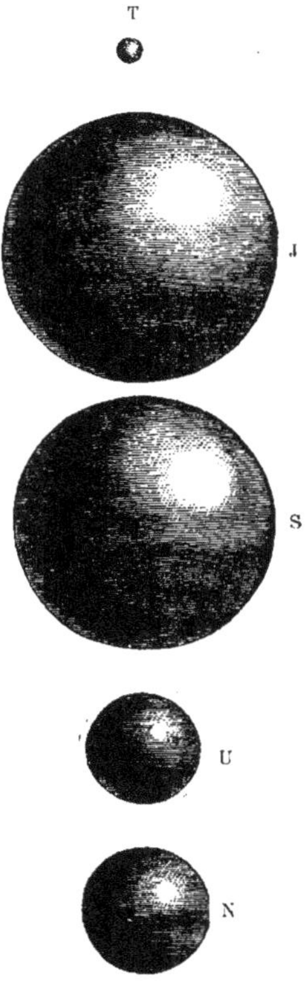

FIG. 4.

Mais les volumes ou masses des globes étant
dans la proportion des cubes de leurs diamètres, il s'ensuit que les volumes de Jupiter, de Saturne, d'Uranus et de Neptune, sont respectivement 1 330 fois, 857 fois, 88 fois et 107 fois celui de la Terre.

Pour faire plus aisément comprendre ces proportions immenses, on les
a représentées dans les figures annexées. Si l'on suppose que T (fig. 4)
représente la Terre, le globe de Jupiter sera représenté sur la même
échelle par J, celui de Saturne par S, celui d'Uranus par U, et celui de
Neptune par N.

XXI.

Si ces planètes sont des globes habités analogues à la Terre, elles auront une population supérieure à celle de la Terre, et dans le rapport de leurs surfaces ; et comme les surfaces des globes sont en raison des carrés de leurs diamètres, Jupiter posséderait, pour loger des habitants, un espace 121 fois plus grand que la Terre, Saturne 90 fois, Uranus 18 fois, et Neptune 23 fois.

XXII.

Toutefois une difficulté surgit ici. Cette différence énorme qui se manifeste entre la grandeur des planètes en question et la grandeur de la Terre, n'entraînerait-elle pas quelques conséquences physiques incompatibles avec l'hypothèse que ces planètes sont, ainsi que la Terre, parfaitement habitables ?

Il n'y a qu'une conséquence de cette nature, une seule, qu'on puisse concevoir : c'est celle qu'amènerait une différence dans les effets de la gravité (11), effets qui, dans ces planètes, pourraient alors être tels que des êtres organisés comme les espèces terrestres n'y sauraient vivre. Ainsi, sur la Terre, la force moyenne d'un homme est adaptée, combinée, pour supporter un corps dont le poids moyen est de 150 livres, et pour lui laisser toute liberté de mouvement et d'action ; la force d'un cheval, pour supporter et mouvoir un corps dont le poids moyen est $\frac{1}{2}$ *ton* (1 015 livres environ); et de même pour les autres animaux. La force des tiges et des troncs, chez les végétaux, est semblablement adaptée et conforme à leur poids. De même encore, les matériaux employés dans nos constructions ont une force en rapport avec leur poids.

Si ces animaux, si ces végétaux, si ces constructions, étaient instantanément transportés à la surface d'une planète où leur poids réel se trouverait plusieurs fois centuplé, non-seulement les animaux ne pourraient plus se mouvoir, mais tous, animaux, végétaux et constructions, seraient écrasés et mis en pièces par l'énorme pression de leur propre poids.

Dans l'examen de la question qui nous occupe, il est donc de la plus haute importance de rechercher si les immenses proportions des planètes composant le *groupe extérieur* (Jupiter, Saturne, Uranus et Neptune) ne peuvent pas donner aux corps placés à leur surface une telle augmentation de poids qu'une analogie quelconque entre elles et la Terre, au point de vue de l'habitabilité, soit absolument impossible.

Voilà l'objection ; voici la réponse.

Le poids des corps à la surface d'un globe dépend à la fois et de la quantité de matière dont est composé ce globe et de la distance des corps à son centre, distance qui n'est autre que le rayon ou demi-diamètre du globe. Plus grande sera la quantité de matière composant le globe, plus énergique sera l'attraction qu'il exercera sur le corps placé à une distance donnée de son centre. Mais cette attraction sera d'autant moins puissante que la distance du corps sera plus considérable ; car la puissance d'attraction est en proportion du carré de la distance.

XXIII.

Qu'on applique ces principes aux grandes planètes, à Jupiter, par exemple.

Le volume de Jupiter, on l'a vu, est 1 330 fois le volume de la Terre. Si les matériaux dont est formé Jupiter sont analogues à ceux dont est formée la Terre, sa masse ou, si l'on veut, sa quantité de matière sera 1 330 fois plus considérable que celle de la Terre ; par suite, l'attraction qu'il exercera sur ce corps sera 1 330 fois plus puissante que celle qu'exercerait la Terre sur le même corps, en supposant, bien entendu, que, dans Jupiter comme sur la Terre, le corps dont il s'agit soit *à une distance semblable du centre de la planète.*

Le corps d'un homme ordinaire placé à la surface de la Terre et, par conséquent, à une distance du centre de cette planète égale à son demi-diamètre, est attiré vers ce centre avec une force de 150 livres. Le même corps placé *à une distance semblable* du centre de Jupiter serait, dans l'hypothèse précédente, attiré avec une force de 1 330 fois 150 livres, ou de 199 500 livres. Mais les corps placés à la surface de Jupiter sont à une distance de son centre onze fois plus grande que le rayon ou demi-diamètre de la Terre, puisque le demi-diamètre de Jupiter est plus grand que celui de la Terre dans la proportion de 11 à 1 ; il s'ensuit que si le corps d'un homme ordinaire était placé à la surface de Jupiter, l'attraction exercée sur ce corps serait moins énergique ; elle serait dans le rapport du carré de 11, c'est-à-dire dans le rapport de 121 à 1. On établirait donc le calcul suivant :

Poids d'un homme à la surface de la Terre . . . . 150 livres.

Poids d'un homme placé dans Jupiter à une distance du centre égale au demi-diamètre de la Terre . . . . . . 150 × 1330

Poids d'un homme à la surface même de Jupiter, c'est-à-dire à une distance du centre de cette planète onze fois plus considérable que dans le cas précédent . . . $\dfrac{150 \times 1330}{121}$

Complétons ces opérations arithmétiques en multipliant 150 livres par 1330, et en divisant le produit qui en résultera par 121 ; nous obtiendrons 1648 livres.

On voit la conséquence. Si, en effet, les matériaux dont est formée la planète Jupiter sont semblables à ceux de la Terre, le poids d'un homme à sa surface sera plus grand qu'à la surface de la Terre dans le rapport de 1 648 à 150, ou d'environ 11 à 1, et naturellement le poids de tous les corps y sera plus considérable dans la même proportion.

Évidemment, quoiqu'un tel état de choses ne rende en aucune façon l'habitabilité de Jupiter impossible, il veut, il exige qu'on admette que le monde organique dans cette planète est totalement différent de celui qui vit sur terre.

Mais les matériaux dont Jupiter est composé sont-ils semblables à ceux de la Terre? S'ils ne le sont pas, la conclusion à laquelle nous venons d'aboutir doit subir des modifications. Toute la question consiste à déterminer la quantité réelle de matière attractive composant cette planète énorme, comparée à la quantité de matière attractive composant la Terre. Si l'on pouvait déterminer les attractions que Jupiter et la Terre exerceraient sur les corps placés à des distances égales de l'une et de l'autre planète, ces attractions, on le devine, seraient les exposants vrais des quantités de matière attractive composant les deux globes.

Or, au moyen d'une opération arithmétique fort simple, on arrive à ce résultat. La Lune accomplit mensuellement dans son orbite une révolution autour de la Terre; elle est retenue dans cette orbite par l'attraction de la masse de matière attractive dont se compose la Terre. Si cette masse était plus considérable, la Lune accomplirait sa révolution plus vite; si moins considérable, plus lentement. La vitesse de son mouvement indique donc la quantité de matière attractive dont se compose la Terre.

Jupiter est accompagné non d'une seule lune, comme la Terre, mais de quatre lunes. Chacune de ces quatre lunes est retenue dans son orbite, autour de Jupiter, par l'attraction de la masse attractive composant cette planète. S'il arrivait qu'une de ces quatre lunes ou satellites fût à une distance du centre de Jupiter complétement égale à celle de la Lune par rapport au centre de la Terre, alors le mouvement du satellite dont il s'agit révélerait si la quantité de matière composant Jupiter est plus ou moins considérable que la quantité de matière composant la Terre. Si le satellite de Jupiter, étant ainsi à une distance égale, marchait plus vite que celui de la Terre, la masse de Jupiter serait plus considérable, et s'il marchait plus lentement, elle serait inférieure à celle de la Terre.

Quoique tous les satellites de Jupiter soient plus distants du centre de cette planète que ne l'est la Lune du centre de la Terre, le moins éloigné de ces satellites ne l'est pas beaucoup plus. Ce satellite, toutefois, accomplit sa révolution autour de Jupiter en 42 heures, tandis que celui de la Terre, quoiqu'un peu plus près de la masse, met près de 656 heures à parfaire une révolution.

Il est clair, par conséquent, que la masse attractive dont est formé Jupiter doit être beaucoup plus considérable que celle dont est formée la Terre.

En ayant égard à la différence de distance des deux satellites du centre de leurs planètes respectives, en tenant scrupuleusement compte de la proportion de leurs vitesses, on a trouvé que la masse de matière attractive composant Jupiter est 338 fois et demie la masse de la Terre ; ce qui signifie que si 338 globes comme la Terre étaient placés dans l'un des plateaux d'une balance et le seul globe de Jupiter dans l'autre plateau, les deux globes s'équilibreraient parfaitement.

XXIV.

De là résulte une conséquence extrêmement curieuse. On a vu que le volume de Jupiter est 1 330 fois plus considérable que celui de la Terre, de sorte qu'il faudrait fondre en une seule masse 1 330 globes comme la Terre pour obtenir un globe comme Jupiter, tandis que 338 $\frac{1}{2}$ globes comme la Terre suffiraient pour faire un globe du poids de Jupiter. Il est évident, par suite, que, volume pour volume, la matière dont se compose Jupiter est plus légère que celle dont se compose la Terre ; elle est dans le rapport de 338 $\frac{1}{2}$ à 1 330, ou, ce qui revient au même, dans le rapport de 4 à 1.

On a prouvé que la Terre possède 5 fois $\frac{1}{2}$ le poids d'un globe égal composé d'eau. Il s'ensuit donc que Jupiter est plus pesant qu'un globe égal d'eau dans le rapport beaucoup moins grand de 5 $\frac{1}{2}$ à 4 ou de 1 $\frac{5}{8}$ à 1.

On a montré aussi que, si Jupiter était formé d'une matière pareille à celle de la Terre, le poids des corps à sa surface serait 11 fois plus considérable qu'à la surface de la Terre. Mais comme il est formé d'une matière 4 fois plus légère que celle de la Terre, le poids des corps à sa surface sera 4 fois moindre que celui qu'on lui a précédemment attribué et sera, par suite, 2 fois $\frac{3}{4}$ seulement plus considérable que sur la Terre.

Il semble donc que, eu égard à la légèreté comparative de la matière dont se compose ce globe immense, l'attraction qu'il exerce sur les corps placés à sa surface, quoique plus puissante que sur la Terre, ne diffère pas de la gravité terrestre au point qu'une organisation complétement autre soit nécessaire à ses habitants, et que son analogie, son rapport avec la Terre puisse être nié.

XXV.

Le poids des trois autres planètes du groupe extérieur qui, elles aussi, possèdent des lunes ou satellites, peut être obtenu et mis en balance avec le poids de la Terre, en comparant, comme dans le cas de Jupiter, les mouvements de leurs satellites au mouvement du satellite terrestre ; après avoir tenu compte de la différence de distance, les attractions que ces planètes exerceront individuellement, comparées à l'attraction exercée par la

Terre, deviennent l'expression des quantités relatives de matière attractive comparées à celle de la Terre.

C'est ainsi qu'on apprend que le poids de Saturne est 101 fois, celui d'Uranus 14 ¼, et celui de Neptune 19 fois le poids de la Terre. — En d'autres termes, tandis que le volume de Saturne est 857 fois plus considérable que celui de la Terre, son poids n'est que 101 fois plus considérable. Par conséquent, cette planète est plus légère, à volume égal, que la Terre, dans la proportion de 101 à 857 ou de 1 à 8 ½.

De même, tandis que le volume d'Uranus est 82 fois plus considérable, son poids est seulement 14 fois ¼ plus considérable que celui de la Terre. Par conséquent encore, cette planète est plus légère, à volume égal, que la Terre, dans la proportion de 14 ¼ à 82 ou de 1 à 6 environ.

Enfin, tandis que le volume de Neptune est 107 fois plus considérable, son poids est seulement 19 fois plus considérable que celui de la Terre; par conséquent aussi, cette planète est plus légère, à volume égal, que la Terre, dans la proportion de 19 à 107, ou à peu près de 1 à 6, comme pour Uranus.

On a démontré que la Terre est, à volume égal, 5 fois ½ plus pesante que l'eau. Il s'ensuit que Saturne, étant 8 fois ½ plus léger, à volume égal, que la Terre, est plus léger, à volume égal, que l'eau, dans le rapport de 5 ½ à 8 ½ ou de 1 à 1 ½. — Pareillement, Uranus et Neptune, étant environ 6 fois plus légers, à volume égal, que la Terre, doivent être formés de matériaux égaux en poids (à volume égal) à l'eau elle-même.

Le poids de Jupiter est égal à certains bois denses, tels que le *Lignum vitæ* (ébénier), et celui de Saturne est égal au poids de bois plus légers, comme le sapin.

XXVI.

Le poids des corps placés à la surface de Saturne, d'Uranus et de Neptune, se détermine par la comparaison de leurs masses avec leur grandeur, comme dans l'exemple de Jupiter, et on trouve ainsi que le poids de ces corps ne diffère pas beaucoup de celui qu'ils auraient à la surface de la Terre. Dans Saturne, il est très-peu plus, et dans Neptune, un peu moins considérable.

XXVII.

Il paraît donc que, si les planètes sont habitées, l'organisation animale et végétale, telle qu'elle est sur la Terre, serait suffisante pour assurer à leurs habitants le même degré, ou à peu près, de stabilité et de liberté de locomotion que nous possédons nous-mêmes. En un mot, un homme transporté de la Terre dans Saturne, dans Uranus ou Neptune, s'apercevrait peu du déplacement : ses facultés d'action et de mouvement s'y exer-

ceraient comme sur terre. Les arbres et les autres végétaux y conserve-
raient la stabilité qu'ils ont ici-bas, et nos constructions y seraient solides
et durables.

XXVIII.

L'importance de l'atmosphère dans toutes les fonctions de la vie animale comme de la vie végétale, son utilité pour répandre la lumière, pour
garder ou disséminer la chaleur, ont été amplement exposées. L'existence
d'une atmosphère dans une planète est, on l'a vu, une condition essentielle
et nécessaire pour que cette planète puisse être mise en parallèle avec la
Terre, au point de vue de l'habitabilité.

Le télescope révèle la présence d'atmosphères dans Saturne et dans
Jupiter. On y voit des nuages flottant par groupes épais, si épais même et
si continus qu'ils dérobent à la vue le caractère géographique de ces planètes. — Uranus et Neptune sont trop éloignés pour que le télescope, tel
qu'il est aujourd'hui, puisse fournir des observations aussi précises ; mais
il est hautement probable que, quand le pouvoir de cet instrument sera
plus complet, on découvrira dans ces planètes des atmosphères.

XXIX.

Eu égard à cette circonstance de nuages toujours répandus autour des
planètes dont nous parlons ici, on pourrait croire qu'il n'est pas possible
de savoir si ces planètes tournent, comme la Terre, sur un axe, et si, par
conséquent, elles ont, comme la Terre, des jours et des nuits.

Mais n'a-t-on pas vu précédemment que l'atmosphère de la Terre et les
nuages qui l'environnent participent au mouvement de rotation diurne, et
que, si l'atmosphère était parfaitement calme durant vingt-quatre heures,
les divers groupes de nuages qui y séjournent, étant toujours suspendus
au-dessus des mêmes points de la surface terrestre, seraient emportés autour de celle-ci avec l'atmosphère? Et ne voit-on pas qu'alors ils feraient
une rotation complète autour de l'axe commun dans le même temps exactement que le globe terrestre lui-même?

D'un autre côté, qu'on suppose un observateur transporté dans l'une
des planètes en question, dans la plus voisine. S'il dirige vers la Terre un
télescope d'une puissance suffisante, que verra-t-il? Quoiqu'il ne puisse
distinguer les configurations de terre et d'eau, les nuages enveloppant le
globe de toutes parts, il distinguera du moins les groupes de nuages eux-
mêmes par les contrastes de lumière et d'ombre qu'ils produiront, et les
verra circuler emportés par la rotation diurne, disparaissant d'un côté et
reparaissant de l'autre. Il sera ainsi, non-seulement à même de constater
le fait de la rotation diurne de la Terre, mais aussi la durée de la rotation
(laquelle est l'intervalle entre deux disparitions ou réapparitions succes-

sives des mêmes lignes de lumière et d'ombre), et, en outre, la direction
de l'axe de rotation, direction à angles droits avec le mouvement apparent
de rotation.

Or des phénomènes semblables ont été précisément observés dans
Jupiter et Saturne. Les groupes de nuages dont les clairs et les ombres
bariolent les surfaces de ces planètes, quoique plus ou moins changeants
et variables, paraissent quelquefois immobiles, comme si l'atmosphère
était parfaitement calme, en repos, et ce, pendant des intervalles de temps
suffisants pour permettre à l'observateur, armé d'un télescope, de voir
les mêmes points disparaître d'un côté du disque, reparaître à l'autre, et,
traversant ce disque encore une fois, disparaître de nouveau. — Ne sont-ce
pas là des conséquences évidentes de la rotation de ces planètes sur un axe
à angles droits avec la direction de ce mouvement apparent ?

Des observations de cette nature, répétées et poursuivies pendant de
longues périodes de temps, ont amené à cette découverte, que Jupiter
tourne sur un certain diamètre ou axe, possède un mouvement diurne, et
fait une révolution complète en 9 heures 55 minutes 26 secondes ; que
Saturne tourne de même, et, ce qui est plus remarquable, en un temps à
peu près semblable au temps de la rotation de Jupiter. La rotation de Saturne est complète en 10 heures 29 minutes 17 secondes.

CHAPITRE III.

I.

Des observations aussi satisfaisantes, aussi concluantes que les précédentes, n'ont pas encore été faites pour Uranus; mais, malgré l'insuffisance des observations en ce qui touche cette planète, il est très-probable qu'elle aussi tourne sur un axe en 9 heures et demie.

Ainsi donc, tous ces globes immenses, dont les distances au Soleil sont de 5 à 30 fois plus considérables que celle de la Terre, ont, comme la Terre, un mouvement de rotation et, par suite, des jours et des nuits; toutes les parties de leurs surfaces se présentent successivement, comme celles de la Terre, au centre commun de la lumière et de la chaleur; seulement, l'intervalle qui règle l'alternative des jours et des nuits, *cette séparation de la lumière d'avec les ténèbres,* que la bienfaisance de Dieu jugea bonne pour les races terrestres, n'a pas été jugée *bonne* pour les races qui habitent ces globes éloignés. La longueur moyenne du jour dans ces planètes est d'environ 5 heures, tandis qu'elle est de 12 heures sur la Terre.

Par conséquent, les créatures qui les peuplent doivent être constituées de façon à réclamer des périodes plus fréquentes de repos et de sommeil, des périodes plus courtes de veille, de travail et d'activité, que les créatures terrestres.

II.

Pour Jupiter et pour Saturne, la position de l'axe de rotation a été déterminée; mais elle ne l'a pas encore été pour les deux autres planètes du même groupe.

L'axe de Jupiter s'incline sur le plan de son orbite de manière à former un très-petit angle de 3° 5′ 30″, tandis que la Terre a une inclinaison de 23° 28′ 30″.

Comme cette inclinaison limite la température des saisons, l'étendue des zones et les variétés des climats, il s'ensuit que, dans Jupiter, ces phénomènes doivent être fort différents de ceux de la Terre. La hauteur du soleil, à midi, n'y varie pas de plus de 6 degrés, quelle que soit la latitude : par conséquent, il n'en peut résulter aucune variation bien sensible dans la température des saisons. C'est donc un printemps perpétuel qui règne dans cette planète.

III.

Les tropiques de Jupiter ne sont qu'à trois degrés nord et sud de son équateur, et les cercles polaires (12), qui ne comprennent que les parties de la planète où le soleil demeure au-dessus ou au-dessous de l'horizon pendant une révolution complète, sont à trois degrés des pôles.

En un mot, les phénomènes diurnes dans Jupiter sont, en tout temps, à peu près les mêmes que sur la Terre au moment des équinoxes.

IV.

Saturne offre une analogie plus étroite avec la Terre. La direction du mouvement diurne, dans cette planète, forme avec le plan de son orbite un angle qui diffère peu de celui que l'écliptique forme avec l'équateur terrestre; il est de 26° 48′ 40″. Les saisons de Saturne, ses zones et ses climats sont, par suite, absolument semblables à ceux de la Terre. Les phénomènes tropicaux et polaires sont les mêmes.

Il est à espérer que les améliorations récentes, apportées par lord Rosse à la construction des télescopes à réflexion, permettront aux observateurs de déterminer les positions des axes d'Uranus et de Neptune, et la ligne de rotation de cette dernière planète.

V.

D'après les découvertes faites jusqu'ici, il semblerait qu'une vitesse de rotation comparativement plus grande et des intervalles plus courts de lumière et de ténèbres, seraient le trait saillant qui distinguerait du groupe terrestre le groupe des grandes planètes.

VI.

Un autre trait distinctif est la légèreté comparative de la matière dont est formé ce même groupe. On se souvient que, dans nos dissertations sur le groupe terrestre, nous avons fait voir que la densité de la matière dont se composent la Terre, Vénus et Mars est, chez ces trois planètes, à peu près semblable, qu'elle égale 5 fois $\frac{1}{2}$ la densité de l'eau, et qu'elle équivaut à peu près à celle du minerai de fer, tandis que la densité de Mercure est égale à celle de l'or. Maintenant, au contraire, il semble que la densité de Jupiter excède de très-peu celle de l'eau, que celles d'Uranus et de Neptune égalent complétement celle de ce liquide, tandis que Saturne est si léger qu'il flotterait sur l'eau comme un globe de sapin.

On doit admettre que, parmi les merveilleux résultats auxquels la sagacité de l'homme est parvenue, le moins étonnant n'est pas cette analyse rigoureuse à laquelle des mondes si distants ont été soumis, analyse telle qu'on peut prononcer avec assurance, avec certitude, sur l'un au moins des caractères physiques de leurs parties constituantes. Dans plusieurs cas même, la science est allée plus loin; elle a montré que les densités de Jupiter et de Saturne ne peuvent être uniformes, mais qu'elles doivent graduellement s'accroître, comme celle de la Terre, de la surface au centre ; et de ce fait, il résulte que la densité moyenne de la matière superficielle de ces planètes doit être fort inférieure à celle de l'eau.

VII.

En conséquence, leurs océans, leurs mers se composent d'un liquide beaucoup plus léger que l'eau. Dans Jupiter, les calculs démontrent que ce liquide doit être trois fois plus léger que l'éther sulfurique, — le plus léger des liquides connus, — et tel, en un mot, que le liége pourrait à peine flotter au-dessus.

VIII.

La rotation rapide de ces planètes, jointe à la durée considérable de leur révolution autour du Soleil, leur donne des années composées d'un grand nombre de jours. L'année jovienne (ou de Jupiter) égale presque 12 années terrestres ou, plus exactement, $4{,}332\,{}^{6}/_{10}$ de nos jours. Mais comme les jours, dans Jupiter, sont plus courts que les jours terrestres (dans le rapport de 1 à 2,42), il s'ensuit que l'année jovienne se compose de 10,485 jours joviens.

L'année saturnienne (de Saturne) est égale à 29 $\frac{1}{2}$ années terrestres ou, plus exactement, à 10,759 jours terrestres; et comme le jour saturnien est plus court que le jour terrestre (dans le rapport de 1 à 2,3), il s'ensuit que l'année saturnienne se compose de 24,746 jours saturniens.

Ainsi, chacune des saisons de Saturne, — printemps, été, automne, hiver, — égale 7 années terrestres, plus 6 mois.

L'année d'Uranus équivaut à 84 années terrestres ou à 30,687 jours terrestres; et le jour uranien, suivant toute probabilité, étant plus court que le jour terrestre dans le rapport de 1 à $2\,\tfrac{526}{1000}$, il s'ensuit que l'année uranienne se compose de 77,336 jours uraniens.

Si l'axe d'Uranus est incliné sur le plan de son orbite comme celui de Saturne, les saisons de cette planète sont semblables à celles de la Terre : mais leur durée est fort différente, puisque leur longueur embrasse 21 années terrestres, ou 19,334 jours uraniens

IX.

Une des conséquences météorologiques les plus remarquables de la rotation diurne de la Terre, c'est le système de courants atmosphériques qui, dans l'un et l'autre hémisphère, se dirigent, en général, parallèlement à l'équateur et qui, par leur permanence, par la régularité qu'ils affectent dans les latitudes inférieures, ont, de tout temps et depuis que des navires sillonnent les mers, facilité les relations commerciales au point de mériter le titre de *trade-winds* (vents du commerce) ou vents alizés. Ces phénomènes et leurs causes physiques seront plus au long expliqués dans une autre partie de cet ouvrage. Ici l'on ne veut appeler l'attention que sur les effets qu'ils produisent sur les strates ou couches supérieures de l'atmosphère.

Il est évident que les courants dont il s'agit doivent avoir une tendance générale à distribuer les strates de nuages en lignes ou bandes, plus ou moins prononcées, selon leur intensité et leur régularité, et parallèles à l'équateur. Si ces courants aériens étaient beaucoup plus intenses, beaucoup plus permanents et réguliers, si les nuages eux-mêmes étaient beaucoup plus volumineux, beaucoup plus permanents qu'ils ne le sont, la distribution des nuages en bandes ou couches à angles droits avec l'axe terrestre (13), serait, on le conçoit, proportionnellement plus prononcée, plus régulière, plus permanente.

La rapidité avec laquelle le globe terrestre et son atmosphère sont emportés autour de l'axe terrestre, l'influence que produit la chaleur solaire sur la zone atmosphérique des régions équatoriales, telle est, croit-on, la double cause des courants.

Si la rapidité suivant laquelle est emportée l'atmosphère était beaucoup plus grande, et si l'atmosphère était plus constamment, plus fortement chargée de nuages, ces effets seraient beaucoup plus sensibles.

La rapidité avec laquelle est emportée l'atmosphère serait plus considérable, si la rotation de la Terre se faisait plus rapidement. Il en serait de même encore, la vitesse de la rotation demeurât-elle ce qu'elle est, si la Terre était plus volumineuse, parce qu'alors l'atmosphère serait, dans un laps de temps identique, emportée autour d'une circonférence proportionnellement plus grande. Mais si l'une et l'autre de ces conditions étaient à la fois remplies, c'est-à-dire, si la Terre tournait plus rapidement autour de son axe et formait en même temps un globe plus considérable, l'atmosphère ne serait pas seulement entraînée autour de la planète en un temps moins long, mais en outre elle décrirait un cercle plus grand.

X.

Voilà précisément ce qui se passe dans les grandes planètes. Jupiter, Saturne et Uranus accomplissent chacun environ cinq révolutions sur leurs axes, pendant que la Terre en accomplit deux; et la circonférence de Jupiter est 11 fois, celle de Saturne 9 fois, enfin celle d'Uranus au delà de 4 fois plus grande que la circonférence de la Terre, à l'équateur.

La vitesse avec laquelle la zone équatoriale de l'air est emportée autour de Jupiter est, par conséquent, 27 fois, autour de Saturne 23 fois, et autour d'Uranus environ 7 fois plus grande qu'elle ne l'est autour de la Terre.

Les observations télescopiques montrent aussi, comme il a été dit précédemment, que les atmosphères de ces planètes sont si épaisses et si constamment chargées de nuages que leurs surfaces solides nous sont toujours célées.

On peut conclure, par conséquent, que la prédominance, dans ces planètes, de courants atmosphériques parallèles à leurs équateurs, est beaucoup plus constante, beaucoup plus prononcée que sur la Terre; et comme les masses de nuages dont elles sont chargées sont beaucoup plus considérables, beaucoup plus permanentes, les effets des courants sur la distribution des nuages en strates ou en bandes équatoriales doivent être beaucoup plus sensibles.

XI.

L'observation a confirmé cette conjecture d'une façon très-remarquable et fort intéressante. Qu'on jette les yeux sur les six vues télescopiques de Jupiter que représentent les figures 1 à 6, et qui ont été gravées d'après les dessins télescopiques d'Herschel et de Mädler.

Les bandes parallèles à l'équateur jovien sont frappantes. Ces bandes, qu'on aperçut peu après l'invention du télescope, ont reçu le nom de *Jupiter's Belts* (Ceintures de Jupiter).

De tous les corps du système, sauf la Lune peut-être, Jupiter offre à l'observateur le spectacle le plus grandiose. Malgré son énorme distance, telle est sa prodigieuse grandeur qu'on le voit sous un angle visuel à peu près double de celui de Mars. Un télescope d'un pouvoir donné, par conséquent, le montre avec un disque quatre fois plus considérable : aussi a-t-il subi l'examen des observateurs les plus éminents, et ses aspects ont-ils été décrits avec les plus complets détails. Son diamètre apparent dans l'op-

position (lorsqu'il est au méridien, à minuit) égale environ la quarantième
partie de celui de la Lune ; il en résulte qu'un télescope d'un grossissement

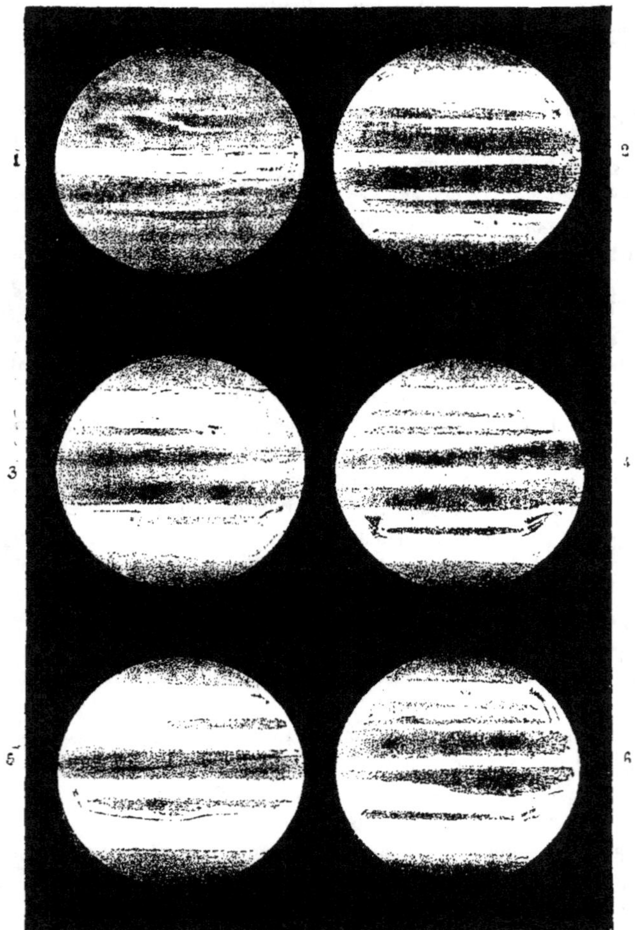

Six vues télescopiques de Jupiter.

1. 23 septembre 1832. — 2. 23 décembre 1834.— 3. 23 décembre 1834.— 4. 2 janvier 1836.
— 5. 16 janvier 1836. — 6. 17 janvier 1836.

de quarante fois le présente à l'observateur avec un disque égal à celui
de la pleine lune vue à l'œil nu.

A l'aide d'un télescope d'un grossissement de quatre ou cinq fois, on peut voir la planète avec un disque sensible ; d'un grossissement de trente fois, on voit ses bandes les plus prononcées ; d'un grossissement de qua- rante fois, on voit la planète avec un disque aussi gros que celui de la pleine lune vue à l'œil nu ; mais pour apercevoir les bandes plus délicates, plus déliées, qui s'étendent à des distances plus grandes de l'équateur, il faut non-seulement que la planète soit examinée dans des circonstances favorables de position et d'atmosphère, mais s'aider d'un télescope excel- lent, dont le grossissement soit de deux cents à trois cents fois.

La planète, ainsi vue, apparaît avec un disque d'une teinte jaunâtre, fort brillante vers l'équateur et devenant grise vers les pôles, mais y conservant toutefois quelque chose de sa teinte jaune. Sur ce fond jaune se détachent des bandes d'un gris foncé, semblables par leur forme, par leur disposi- tion, aux bandes de nuages qu'on observe si souvent au ciel par une belle et calme soirée, après le coucher du soleil. La direction générale de ces bandes est parallèle à l'équateur de la planète, sauf quelques exceptions. Toutes ne sont pas également évidentes, également prononcées. Deux d'entre elles surtout sont, en général, sensibles ; elles se trouvent au nord et au sud de l'équateur, séparées par une zone lumineuse jaune, qui fait partie du fond même du disque. Ces bandes principales s'étendent d'ordi- naire autour de la planète, et se montrent, sans considérablement changer de forme, pendant une révolution complète de Jupiter. Les choses, toute- fois, ne se passent pas toujours ainsi ; il est arrivé, quoique rarement, qu'une de ces bandes, complétement brisée en un certain point, offrait à l'observateur une extrémité si nette, et en même temps si invariable, qu'elle lui permettait de parfaitement déterminer la durée de la rotation de la planète. Les bords de ces bandes principales sont parfois saillants, unis et même quelquefois (surtout ceux qui sont plus éloignés de l'équa- teur) hérissés, inégaux, s'élançant en bras et en pointes.

Dans les parties du disque plus distantes de l'équateur, les bandes sont beaucoup moins accentuées, plus étroites et moins régulières dans leur parallélisme ; on ne peut les voir que rarement, à moins d'être un obser- vateur consommé, et armé de bons télescopes. Ce qui cependant, lorsqu'on emploie des instruments d'une puissance inférieure, ce qui semble, près des pôles, n'être qu'une ombre obscure, d'une couleur jaune-grisâtre, se résout, quand on fait usage d'un bon télescope, en un système de jolies bandes parallèles étroitement juxtaposées, se resserrant davantage au voi- sinage du pôle, et finissant par se confondre.

En général, toutes les bandes, soit au bord est, soit au bord ouest, vont diminuant graduellement, jusqu'à ce qu'elles disparaissent à la fois au bord lui-même.

Quoique toutes ces bandes aient une stabilité beaucoup plus grande que les nuages de notre atmosphère et soient même plus permanentes qu'il n'est besoin pour déterminer exactement la rotation de la planète, elles sont néanmoins tout à fait dépourvues de cette permanence qui caractériserait la configuration zénographique de Mars, par exemple. Les bandes, au contraire, sont sujettes à de lentes, mais évidentes variations ; de sorte que, après un laps de quelques mois, l'apparence du disque n'est plus du tout la même.

XII.

Ces observations générales sur l'aspect du disque de Jupiter deviendront plus claires, plus intelligibles, si l'on se reporte aux dessins télescopiques de la planète, figures 1 à 6. Dans la figure 1, on donne une vue télescopique du disque d'après sir John Herschel, qui la prit, avec le réflecteur de 20 *feet* ($6^m,08$), à Slough, le 23 septembre 1832. Les autres vues ont été prises par Madler, en 1835 et 1836, aux dates indiquées.

Les deux taches représentées figures 2, 3 et 4, sont celles qui permirent de déterminer le temps de la rotation. Elles furent d'abord observées par Madler, le 3 novembre 1834. L'effet de la rotation sur ces taches se manifestait si bien que leur changement de position par rapport au centre du disque était, dans le court espace de cinq minutes, tout à fait sensible. Une troisième tache, beaucoup plus ténue que celles-ci, fut aussi remarquée, les distances dont elles se trouvaient séparées l'une de l'autre étant d'environ 24 degrés de la surface de la planète. On estima que le diamètre de chacune des deux taches représentées dans les diagrammes était de 3 680 milles (1 472 lieues), et l'on put observer quelquefois que leur distance entre elles s'accroissait d'un demi-degré ou de 330 milles (132 lieues) dans un mois. Les surfaces de ces taches doivent, par conséquent, avoir été presque égales au quart de la surface totale de la Terre. Les deux taches ne cessèrent d'être parfaitement visibles depuis le 3 novembre 1834, où elles furent d'abord observées, jusqu'au 18 avril 1835 : mais, pendant cet intervalle, la bande sur laquelle elles se trouvaient primitivement placées avait entièrement disparu. Elle devint graduellement plus faible en janvier (*voy*. fig. 4), et s'évanouit tout à fait en février. Les taches cependant gardaient toute leur intégrité. Après le mois d'avril, la planète, entrant en conjonction (14), se perdit dans la lumière solaire, et quand elle reparut, en août, après la conjonction, les taches avaient également disparu.

On poursuivit les observations ; celles des 16 et 17 janvier 1836 donnèrent lieu aux dessins des figures 5 et 6. L'aspect du disque était alors totalement changé. Les deux figures 5 et 6 représentent les hémisphères opposés de la planète.

On remarqua que les deux taches, entraînées par la rotation autour de la planète, devenaient invisibles à 55-57 degrés du centre du disque. A quelle cause attribuer ce phénomène? Il est très-probable que les taches ne sont autre chose que des ouvertures pratiquées dans la masse des nuages qui flottent au-dessus de l'atmosphère de la planète. Alors leur disparition, lorsqu'elles s'éloignent du centre du disque, serait due à leurs parois latérales, lesquelles, par leur profondeur, intercepteraient la vue du fond. Qu'on suppose un chemin de fer établi dans une tranchée profonde ; si l'on se place au sommet de la tranchée et qu'on s'en retire à quelque distance, on perd la vue du chemin qui s'étend au fond. Il en serait de même dans l'espèce.

On observa aussi que les taches avaient un mouvement propre, d'une vitesse très-modérée, et possédant une direction contraire à la rotation de la planète. Ce mouvement persista avec une grande uniformité en mars et en avril, après la disparition de la bande.

La vitesse du mouvement particulier des taches à la surface de la planète était, suivant les calculs, de 3 à 4 milles (1 lieue 20 à 1 lieue 60) par heure.

Quoique, jusqu'aux premiers jours de novembre, Madler n'eût pas observé les deux taches noires, elles avaient été vues et examinées antérieurement par Schwabe, qui remarqua qu'elles subissaient des changements curieux. Ainsi, l'une d'elles disparaissait pendant un certain temps, et une masse de points clairs prenait sa place ; puis elle reparaissait comme auparavant.

De toutes ces circonstances, comme de beaucoup d'autres qu'il développe dans le cours de ses nombreuses et longues observations, Madler conclut qu'il est hautement probable, sinon absolument certain, que ces masses immenses de nuages ont une permanence de forme, de position et de disposition, à laquelle rien n'est comparable dans l'atmosphère terrestre, et que cette permanence peut être jusqu'à un certain point expliquée par la longueur considérable des saisons et les variations fort peu prononcées qu'elles subissent. Il pense que probablement les habitants des lieux situés sous des latitudes supérieures à 40 degrés ne voient jamais le firmament, et sous des latitudes inférieures, rarement.

Il est probable aussi que le brillant fond jaune dont est généralement revêtu le disque de Jupiter se compose de nuages qui réfléchissent la lumière avec beaucoup plus de puissance que les masses les plus denses éclairées par le soleil dans notre atmosphère. Quant aux bandes plus épaisses et aux taches observées sur le disque, elles seraient des parties de l'atmosphère, ou libres de nuages et à travers lesquelles la surface de la planète est plus ou moins visible, ou bien des nuages d'une densité et d'un pouvoir réfléchissant inférieurs à la densité, à la puissance de réflexion des nuages qui flottent sur l'atmosphère générale, et qui forment ce fond où se voient les bandes et les taches.

L'atmosphère de Jupiter ne s'étend pas, au-dessus de la planète, à une hauteur extraordinaire. Ce qui le prouve, c'est le bord très-accentué, bien tranché du disque. Si la hauteur de l'atmosphère gardait avec le diamètre de la planète quelque proportion considérable, la lumière des bords du disque s'affaiblirait graduellement, et les bords seraient nébuleux, mal définis. C'est l'inverse qui a lieu.

XIII.

Une des conséquences les plus remarquables du mouvement de rotation, mouvement d'où résulte, pour les habitants de la Terre, les alternatives de jour et de nuit, c'est que la Terre, au lieu d'être une sphère parfaite, a pris la forme d'un sphéroïde allongé, c'est-à-dire celle d'un globe aplati aux pôles. On a déjà expliqué ce phénomène.

Si la rotation diurne de la Terre était plus rapide, cet aplatissement polaire serait plus considérable. En un mot, le degré d'aplatissement, ou la proportion suivant laquelle l'axe polaire est plus court que le diamètre équatorial, dépend de la durée de la rotation, de telle sorte que, cette durée étant connue, la proportion peut être calculée, et réciproquement.

Si donc la rotation des grandes planètes est plus rapide (et l'on a vu qu'elle l'était bien davantage) que celle de la Terre, ne s'ensuivra-t-il pas que leur forme sera celle de sphéroïdes oblongs, et que leur degré d'aplatissement sera plus grand que celui de la Terre? L'observation confirme pleinement cette prévision.

Le disque de Jupiter, grossi de trente fois seulement, est évidemment ovale; l'axe plus petit de l'ellipse coïncide avec l'axe de rotation et est perpendiculaire à la direction générale des bandes. Comme dans l'exemple de la Terre, le degré d'aplatissement de Jupiter est celui qui se produirait sur un globe de même grandeur, dont la rotation serait semblable à celle que possède la planète.

A la moyenne distance de la Terre, les diamètres apparents du disque obtenus par des mesures micrométriques (15) exactes sont :

		Milles.	Lieues.
Diamètre équatorial.	38.4″ =	92 080 =	36 832
Diamètre polaire	35.6″ =	85 210 =	34 084
Diamètre moyen		88 645 =	35 458

Le diamètre polaire est, par conséquent, inférieur au diamètre équatorial dans le rapport de 356 à 384, ou de 100 à 108 environ. D'autres calculs donnent le rapport de 100 à 106. — Telle est précisément la proportion que produirait une rotation semblable à celle qu'on assigne à Jupiter.

XIV.

Quelque agréable que puisse être la lumière de la lune en l'absence du soleil, cette compagne du globe n'est pas indispensable à notre bien-être ; et, parmi les planètes du groupe intérieur, la Terre seule a été dotée de ce suppléant de la lumière solaire.

Les planètes du groupe extérieur sont cependant beaucoup plus richement dotées sous ce rapport ; chacune d'elles possède tant de satellites qu'elles jouissent, pendant leurs nuits, d'un perpétuel clair de lune.

Quand Galilée dirigea le premier télescope vers Jupiter, il observa quatre petites étoiles dans la ligne équatoriale de cette planète. D'abord il les prit pour des étoiles fixes ; mais bientôt il fut détrompé. Il les vit alternativement s'approcher, puis s'éloigner de la planète, passer derrière, puis devant elle, osciller à sa droite et à sa gauche, à des distances limitées et toujours les mêmes. Galilée ne tarda pas à conclure que c'étaient là des corps qui tournaient autour de Jupiter, dans des orbites, à des distances limitées, et que chacun d'eux successivement comprenait l'orbite des autres en lui ; en un mot, qu'ils formaient une miniature du système solaire, dans laquelle toutefois Jupiter lui-même remplissait le rôle du Soleil. Lorsque le télescope eut été perfectionné, il devint évident que ces corps étaient de petits globes se rattachant à Jupiter par les mêmes liens que la Lune se rattache à la Terre ; enfin, que c'était un système de quatre lunes accompagnant Jupiter autour du Soleil.

XV.

La période de leurs révolutions est on ne peut plus remarquable. Celle de ces lunes qui est la plus voisine de Jupiter accomplit sa révolution en 42 heures. Dans ce peu de temps, elle passe par toutes ses phases : elle se montre à l'état de croissant faible, à l'état hémisphérique, gibbeuse et pleine. On doit rappeler cependant que les jours, dans Jupiter, au lieu d'être de 24 heures, ne sont pas même de 10 heures. Cette lune, par suite, a chacun de ses mois égal à un peu plus de quatre jours joviens. Chaque jour elle accomplit un quartier ; ainsi, le premier jour du mois, elle passe du croissant le plus faible à la demi-lune ; le second, de la demi-lune à la pleine lune ; le troisième, de la pleine lune au dernier quartier, et le quatrième, elle revient en conjonction avec le Soleil. Ces changements ont lieu avec une telle vitesse qu'on doit vraiment les voir s'opérer.

Le mouvement apparent de cette lune dans le firmament de Jupiter est évalué à plus de 8 degrés par heure : celui de notre lune serait pareil, si elle se mouvait dans un espace égal à son propre diamètre apparent en un peu moins de quatre minutes. Elle pourrait alors être l'aiguille d'une gigantesque horloge céleste.

Le second satellite accomplit sa révolution en 85 heures terrestres environ, ou à peu près 8 jours joviens et demi. Il passe, par suite, d'un quartier à l'autre en 21 heures, ou environ 2 jours joviens, son mouvement apparent dans le firmament de la planète étant d'environ 4.25 degrés par heure ; notre lune offrirait un spectacle semblable si elle se mouvait sur un espace égal à 9 fois son propre diamètre par heure, ou sur son propre diamètre en moins de 7 minutes.

Les mouvements et les changements de phase des deux autres satellites sont moins rapides. Le troisième parcourt ses phases en 170 heures environ, ou 17 jours joviens, et son mouvement apparent est d'environ 1 degré par heure. Le quatrième et dernier accomplit ses changements en 400 heures, ou 40 jours joviens, et son mouvement apparent est d'un peu moins de 1 degré par heure, le mouvement apparent de notre lune étant double.

Ainsi, les habitants de Jupiter ont quatre mois différents : l'un est de 4, l'autre de 8, celui-ci de 17, et celui-là de 40 jours joviens.

XVI.

Les lunes de Jupiter diffèrent de celle de la Terre en ce qu'elles se meuvent toutes dans le plan de l'équateur de la planète, duquel plan le Soleil ne peut jamais s'écarter de plus de 3 degrés environ. Pendant un temps considérable, avant et après les équinoxes joviens, le Soleil est si près de l'équateur de la planète que chacune des lunes, qui n'abandonnent jamais cet équateur, doit nécessairement, à chaque révolution, passer entre le Soleil et la planète. Il suit de là que, pendant un long intervalle avant et après chacun des équinoxes, des éclipses solaires seront produites, à chaque révolution, par chacune des quatre lunes. Ces éclipses, toutefois, ne seront visibles que dans des latitudes peu élevées. Les habitants des latitudes plus hautes, dans l'un et l'autre hémisphère, seront trop éloignés de la direction commune des lunes et du Soleil, ou, ce qui revient au même, du plan de l'équateur jovien, pour que la ligne visuelle menée au Soleil ne soit pas interrompue, brisée par les 'unes.

L'ombre de Jupiter a des proportions si énormes que les trois lunes intérieures ne passent jamais derrière la planète sans en traverser l'ombre. Les trois lunes sont, par conséquent, éclipsées à chaque révolution ; et comme dans le temps où ces lunes se montreraient dans leur plein elles sont en opposition directe avec le Soleil, elles sont alors plongées dans l'ombre et éclipsées. En conséquence, les habitants de Jupiter ne voient jamais aucune de ces trois lunes dans son plein.

La quatrième ou la plus distante des lunes de Jupiter est, comme les autres, généralement éclipsée à chaque révolution ; mais aux solstices d'hiver et d'été, le Soleil, et, partant, l'ombre de la planète se trouvant suffisamment écartés du plan de l'équateur de cette planète, permettent à la lune dont il s'agit d'éclairer l'ombre même, et de traverser l'opposition sans entrer dans cette ombre. C'est le seul exemple que présentent ces lunes de pouvoir traverser l'opposition sans aussi traverser l'ombre de la planète; ce sont les seules fois que les habitants de Jupiter jouissent du spectacle d'une pleine lune.

Ces circonstances, jointes à la révolution si rapide des lunes, doivent procurer, on le conçoit, aux peuples de Jupiter, un ensemble de phénomènes célestes fort variés, et compliquer étrangement leur chronologie. Une éclipse totale de la première lune (la plus rapprochée) doit se produire toutes les 42 heures terrestres ou tous les 4 jours joviens; et durant un temps considérable, soit avant, soit après les équinoxes, une éclipse de soleil totale ou partielle doit se produire dans des intervalles semblables, alternant avec des éclipses de lune, et n'en étant séparée que par une durée de 21 heures terrestres, ou 2 jours joviens.

Les mêmes phénomènes se reproduisent exactement à l'endroit du second satellite, à des intervalles de 3 ½ jours terrestres, ou d'environ 8 ½ jours joviens; à l'égard du troisième, à des intervalles de 7 jours terrestres, ou 17 jours joviens; et à l'égard du quatrième, à des intervalles de 16 ½ jours terrestres, ou 40 jours joviens. Ils sont toutefois, quant à ce dernier, soumis à une interruption, lors de l'hiver et de l'été joviens, par la raison qu'on a déjà exposée.

XVII.

Les satellites de Jupiter, vus à l'aide d'un télescope ordinaire, ont l'apparence de petites étoiles disposées suivant une ligne conduite par le centre du disque de la planète, presque parallèle à la direction des bandes, et, partant, coïncidant avec celle de l'équateur de la planète.

Le système entier est compris dans une surface visuelle d'environ les deux tiers du diamètre apparent de la lune terrestre. Si donc l'on appli-

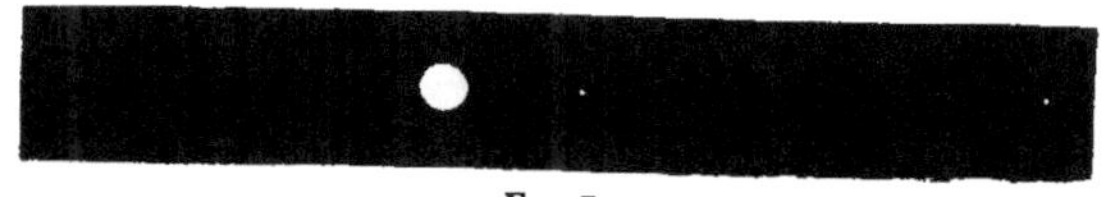

Fig. 7.

quait par son centre le disque de la Lune sur le disque de Jupiter, non-seulement tous les satellites joviens seraient couverts, mais celui d'entre eux qui est le plus éloigné de la planète n'approcherait pas même du bord de la Lune de plus d'un sixième de son diamètre apparent.

Si tous les satellites se trouvaient dans le même moment à leurs plus grandes distances apparentes de leur planète, ils offriraient, relativement au diamètre apparent de la planète, l'aspect que représente la figure 7.

En comparant leurs diamètres réels avec leurs distances, les diamètres

I.

4

apparents des divers satellites, vus de Jupiter, peuvent être facilement déterminés.

XVIII.

Le premier satellite a un diamètre apparent égal à celui de la Lune ; le deuxième et le troisième sont presque égaux et possèdent environ la moitié de ce diamètre. Le diamètre apparent du quatrième satellite équivaut à la quatrième partie du diamètre de la Lune, ou à peu près.

On peut se figurer sans peine tous les étranges, tous les intéressants phénomènes nocturnes qui se manifestent aux habitants de Jupiter lorsque les grandeurs diverses de ces quatre lunes s'unissent à la succession rapide de leurs phases, aux rapides mouvements apparents de la première et de la seconde.

Les mouvements des trois premiers satellites sont ordonnés de telle façon que jamais ils ne peuvent à la fois se trouver du même côté de la planète ; d'où résulte que, quand l'un fait défaut au firmament jovien, pendant la nuit, l'un au moins des autres doit y briller. Les nuits, en conséquence, ont toujours un clair de lune, hormis pendant les éclipses, et sont souvent éclairées à la fois par trois lunes de grandeurs apparentes diverses et dans des phases différentes.

XIX.

De toutes les planètes appartenant soit à ce groupe, soit au groupe terrestre, celle qui ouvre à l'étonnement le champ le plus vaste est Saturne ; Saturne, globe prodigieux, d'un volume neuf cents fois environ plus considérable que la Terre, qu'entourent deux, au moins (et probablement un plus grand nombre), deux anneaux minces, plats, d'une matière solide, et en dehors desquels se meut un groupe de huit lunes ! Saturne, dont le système si compliqué se meut d'un mouvement commun si précis, tellement bien ordonné, qu'aucune de ses parties ne trouve d'obstacle à sa marche **autour du Soleil, que chacun de ses rouages fonctionne** sans que rien vienne **l'entraver !**

Les anciens **ne connurent du système saturnien que le corps** central, c'est-à-dire la planète seule ; la découverte des appendices annulaires, celle des satellites, est l'œuvre des modernes.

La distance de Saturne au Soleil est tellement énorme que si toute l'orbite terrestre, dont le diamètre mesure près de 200 000 000 de milles (80 millions de lieues), était remplie, comblée par un soleil, ce soleil, vu de Saturne, aurait un diamètre apparent environ vingt-quatre fois plus grand (seulement) que le Soleil réel, vu de la Terre. Un boulet de canon, parcourant 500 milles (200 lieues) par heure, mettrait environ 200 ans, et un train de chemin de fer, faisant 50 milles (20 lieues) à l'heure, mettrait environ 2 000 ans pour aller de Saturne au Soleil. La lumière qui, par seconde, franchit environ 200 000 milles (80 000 lieues), met 1 heure 15 minutes à franchir une telle distance. Et pourtant, à cette distance, la gravitation solaire transmet ses ordres ; elle est obéie avec la plus grande promptitude, avec la précision la plus parfaite.

Le diamètre de l'orbite de Saturne ayant 1 800 000 000 de milles (720 millions de lieues), sa circonférence est de 5 650 000 000 de milles (2 milliards 260 millions de lieues) ; la planète s'y meut en 10 759 jours. Son mouvement par jour est, par conséquent, de 525 140 milles, et par heure, de 21 880 milles (8 752 lieues).

<h2 style="text-align:center">XX.</h2>

Tout ce qui a été dit précédemment sur l'atmosphère, la rotation diurne et leurs conséquences, sur les courants atmosphériques, les vents alizés et la figure oblongue de Jupiter, on peut l'appliquer, sans modification importante, à Saturne.

Cette planète est entourée de huit lunes. Quatre d'entre elles, comme les lunes de Jupiter, se distinguent par leur proximité de la planète, car il en est trois dont les distances sont considérablement moins grandes que celle de la lune terrestre à la Terre, et la quatrième en est à peu près à cette distance. Des quatre autres lunes, la plus éloignée est dix fois plus loin de Saturne que la lune terrestre ne l'est de la Terre, et la plus rapprochée est environ une fois plus distante que notre lune.

Les distances des lunes sont, toutefois, estimées plus exactement au respect des planètes qu'elles entourent, par leur expression en demi-diamètres de la planète. Ces distances exprimées ainsi, les lunes de Saturne occupent une échelle de distance beaucoup plus faible que la lune terrestre. La distance de la plus éloignée est égale à 64 demi-diamètres de Saturne, et celle de la plus proche équivaut à un peu plus de 3 demi-diamètres. La distance de la lune terrestre à la Terre est égale à 60 demi-diamètres.

Quelque grandes, toutefois, que soient ces distances, elles se réduisent à une mesure apparente minime, eu égard à l'éloignement du système saturnien. Si le centre de la lune terrestre était appliqué sur le centre du disque de Saturne, le plus éloigné de ses satellites, loin de déborder le disque lunaire, n'approcherait pas même de ses bords ; il s'en faudrait un tiers du demi-diamètre de la Lune. Ainsi, quoique le système saturnien s'étende sur un espace d'environ 5 000 000 de milles (2 000 000 de lieues) dans son extrême largeur, tout cet espace serait couvert par le disque de la Lune, ce disque n'eût-il qu'un diamètre inférieur d'un tiers à son diamètre réel.

Ce qui a été dit des phases et des apparences que les lunes de Jupiter offrent aux habitants de cette planète s'applique entièrement aux lunes ou satellites de Saturne. Seulement, au lieu de quatre lunes, Saturne en possède huit, tournant sans cesse autour de lui, et présentant tous ces changements mensuels que l'unique satellite de notre globe nous a rendu familiers.

Les périodes des lunes de Saturne, comme celles de Jupiter, sont courtes, hormis pour les plus distantes de la planète. La plus voisine passe par toutes ses phases en 22 heures $1/2$, et la quatrième (en partant de la plus éloignée), en moins de 66 heures. Les trois suivantes ont des mois qui varient de 4 à 22 jours terrestres.

Ces sept lunes se meuvent dans des orbites dont les plans coïncident presque avec le plan de l'équateur saturnien. Il suit de cette disposition qu'elles sont toujours visibles dans les deux hémisphères de la planète, lorsqu'elles ne sont pas éclipsées par son ombre.

Le mouvement de la lune la plus proche est si rapide que les habitants de Saturne peuvent le voir s'accomplir, aussi facilement qu'ils verraient marcher l'aiguille d'un chronomètre immense. Elle décrit 360 degrés en 22 heures $1/2$, soit 16 degrés par heure, ou 16 minutes de degré par minute ; de sorte que, en deux minutes, elle se meut sur un espace égal au diamètre apparent de notre propre lune.

Le huitième, ou le plus éloigné des satellites, fait, sous plusieurs rapports, exception à la règle, et diffère de tous les autres. Seul, il se meut dans une orbite inclinée de manière à former un angle considérable avec le plan de l'équateur.

La distance énorme qui nous sépare de Saturne n'a pas permis jusqu'ici de déterminer les dimensions de ses satellites. Le sixième (en partant du plus éloigné), nommé Titan, est toutefois reconnu pour être le plus gros, et il paraît certain que son volume n'est qu'un peu moins considérable que celui de la planète Mars. Les trois satellites qui lui succèdent immédiatement, Rhéa, Dioné et Téthys, sont des corps plus petits et ne peuvent être aperçus qu'à l'aide de télescopes d'une grande puissance. Les deux plus voisins, Encelade et Mimas, exigent, pour être un peu observables, des instruments d'une puissance, d'une perfection complètes, et, en outre, des conditions atmosphériques on ne peut plus favorables.

Les grandeurs réelles des satellites, hormis celle du sixième, n'ayant pas été déterminées, on ne peut rien conclure touchant leurs grandeurs apparentes à la surface de Saturne ; on ne peut que se livrer à des conjectures basées sur les analogies qu'ils offrent avec les autres corps analogues du système. Les satellites de Jupiter étant tous plus grands que la Lune, l'un d'eux excédant Mercure en grandeur, et un autre n'ayant qu'un volume un peu inférieur à cette planète, on peut dire avec beaucoup de probabilité que les satellites de Saturne sont au moins individuellement plus grands dans leurs dimensions effectives que notre lune.

CHAPITRE IV.

I. Grandeurs apparentes des lunes de Saturne à sa surface. — II. Leurs phases; les mois de Saturne courts. — III. Éclipses de soleil et de lune. — IV. Découverte des anneaux. — V. Phases des anneaux vus de la Terre. — VI. Aspect de leurs bords en 1848; dessins de Schmidt. — VII. Leurs montagnes. — VIII. Leurs dimensions. — IX. Découverte des anneaux obscurs. — X. Vue télescopique de la planète et des anneaux, par Dawes. — XI. Apparence des anneaux à la surface de Saturne. — XII. Erreurs commises sur ce point par Bode, Herschel, Madler et autres. — XIII. Correction de ces erreurs. — XIV. L'aspect des anneaux varie avec la latitude où se trouve l'observateur. — XV. Diagrammes explicatifs. — XVI. Récapitulation. — XVII. Il n'y a pas de difficulté à admettre la possibilité de races différemment organisées dans les différentes planètes. — XVIII. Le Soleil; son caractère physique s'oppose à ce qu'il soit habité. — XIX. La Lune n'est pas habitable. — XX. Les satellites, pas davantage. — XXI. Les comètes non plus. — XXII. Des planétoïdes ou astéroïdes.

I.

Si l'évaluation des grandeurs réelles des satellites donnée à la fin du dernier chapitre est admise, leurs grandeurs apparentes probables à la surface de Saturne peuvent être déduites de leurs distances. La distance à laquelle se trouve de la planète le premier de ces satellites, Mimas, n'est que de 94 000 milles (37 600 lieues); elle est deux fois et demie moins grande que celle de la Lune. La distance du deuxième satellite est environ la moitié de celle de la Lune; celle du troisième, environ les deux tiers, et celle du quatrième, environ les cinq sixièmes de la distance de la Lune à la Terre. Si donc ces corps ont des dimensions réelles plus considérables que celles de la Lune, leurs grandeurs apparentes à la surface de Saturne seront plus considérables que la grandeur apparente du satellite terrestre, dans une proportion plus grande encore que celle qui existe dans les différences de distances auxquelles tous ces satellites se trouvent de leurs planètes respectivement. Du septième satellite, Hypérion, récemment découvert, on connaît peu de chose, et la grandeur remarquable du sixième, Titan, donne lieu de croire que, malgré sa distance, il peut montrer aux habitants de Saturne un disque aussi grand que celui de la lune terrestre.

II.

Tout ce qu'on a dit précédemment sur la rapidité des phases dont les lunes de Jupiter offrent le tableau si remarquable s'applique également à Saturne. Le spectacle, toutefois, a plus de brillant, plus de richesse; les acteurs sont plus nombreux : Saturne possède deux fois plus de lunes que Jupiter. Comme le premier satellite passe du croissant le plus faible à l'état de demi-lune en 5 heures terrestres $^1/_2$, le changement, qui s'opère par degrés, doit être aussi visible que la marche de l'aiguille d'un chronomètre. Le second satellite procède moitié plus lentement, c'est-à-dire qu'il passe d'un croissant faible à la demi-lune en 8 heures. Le premier passe de la nouvelle lune à la pleine lune en 11 heures, et le second en 16 heures. L'intervalle entre la nouvelle et la pleine lune pour le troisième satellite est de 22 heures; pour le quatrième, 32 heures; pour le cinquième, 53 heures; pour le sixième, 8 jours terrestres; pour le septième, 11, et pour le huitième, 40 jours.

III.

Les éclipses solaires et lunaires, produites et subies par ces huit satellites, ne sont pas aussi fréquentes que dans le système de Jupiter, car l'équateur de Saturne s'incline sur l'orbite solaire de manière à former un angle de près de 27 degrés (considérablement plus grand que l'obliquité de l'écliptique, 23° 27′ 50″); d'où résulte que le Soleil, au moment des solstices d'hiver et d'été de Saturne, paraît considérablement s'éloigner de l'équateur, où le mouvement des satellites, sauf le huitième, est confiné. Par la même raison, les satellites s'éloignent davantage du centre de l'ombre, et tous, sauf les plus voisins, se meuvent en général hors de l'ombre planétaire au moment de l'opposition (15). Les Saturniens ont, en conséquence, sur le peuple jovien, l'avantage d'assister fréquemment au spectacle de plusieurs pleines lunes à leur firmament.

IV.

L'organe de la vision humaine ayant reçu du télescope une puissance inconnue jusque-là, les observateurs du ciel ne tardèrent pas à découvrir que le disque de Saturne différait notablement de ceux des autres planètes : ce disque n'était pas circulaire. D'abord on le considéra comme un ovale oblong, aplati, affectant la forme d'un rectangle allongé, arrondi à ses extrémités. Quand le télescope eut subi des améliorations, ce disque devint un grand disque central, flanqué de deux disques plus petits, et ayant toute l'apparence d'anses ou d'oreilles analogues à celles d'un vase ou d'une jarre; c'est pourquoi on les appela les anses du disque, nom qu'ils portent encore. Enfin, en 1659, Huygens trouva le véritable mot du phénomène. Il montra que la planète est entourée par un anneau de matière solide, opaque, au centre duquel elle est suspendue; il montra que ce qui semble des anses n'est rien autre que les parties de l'anneau latérales au disque et en dehors de lui, parties qui, en se projetant, prennent, aux extrémités de son plus grand axe, la forme des parties d'une ellipse; il fit voir, en outre, que les parties ouvertes des anses sont produites par le ciel de la planète, vu dans l'espace intervallaire de l'anneau et de cette planète.

Les télescopes perfectionnés, le nombre toujours croissant, le zèle de plus en plus ardent, l'activité sans cesse en éveil des observateurs, tout contribua à fournir des données beaucoup plus complètes sur la position, la forme, les dimensions et la structure de cet appendice extraordinaire et sans exemple connu.

On sait aujourd'hui qu'il consiste en un anneau plat, matériel, d'une épaisseur peu considérable eu égard à sa superficie. Il est à peu près, mais non complétement, concentrique avec la planète et dans le plan de son équateur. Ce qui le prouve, c'est la coïncidence de l'anneau avec la direction générale des bandes, et avec celle du mouvement apparent des taches qui ont permis de déterminer la rotation de la planète.

Que, dans des circonstances favorables, on dirige sur l'anneau un télescope suffisamment puissant, on verra sur sa surface des bandes sombres, semblables aux zones de la planète. L'une de ces bandes ayant paru affecter une permanence incompatible avec l'admission de la même cause atmosphérique qu'on assigne aux zones, on conjectura qu'elle provenait d'une séparation, d'une division effective de l'anneau en deux anneaux concentriques placés l'un dans l'autre. Cette conjecture se changea en certitude, lorsqu'on eut découvert que la même bande ou ligne sombre se voit dans la même position, de chaque côté de l'anneau. Quelques observateurs ont assuré même qu'on a vu des étoiles par l'intervalle des anneaux; mais ceci demande confirmation. Toutefois, on considère comme prouvé que le système consiste en deux anneaux concentriques d'inégale largeur, l'un placé en dehors de l'autre, et sans contact réciproque.

V.

Pendant que la planète est entraînée autour du Soleil par son mouvement orbitaire, les anneaux se présentent aux observateurs terrestres sous des aspects différents. Dans deux des positions de la planète à des points opposés de son orbite, l'anneau se montre de champ, son plan passant alors par la Terre. Elle prend ces positions tous les 15 ans (terrestres) environ, ou chaque demi-année saturnienne. Si l'anneau était assez épais pour qu'on le pût voir distinctement, si son épaisseur était uniformé, il aurait alors l'aspect qu'on lui donne figure 1.

A mesure que la planète abandonne ces positions, les anneaux s'inclinent de manière à former un angle sensible avec la ligne visuelle; cet angle s'accroissant d'année en année, ils se montrent de plus en plus ouverts, comme on le voit figure 2, jusqu'à ce que, après un intervalle de 7 ans 1/2, ou 1/4 d'année saturnienne, le plan des anneaux forme le plus grand

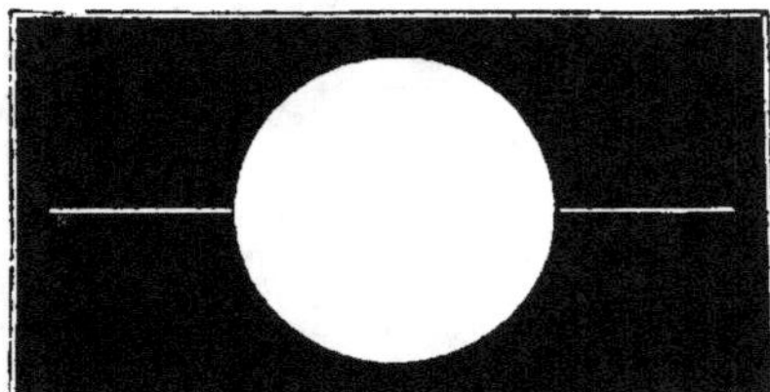

FIG. 1.

angle possible (d'environ 28 degrés) avec la ligne visuelle. Alors l'aspect des anneaux est celui de la figure 3.

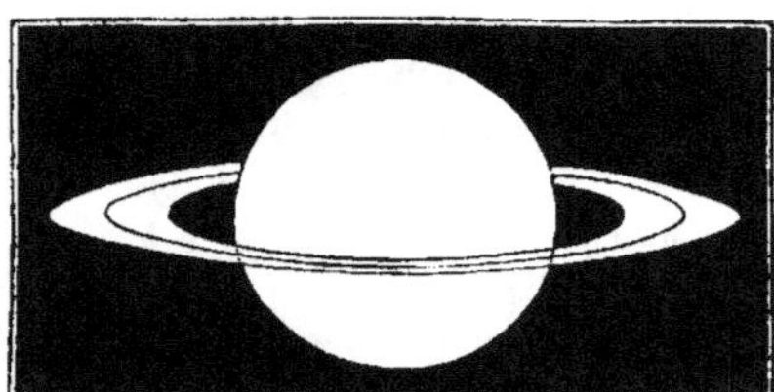

FIG. 2.

Les époques où les anneaux se présentent de champ à la Terre sont, à très-peu près, identiques à celles des équinoxes saturniens. La dernière fois, ce fut en 1848 ; la prochaine, par conséquent, aura lieu en 1863.

VI.

En 1848, l'anneau s'offrant de champ, M. Julius Schmidt, de l'Observatoire de Bonn, en profita pour faire quelques observations fort curieuses et dignes d'intérêt. Au lieu de présenter l'aspect d'une ligne de lumière unie, nette, ainsi que le montre la figure 1, l'anneau ne montra qu'une ligne brisée, inégale.

Parmi les dessins télescopiques exécutés par M. Schmidt à cette occasion, nous en avons choisi quatre (fig. 4, 5, 6 et 7). Ces figures représentent seulement les apparences du bord des anneaux, et non celles des bandes du disque de la planète.

La figure 4 représente l'anneau vu le 26 juin.

La figure 5 représente l'anneau vu le 3 septembre.

La figure 6 représente l'anneau vu le 5 septembre.

La figure 7 représente l'anneau vu le 11 septembre.

VII.

Cet aspect singulier de l'anneau doit avoir pour cause de grandes inégalités montagneuses à sa surface, inégalités qui le rendent beaucoup plus

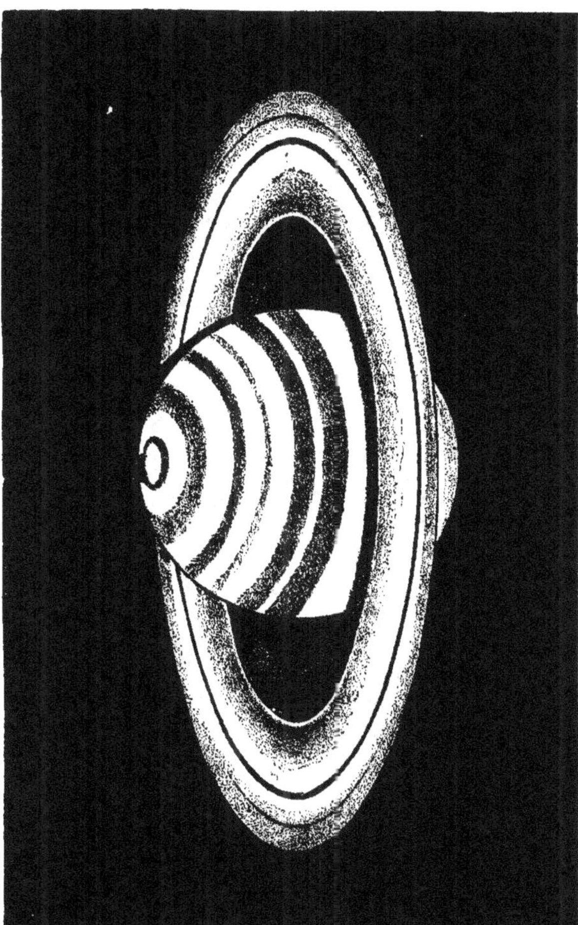

Fig. 3. SATURNE.

Vu en novembre 1852, avec un réflecteur de 6 pouces ¹/₂ d'ouverture, à Wateringbury, près Maidstone, par W. A. Dawes.

épais sur certains points que sur certains autres. Dans certaines parties, il
est trop mince pour être visible, tandis que dans d'autres, où des montagnes
considérables lui donnent plus d'épaisseur, il est apparent.

VIII.

La largeur des anneaux, celle des intervalles qui les séparent l'un de l'autre et de la planète, ont été soumises à des observations micromé-

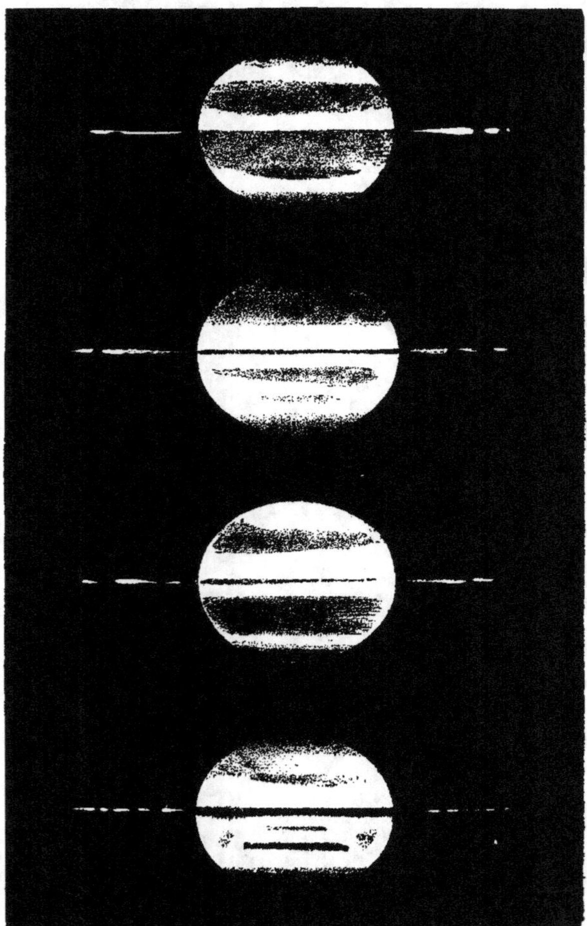

Fig. 4, 5, 6, 7.

triques (16) très-précises, et les résultats obtenus par divers observateurs ne diffèrent pas entre eux de la quarantième partie de la quantité totale

mesurée. Dans le tableau suivant, on donne le résultat des observations
micrométriques du professeur Struve réduites à la distance moyenne.

		Grandeur apparente en distance moyenne.	En demi-diamètres de la planète.	Milles.
Demi-diamètre de la planète................	r	8″,995	1,000	39 580
Demi-diamètre extérieur de l'anneau extérieur.	a	20 ,047	2,229	88 209
Demi-diamètre intérieur de l'anneau extérieur.	a'	17 ,644	1,961	77 636
Largeur de l'anneau extérieur...............	$a - a'$	2 ,403	0,268	10 573
Demi-diamètre extérieur de l'anneau intérieur.	b	17 ,237	1,916	75 845
Demi-diamètre intérieur de l'anneau intérieur.	b'	13 ,334	1,482	58 669
Largeur de l'anneau intérieur...............	$b - b'$	3 ,903	0,434	17 176
Ouverture de l'intervalle entre les deux anneaux.	$a' - b$	0 ,407	0,045	1 791
Ouverture de l'intervalle entre la planète et l'anneau intérieur....................	$b' - r$	4 ,339	0,482	19 089
Largeur de l'un et l'autre anneau, y compris l'intervalle....................	$a - b'$	6 ,713	0,747	29 540

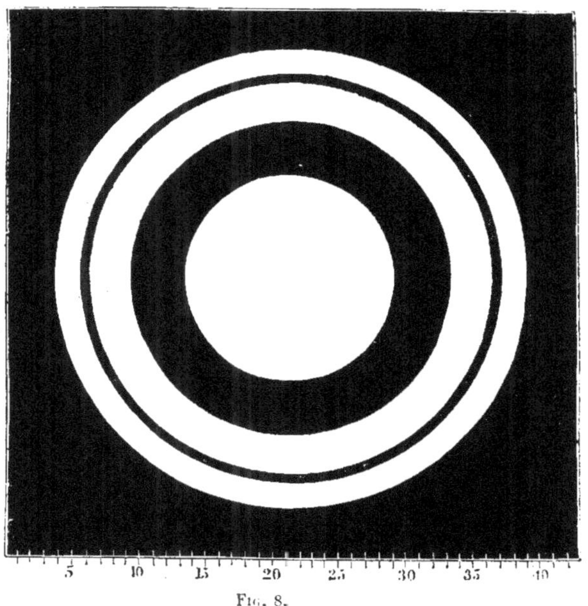

Fig. 8.

Les dimensions relatives des deux anneaux et de la planète qu'ils entourent sont représentées dans la figure 8, projetée sur le plan commun
des anneaux et de l'équateur de la planète. Chaque division de l'échelle y
annexée représente 5 000 milles (2 000 lieues).

IX.

Le résultat le plus inattendu des observations télescopiques récentes sur Saturne a été la découverte d'un anneau composé, suivant toute apparence, d'une matière réfléchissant la lumière beaucoup plus imparfaitement que la planète ou les anneaux déjà décrits ; mais le plus extraordinaire, c'est que cette matière est à tel point transparente qu'on peut voir le corps de la planète au travers.

En 1838, le docteur Galle, de l'Observatoire de Berlin, remarqua le phénomène suivant. Il observa qu'une sorte d'ombre s'étend depuis l'anneau intérieur jusqu'à la surface de la planète, comme si la matière solide de l'anneau se prolongeait par delà la limite de sa surface éclairée, et que ce prolongement de la surface se manifeste par une clarté très-faible, analogue à une pénombre. Galle a publié les mesures de cette surface obscure dans les *Transactions de Berlin* de la même année.

Le phénomène cependant attira très-peu l'attention jusque vers la fin de 1850. A cette époque, le professeur Bond, de Boston, et M. Dawes, en Angleterre, non-seulement le reconnurent, mais ils déterminèrent son caractère et sa configuration avec une grande précision. Les observations du professeur Bond ne furent pas connues en Angleterre avant le 4 décembre ; mais, le 29 novembre, M. Dawes donna du phénomène une explication très-satisfaisante. Cet astronome appela, le 3 décembre, l'attention de M. Lassell sur ce sujet, et tous deux, dans la soirée du même jour, l'examinèrent à l'observatoire de M. Dawes ; immédiatement ils publièrent leurs observations et descriptions, qui parurent en Europe au même moment que celles du professeur Bond.

Toutefois, jusqu'à 1852, la transparence ne put être pleinement constatée. D'après ses observations du mois de septembre, M. Dawes en suspectait très-fort l'existence ; mais, vers le même temps, elle était parfaitement reconnue à Madras, par le capitaine Jacob, et au mois d'octobre, à Malte, par M. Lassell, qui avait transporté son observatoire dans cette île pour jouir des avantages d'une latitude plus basse et d'un ciel plus serein. Ces observations ont prouvé péremptoirement que Saturne possède un appendice annulaire semi-transparent, — phénomène unique.

X.

La figure 3 représente la planète entourée de son système d'anneaux. Elle a été faite d'après l'esquisse originale, due à M. Dawes.

La division principale des anneaux brillants est visible sur toute sa circonférence. La ligne noire, qu'on suppose une division de l'anneau externe, est visible dans le dessin de M. Dawes ; mais M. Lassell ne l'a jamais remarquée.

En 1851 et 1852, M. Dawes a distinctement vu une ligne mince, très-brillante, au bord intérieur de l'anneau brillant interne.

L'anneau brillant interne est toujours un peu plus brillant que la planète. Cependant il ne l'est pas uniformément. Son éclat est plus intense sur le bord extérieur, et diminue insensiblement jusqu'au bord intérieur, où il devient si faible qu'on peut à peine déterminer sa limite précise. On dirait que son pouvoir de réflexion n'est pas plus grand sur ce point-là que celui de l'anneau obscur qu'on a découvert récemment. L'espace libre, ouvert, entre l'anneau et la planète, a la même couleur que le ciel environnant.

XI.

Les anneaux doivent évidemment offrir, aux habitants de Saturne, un coup d'œil pittoresque ; ils doivent jouer un rôle important dans l'uranographie (17) de ce peuple. La détermination de leur grandeur apparente, de leur forme, de leur position, par rapport aux étoiles fixes, au Soleil, aux lunes de Saturne, a conséquemment plus ou moins fixé l'attention des astronomes. Il est singulier néanmoins que, quoique le sujet ait été discuté, traité par des autorités différentes pendant trois quarts de siècle, les conclusions auxquelles on est arrivé, les opinions qui ont été généralement exprimées et adoptées, soient complétement erronées.

XII.

Dans le *Jahrbuch* de Berlin pour 1786, le professeur Bode publia un essai sur la question. Quoiqu'il ne pût se baser que sur les données incomplètes de son temps, son opinion ne paraît pas différer matériellement, en principe, des opinions professées aujourd'hui par les plus éminents astronomes.

Dans ses *Esquisses d'astronomie*, publiées en 1849, sir John Herschel dit que les anneaux, vus de Saturne, ont l'aspect de grandes arches qui s'étendent sur le ciel, d'un horizon à l'autre, et que l'hémisphère de la planète qui regarde leur côté obscur subit une éclipse solaire d'une durée de quinze ans.

Cette opinion, qu'ont reproduite la plupart des écrivains d'Angleterre et du continent, est complétement inexacte. *En premier lieu*, les anneaux n'occupent pas une position presque invariable parmi les étoiles. Au contraire, leur position par rapport aux étoiles fixes est sujette à un changement si rapide que les observateurs saturniens doivent le voir s'opérer ; car les étoiles situées d'un côté des anneaux passent à l'autre d'heure en heure. *En second lieu*, un phénomène comme une éclipse d'une durée de quinze ans, ou aucun autre analogue, ne peut se produire en n'importe quel point du globe saturnien.

Parmi les observateurs du continent qui ont récemment soumis la question à un nouvel examen, le plus éminent est le docteur Madler, à qui la science a tant d'obligations pour ses recherches et ses observations sur le caractère physique de la Lune et de Mars.

Cet astronome soutient, comme Herschel, que les anneaux occupent une position fixe dans le firmament, leurs bords se projetant sur les parallèles de déclinaison, et qu'en conséquence tous les objets célestes sont emportés par le mouvement diurne dans des cercles parallèles ; d'où il suit que, dans la même latitude saturnienne, les mêmes étoiles sont toujours couvertes par les anneaux, et qu'on voit toujours les mêmes étoiles à la même distance de ces anneaux.

Ceci est encore inexact. Les zones du firmament couvertes par les anneaux ne sont pas bornées par des parallèles de déclinaison (18), mais par des courbes qui coupent ces parallèles suivant différents angles.

Le docteur Madler calcule longuement les éclipses solaires qui ont lieu pendant l'hiver, moitié de l'année saturnienne. Il compute la durée de ces diverses éclipses dans les différentes latitudes de Saturne, et donne un tableau dont il résulterait que les éclipses solaires que détermine l'anneau intérieur ont une durée de trois mois à plusieurs années, que la durée des éclipses produites par l'anneau externe est plus grande encore, enfin que la durée pendant laquelle se montre le soleil dans l'espace intervallaire des anneaux varie, suivant les latitudes, de dix jours à sept et huit mois.

Ces conclusions et computations diverses de Bode, d'Herschel, de Madler et d'autres encore, le raisonnement qui leur sert de base, sont tous erronés ; les phénomènes solaires qu'ils décrivent ne correspondent nullement, ne ressemblent en aucune façon aux phénomènes uranographiques réels.

XIII.

Le problème de l'aspect des anneaux dans le firmament saturnien, de leur effet en occultant et en éclipsant occasionnellement et temporairement le soleil, les huit lunes et d'autres objets célestes, a été complétement discuté et, pour la première fois, complétement résolu dans un mémoire du docteur Lardner. Ce mémoire, lu, en 1853, à la Société royale d'astronomie, a été publié dans le volume XXII de ses *Transactions*.

L'auteur y démontre que le merveilleux appendice annulaire de Saturne, appendice dont l'utilité n'est pas encore découverte, ne saurait être une cause de ténèbres prolongées, de désolation pour les habitants de la planète, d'aggravation dans les rigueurs de leur hiver de quinze ans, comme on devait le croire d'après le raisonnement des astronomes éminents dont on a parlé, et de beaucoup d'autres qui ont adopté leurs conclusions ou qui y sont arrivés par d'autres arguments.

Au contraire, il est démontré que, par le mouvement apparent du ciel, mouvement dont la cause est la rotation diurne de Saturne, les objets célestes, et naturellement le soleil et les huit lunes, ne sont pas entraînés parallèlement aux bords des anneaux, comme on l'a supposé jusqu'ici ; qu'ils se meuvent de manière à passer alternativement d'un côté à l'autre de chacun de ces bords ; qu'en général tous objets qui passent sous les anneaux ne sont qu'occultés par eux, pendant une courte durée, avant et après leur culmination méridienne (19). A la vérité, dans quelques circonstances rares, exceptionnelles, certains objets, le Soleil entre autres, sont occultés depuis leur lever jusqu'à leur coucher ; mais la continuité de ce phénomène n'est pas telle qu'on l'a supposé, et les lieux où il se produit sont beaucoup moins nombreux. En un mot, il ne se présente pas tel qu'il puisse dépouiller la planète de quelque condition essentielle à son habitabilité.

XIV.

L'aspect offert par l'anneau aux habitants de Saturne doit varier beaucoup avec la latitude de l'observateur et la saison de l'année. Pendant l'été (la demi-année saturnienne), l'observateur et le Soleil se trouvant du même côté de l'anneau, celui-ci se montrera sous la forme d'un arc assez semblable à celui d'un arc-en-ciel, mais avec une surface semblable à celle de la lune terrestre.

Le sommet ou le plus haut point de cet arc sera sur son méridien, et les deux parties dans lesquelles il sera divisé par ce méridien seront égales, similaires, et descendront vers l'horizon à des points également distants du méridien. La largeur apparente de cet arc éclairé aura son plus haut degré sur le méridien, et décroîtra en descendant des deux côtés vers l'horizon, où elle aura son moindre degré. La division, ou l'ouverture, entre les deux anneaux sera apparente, et, sauf pour les lieux situés à une très-faible distance de l'équateur, le firmament sera visible à travers cette ouverture.

La distance à l'équateur céleste du bord de l'arc ne sera pas partout la même, comme on l'a prétendu. La partie de l'arc située sur le méridien sera la plus éloignée de l'équateur ; et en descendant vers l'horizon des deux côtés, la déclinaison de son bord décroîtra graduellement, de sorte que les points qui sont sur l'horizon seront plus voisins de l'équateur que les autres points.

XV.

On peut se faire une idée des variétés d'aspect présentées par l'anneau dans les différentes latitudes de la planète. Il suffit de suivre en imagination un observateur partant du pôle saturnien, qui est sur le même côté de l'anneau que le Soleil, pour se rendre le long d'un méridien vers l'équateur. D'abord, la convexité de la planète interceptera complète-

ment la vue de l'anneau, et, comme on l'a démontré dans le mémoire
dont il a été parlé, il en sera ainsi jusqu'à ce qu'on ait atteint une lati-

Fig. 9.

tude inférieure à 63° 20′ 38″ (63 degrés, 20 minutes, 38 secondes).
A cette latitude, l'anneau viendra se montrer à l'horizon de l'observateur,
qui le verra de plus en plus jusqu'à ce qu'il soit descendu à la latitude

Fig. 10.

de 47° 33′ 51″; alors il verra les deux anneaux tels qu'ils sont repré-
sentés figure 9.

A des latitudes plus basses encore, les anneaux s'élèveront de plus

Fig. 11.

en plus au-dessus de l'horizon, et prendront la forme d'un arc double,
comme on le voit figure 10.

Comme l'observateur gagne une latitude de plus en plus basse, l'arc prendra une position de plus en plus élevée et mesurera une portion plus considérable du firmament, figures 11, 12, 13.

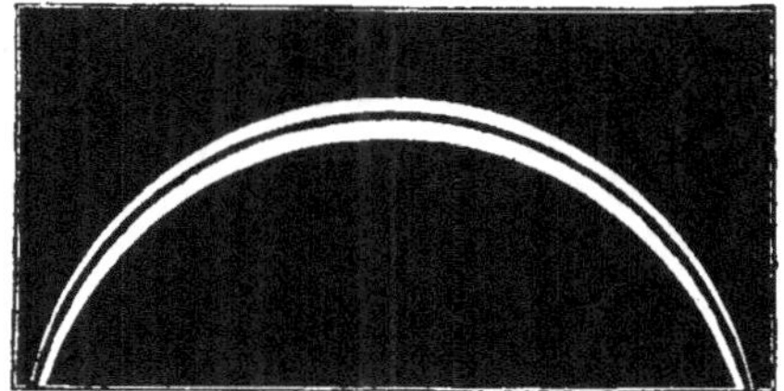

Fig. 12.

On fait observer que, dans tous les cas, l'ouverture de l'arc décroît du méridien à l'horizon et avec la latitude de l'observateur.

Dans la figure 14, on a représenté une portion de l'anneau, avec les

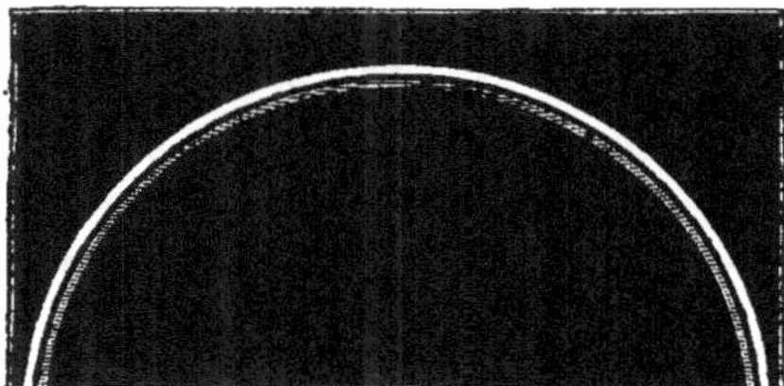

Fig. 13.

satellites tels qu'ils se montrent au-dessus de lui et offrant différentes phases lunaires.

Il nous faut renvoyer ceux qui désireraient suivre l'étude de Saturne

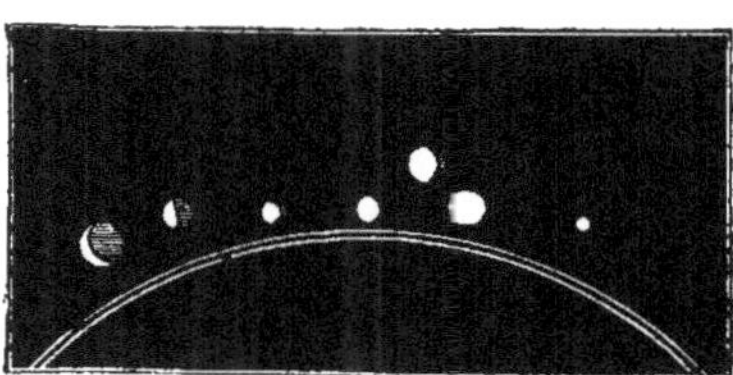

Fig. 14.

et de son uranographie dans tous ses détails, au mémoire déjà cité (voy. *Transactions of the Royal Astronomical Society*) et au chapitre 15 de l'*Astronomie* du Dr Lardner.

XVI.

Nous avons présenté au lecteur une légère et rapide esquisse des circonstances dont s'accompagnent les **deux principaux** groupes de globes qui composent **le système solaire. Nous avons expliqué** les analogies nombreuses et **frappantes qui**, réunies, **démontrent que**, dans l'économie de l'univers matériel, **ces globes doivent servir les mêmes** desseins que la Terre, et, **comme la Terre, donner asile à des races d'êtres analogues**, sinon semblables, **aux races terrestres.**

XVII.

Les différences d'organisation, de caractère, que rendraient probables ou nécessiteraient, soit les différences de distance de chaque planète à la source commune de lumière et de chaleur, et les différences subséquentes de l'intensité de ces agents sur les planètes; soit les différences dans le poids des corps à la surface de chacune, produites par les intensités différentes de leurs attractions sur les corps; soit les différences des intervalles qui **marquent les alternatives de jour et de nuit;**—ces différences d'organisation, **on le répète, ne sont pas plus grandes, pas** plus sensibles dans le monde **organique des planètes qu'elles ne le sont** dans le monde organique **répandu sur les différentes régions du globe** terrestre. Les animaux et les **végétaux des zones tropicales diffèrent** en général des animaux et des **végétaux qui occupent les zones polaires** et tempérées; et même, sous **la même zone, on rencontre**, à des hauteurs différentes au-dessus du niveau de la mer, des espèces différentes de créatures organisées. Or, dans les variétés ou différences d'organisation nécessitées par les conditions physiques qui affectent les planètes, y a-t-il quelque chose de plus merveilleux que ce phénomène?

Mais ces arguments, ces analogies qu'on a fait valoir, trouveront un surcroît de force dans les considérations suivantes. Il est prouvé que les corps du système solaire autres que les planètes ne peuvent avoir d'habitants.

XVIII.

Le Soleil, **comme on le verra dans** une autre **partie** de cet ouvrage, est un vaste globe **entouré d'un océan**, ou plutôt d'une atmosphère de feu, où se produisent **incessamment des** convulsions, des éruptions étonnantes. Là, pas de température modérée ni réglée, pas d'alternatives de jour et de nuit, pas de succession de saisons, pas de variétés de climats, ni terre, ni eau. Le Soleil est, en réalité, une grande fournaise sphérique qui émet, par chaque pied carré, une somme de chaleur sept fois plus grande que celle émanant de chaque pied carré du haut fourneau le plus ardent. Telle est l'intensité de cette chaleur que, quoique la distance de la Terre au Soleil soit d'environ 100 000 000 de milles (40 millions de lieues), quoique la surface de la Terre, à raison de son mouvement diurne, soit soustraite à l'influence directe du Soleil pendant des intervalles alternatifs de douze heures, cependant la quantité totale de chaleur reçue du Soleil par la Terre dans une année serait suffisante, si elle était uniformément répandue sur sa surface, pour liquéfier une croûte de glace d'une épaisseur de 100 pieds anglais ($30^m,479$)!

Il suit de là que la chaleur moyenne reçue du Soleil par chaque pied carré anglais ($0^m,30479$) de la surface terrestre, en un an, pourrait dissoudre $2448^k,435$ de glace.

Il n'est pas besoin d'insister pour faire voir le peu d'analogie qui existe entre la Terre et le Soleil. On pourrait dire qu'il n'y en a aucune.

<h3 style="text-align:center">XIX.</h3>

La Lune n'a rien de commun avec le Soleil. A-t-elle avec la Terre des analogies qui permettent de la croire habitable? Non. Plus tard, on exposera les phénomènes dont s'accompagne notre satellite. Ici, il suffira d'observer que la Lune ne possède ni atmosphère, ni nuages, ni eau ou autres liquides, ni intervalles de jour et de nuit, offrant quelque rapport avec nos jours et nos nuits; que sa surface est hérissée de montagnes continues, escarpées, plus sauvages que les glaciers dont sont couronnés les sommets des Alpes, des Andes ou des Cordillères, et que, dans ses vallées même, la température régnante est inférieure à celle de nos pôles.

On voit, par ce peu de mots, quelle faible analogie existe entre la Lune et la Terre, et combien peu ce satellite offrirait de ressources à des êtres organisés.

<h3 style="text-align:center">XX.</h3>

Il est probable, d'après les observations astronomiques, que les satellites des autres planètes se trouvent dans des conditions physiques semblables à celles du nôtre, et que, comme lui, ils sont inhabitables.

<h3 style="text-align:center">XXI.</h3>

L'observation moderne a prouvé qu'une nombreuse classe de corps, — les comètes, — se rattachaient par la gravitation au système solaire. Ces corps, en général, semblent dépourvus de toute solidité; on dirait des masses de vapeur flottant à travers le système. Évidemment, ils sont sans analogie avec la Terre.

Mais dans l'espace qui s'étend entre les deux groupes de planètes dont on a signalé les rapports intimes avec notre globe, il existe un autre groupe composé de vingt-six ou vingt-sept corps et circulant autour du Soleil, comme l'indique le plan du système tracé au chapitre II, figure 1. Leur nombre augmente chaque année; chaque année on en découvre de nouveaux.

XXII.

Ces corps, nommés *planétoïdes* ou *astéroïdes* (20), obéissent aux lois de la gravitation dans leur mouvement autour du Soleil. Leurs distances au Soleil ne sont pas les seules différences qu'il y ait entre eux; ils diffèrent encore l'un de l'autre dans leur extrêmement petite grandeur. Le télescope les montre comme des étoiles de dixième ou douzième grandeur, et leurs grandeurs réelles sont si petites qu'on n'a pu encore les déterminer, malgré le nombre et la puissance des télescopes. qu'on a braqués sur eux.

Leur origine, le rôle qu'ils jouent dans l'économie de la création, on ignore l'un et l'autre. Les uns prétendent que ce sont les fragments d'une même planète, que le noyau solide d'une comète a rencontrée et mise en pièces, — admettant ainsi comme possible l'existence d'un tel corps. Les autres, voulant aussi que ce soient les fragments d'une même planète, disent que la dislocation s'est produite par explosion intérieure, c'est-à-dire par une cause analogue à celle de nos tremblements de terre et autres phénomènes volcaniques. Enfin, il en est qui rejettent l'hypothèse de la dislocation d'une ancienne planète, et y substituent une hypothèse tout opposée. Suivant eux, ces nombreux petits corps sont les germes ou les éléments constituants d'une planète future, laquelle se formera par la réunion lente et graduelle de chacun d'eux en un seul globe; peut-être même quelques-uns prendront-ils la forme de satellites et rempliront-ils ces fonctions à l'égard de la planète nouvelle.

Quelque ingénieuses, quelque attrayantes qu'elles soient, ces idées ne rentrent pas dans notre cadre. Mettons-les de côté. Il est clair que les planétoïdes, dans leur état actuel, ne présentent avec la Terre aucune des analogies qui apparaissent avec tant d'évidence dans les autres planètes.

NOTES.

Historique. — La question de savoir si les planètes sont des globes analogues à la Terre et habités comme elle fut soulevée il y a des siècles.

« La pluralité des mondes, dit Lalande (*Abrégé d'astronomie*, p. 438), se trouvait déjà dans *les Orphiques*, ces anciennes poésies grecques attribuées à Orphée. Les pythagoriciens, tels que Philolaüs, Nicétas, Héraclide, enseignaient que les astres étaient autant de mondes. Plusieurs anciens philosophes admettaient même une infinité de mondes hors de la portée de nos yeux. Epicure, Lucrèce, tous les épicuriens étaient du même sentiment ; et Métrodore trouvait qu'il était aussi absurde de ne mettre qu'un seul monde dans le vide infini que de dire qu'il ne pouvait croître qu'un seul épi de blé dans une vaste campagne. Xénophane, Zénon d'Elée, Anaximène, Anaximandre, Leucippe, Démocrite, le soutenaient de même. Enfin, il y avait aussi des philosophes qui, en admettant que notre monde était unique, donnaient des habitants à la Lune. »

Toutes ces opinions, on le conçoit, ne se basaient sur rien de solide. Elles étaient filles d'une imagination ardente, enthousiaste, et n'avaient pour point d'appui aucun fait expérimental bien déterminé. Pour pouvoir dire, avec quelque apparence de certitude, que les planètes avaient, ainsi que la Terre, des habitants, il fallait, au préalable, qu'on fût à même de saisir les analogies qui existent entre les planètes et la Terre. Or personne, avant Galilée, n'en fut à même.

Galilée, le premier, « eut le bonheur de contempler toutes les merveilles que révélait le télescope ; » le premier, il découvrit que la Terre n'avait rien d'exceptionnel... Cependant, malgré les analogies qu'il voyait de toutes parts entre la terre et les autres planètes, Galilée n'osa rien conclure touchant leur habitabilité. « Y a-t-il, dans les planètes, des animaux et des végétaux, comme sur la terre ? disait-il. A cette question, je ne répondrai ni oui ni non. » (Arago, *Biographies*, t. III, p. 292-293.)

Ses successeurs n'ont pas eu tant de réserve.

En 1647, Hévélius, qui croyait la Lune habitée et avait imposé à ses habitants le nom de *Selenitæ*, recherchait les différences qui les caractérisaient dans chaque hémisphère lunaire.

La *Pluralité des mondes*, de Fontenelle, date de 1686. Fontenelle, dont l'ingénieux et savant badinage ne contribua pas peu à la diffusion de l'astronomie (l'ignorant l'entendit, le savant l'admira), Fontenelle traita la question avec une habileté infinie. De nos jours encore, son livre est un chef-d'œuvre, sinon de science, au moins de style. Pour Fontenelle, la Lune est habitée ; les planètes, pareillement. Mais par qui ? Par des hommes ? « Je ne les ai pas vus, dit-il ; ce n'est pas pour les avoir vus que j'en parle... »

Dans son *Cosmothereos* (vers 1690), Huygens n'admet pas le moindre doute sur les habitants des planètes. « On peut dire même, comme le remarque plaisamment M. Babinet (*Études et lectures*, etc., t. III, p. 267), qu'il a poussé *outre mesure* leur analogie avec les habitants de la Terre. » Huygens, en effet, leur concède des connaissances musicales... dont il n'est pas facile de s'assurer; ce n'est pas, sans doute, pour avoir assisté à leurs concerts qu'il en parle.

L'Allemand Wolf (vers 1720) détermina la taille des habitants de Jupiter. Sur quoi s'appuie son raisonnement? Sur les faits suivants : — Plus une planète est éloignée du Soleil, plus les pupilles des yeux de ses habitants doivent être grandes, sinon ils n'y verraient pas convenablement clair. Or les habitants de Jupiter sont à la distance de ... lieues du Soleil; donc (en prenant les habitants de la Terre et la Terre elle-même pour termes de comparaison), il leur faut, pour y voir, des pupilles d'un diamètre de .... Mais, s'ils ont des pupilles d'un diamètre de ..., il leur faut un corps en harmonie. — Bref, tout calcul fait, Wolf donne 13 pieds de hauteur au peuple jovien. Personne, jusqu'ici, n'a prouvé qu'il en fallût rabattre...

Dans l'*Encyclopédie*, v° *Monde*, d'Alembert, après avoir passé en revue les probabilités pour et contre l'existence d'habitants dans les planètes, finit par dire : « On n'en sait rien. »

William Herschel croyait le Soleil habité (*Philosophical transactions*, 1793, p. 51). On a vu, chap. IV, § XVIII du *Muséum*, que cette hypothèse est inadmissible.

Enfin, en 1853 et 1854, deux ouvrages remarquables ont été publiés sur la question qui nous occupe. L'un est dû à M. Whewell, et porte le titre d'*Essai sur la pluralité des mondes (of the Plurality of worlds, an essay)* ; l'autre a pour titre : *Plus d'un monde; le Credo du philosophe et l'espérance du chrétien (More worlds than one; the Cred of the philosopher and the hope of the christian)* ; on le doit à sir David Brewster.

M. Whewell n'accorde qu'à la Terre des êtres doués de raison. « Les planètes plus rapprochées que nous du Soleil ne peuvent avoir d'êtres raisonnables, elles sont trop près du Soleil. Celles qui sont au-dessus de la Terre subissent la même exclusion, à raison d'une trop grande distance. Enfin tous les soleils, par analogie avec le nôtre, étant généralement considérés comme ayant autour d'eux des planètes avec ou sans lunes, ces planètes-là sont également dépeuplées d'êtres pensants par le savant théologien anglais. » (Babinet, t. III.)

Sir David Brewster a fait la contre-partie de l'ouvrage de M. Whewell. Son *More worlds than one* en est la réfutation.

Quel est actuellement l'état de la question? M. Babinet l'a résumé en ces termes :

« C'est une notion maintenant vulgaire, dit-il, que toutes les planètes qui forment le cortège du Soleil sont analogues à notre terre. Or, sur cette dernière, depuis une période de siècles presque infinie, la vie a paru et s'est développée sous l'empire de circonstances météorologiques bien différentes de celles qui se sont produites à l'époque de la dernière catastrophe qui, depuis un petit nombre de milliers d'années, a établi sur notre globe l'ordre physique qui y règne actuellement. Des eaux bouillantes sur un sol incandescent, une atmosphère souillée de mille gaz impurs, et d'autant plus chaude qu'elle était plus épaisse, constituaient, à l'origine des dépôts des terrains tertiaires, des dissemblances bien plus tranchées entre la terre ancienne et la terre actuelle que nous n'en pouvons supposer entre cette dernière et les autres planètes à leur état présent, et cependant la vie y prenait naissance. Ainsi rien ne milite contre la probabilité que les planètes contiennent des êtres vivants : on ne peut se refuser à l'idée que la terre ait été faite pour être habitée par des êtres vivants, puisqu'il y a une telle harmonie entre ces êtres et les climats de notre planète que l'idée d'habitation se lie immédiatement à l'idée d'habitabilité, et que, puisque nous reconnaissons les planètes comme habitables, il est presque certain qu'elles sont habitées ; autrement, à quoi servirait leur habitabilité ? »

NOTE 1, PAGE 3. — Quelques mots sur les télescopes et les lunettes.

Une *lunette* se compose de deux verres lenticulaires (c'est-à-dire ayant la forme de lentilles) placés aux extrémités d'un cylindre ou tuyau qui sert principalement à les maintenir à une distance respective convenable. L'un de ces verres est très-large ; c'est celui qui regarde l'objet, et que, pour cette raison, on appelle l'*objectif*. A l'autre bout est une autre lentille très-courbe : toute la construction d'une lunette se réduit à cela... Quant à sa théorie, elle repose sur ce que le verre qui est tourné vers l'objet éloigné en reproduit l'image derrière lui, en un point de l'espace qu'on a nommé *foyer*... L'autre verre, qu'on appelle *oculaire*, parce qu'on y applique l'œil, est très-courbe, par conséquent à court foyer, et grossit cette image aérienne fournie par l'objectif absolument comme si c'était l'objet lui-même. — Ainsi, dans une lunette, deux parties essentielles : une lentille qui donne l'image de l'objet éloigné, et une lentille qui la grossit. (*Voy.* Arago, *Leçons d'astronomie.*)

C'est par voie de *réfraction* qu'on obtient l'image dans les lunettes. Dans les télescopes, c'est par voie de *réflexion* (on donne plus loin la signification de ces deux mots).

Comme la lunette, le télescope se compose d'un cylindre. L'une de ses extrémités est ouverte et regarde l'objet qu'on veut observer. L'autre extrémité est munie d'un miroir métallique concave, qui reçoit l'image de l'objet et la réfléchit. Pour voir cette image, il faut donc que l'observateur tourne le dos à l'objet et se penche à l'extrémité ouverte du cylindre pour plonger les yeux dans l'intérieur. On conçoit qu'une partie de l'objet se trouve ainsi interceptée par l'observateur.

Tel était le télescope à l'origine. Newton, Gregory, William Herschel, l'améliorèrent.

Newton et Gregory imaginèrent de porter l'image, à l'aide d'une *seconde réflexion*, ou, si l'on veut, d'un second miroir, hors du tuyau qui contient et maintient le miroir principal. Mais cette modification, tout importante qu'elle fût, n'offrait pas des avantages assez grands pour qu'on ne songeât à la remplacer par une autre. Herschel y songea.

« Dans son grand télescope, dit Arago (*Annuaire du Bureau des longitudes pour* 1842, p. 260 et suiv.), Herschel a supprimé le petit miroir. Le grand miroir n'est pas mathématiquement centré sur le tuyau qui le contient : il y est placé un peu obliquement. Cette légère obliquité est telle que les images vont se former, non plus dans l'axe du tuyau, mais *très-près* de sa circonférence, ou, si l'on veut, de sa bouche extérieure. L'observateur peut donc aller les y observer directement à l'aide d'un oculaire. Une petite portion de la tête de l'astronome empiète alors, il est vrai, sur le tuyau ; elle y forme écran et arrête quelques rayons incidents ; mais dans un grand télescope, la perte n'est pas à beaucoup près de moitié, comme elle le serait inévitablement par l'effet du petit miroir.

» Les télescopes où l'observateur, placé à l'extrémité antérieure du tuyau, regarde directement dans le miroir en tournant le dos aux objets, Herschel les a appelés *front-view telescopes* (télescopes à vue de front, de face). »

Le télescope d'Herschel dont vient de parler Arago avait un tuyau cylindrique en fer, de 39 pieds 4 pouces anglais de long (12 mètres), et de 4 pieds 10 pouces de diamètre ($1^m,47$).

« De telles dimensions, dit encore Arago, sont énormes, comparées à celles des télescopes exécutés jusque-là. Elles paraîtront cependant bien mesquines aux personnes qui ont entendu parler d'un prétendu bal donné dans le télescope de Slough. Les propagateurs de ce bruit populaire avaient confondu l'astronome Herschel avec le brasseur Meux, et un cylindre dans lequel l'homme de la plus petite taille pourrait à peine tenir debout avec certains tonneaux en bois, grands comme des maisons, où l'on fabrique, où l'on conserve la bière, à Londres. »

Le télescope exécuté de nos jours par lord Rosse est plus remarquable encore.

« Il a une ouverture de 2 mètres et repose sur une espèce de tour ou plutôt de fortification à créneaux dont les murs ont de 60 à 80 pieds du nord au sud, et une cinquantaine de pieds de hauteur. On calcule facilement qu'un géant qui aurait la pupille de l'œil égale à l'ouverture du télescope de lord Rosse serait haut de 150 mètres environ, car la hauteur du corps est à peu près 75 fois le diamètre de la pupille ou prunelle de l'œil, ce qui, pour une pupille de 2 mètres d'ouverture, entraînerait une taille de 150 mètres. Avec ce télescope, on verrait facilement une cathédrale lunaire ou une construction de mêmes dimensions. » (Babinet, t. I. p. 98. et t. III, p. 264.)

Note 2, page 4. — Par *système solaire*, on entend cet ensemble, cette réunion de planètes et de satellites qui circulent autour du Soleil, partie lui-même et centre du système. En d'autres termes, le système ou ensemble de mondes au sein desquels vit l'homme, se compose : 1° d'un soleil; 2° de huit grandes planètes; 3° d'un nombre indéterminé, inconnu, de petites planètes situées entre les orbites de Mars et de Jupiter; 4° de satellites ou lunes, qui éclairent les nuits des planètes; 5° enfin, d'un nombre indéterminé de comètes. — Outre ce système, il en existe une infinité d'autres; on connaît les soleils de quelques-uns, c'est-à-dire de plusieurs milliards... à la vérité, très-imparfaitement.

Note 3, page 4. — D'après Laplace, la probabilité d'être mal jugé, à la majorité de 7 voix contre 5, est un cinquantième; en sorte que la proportion des accusés non coupables qui seraient condamnés annuellement, à cette majorité de 7 contre 5, s'élèverait à 1 sur 50. (*Voy.* Arago, *Not. biogr.*, t. II, p. 621 et 622.)

Note 4, page 6. — On appelle *orbite* la ligne courbe que décrit chaque planète dans son mouvement de translation autour du Soleil. Les différentes orbites ne sont pas toutes dans le même plan. Elles s'inclinent plus ou moins, de manière à former des angles plus ou moins grands dans leurs intersections. (Squire's *Wonders of the Heavens,* p. 40.)

Note 5, page 6. — Les mouvements des planètes autour du Soleil et des satellites autour de leurs planètes ont, en général (le satellite d'Uranus et un grand nombre de comètes font exception), une direction commune. Cette direction est celle de la rotation de la Terre sur son axe. Comme cette rotation a pour effet de donner au Soleil et aux autres objets célestes un mouvement apparent d'orient en occident, elle doit s'effectuer d'occident en orient, car ce mouvement apparent a, dans tous les cas semblables, une direction contraire au mouvement réel. Si donc un observateur placé dans l'hémisphère nord envisageait la Terre, il verrait la direction apparente de sa rotation contraire à celle des aiguilles d'une montre. S'il était placé dans l'hémisphère sud, le mouvement lui paraîtrait avoir la même direction que celle des aiguilles de la montre. Il en est de même, par conséquent, de tous les mouvements planétaires. Un observateur qui considérerait le système solaire du côté nord de l'écliptique verrait les mouvements s'accomplir contrairement à la direction des aiguilles d'une montre; mais s'il le considérait du côté sud, il les verrait s'accomplir dans la direction de ce mouvement.

Dans les différentes parties de cet ouvrage qui ont trait à l'astronomie, on suppose l'observateur placé sur l'un et sur l'autre côté du plan de l'écliptique. Partout où le mouvement indiqué par les flèches est contraire à celui des aiguilles d'une montre, on doit supposer que la planète ou les planètes sont vues du côté nord de l'orbite; mais partout où les flèches sont dans la même direction que les aiguilles d'une montre, on doit supposer les planètes envisagées du côté sud. Dans le diagramme ci-dessus, figure 4, l'observateur est censé placé sur le côté sud du plan commun des orbites.

NOTE 6, PAGE 7. — Les routes ou orbites que parcourent les planètes, dans leur mouvement autour du Soleil, soumises à un examen rigoureux, n'ont pas la forme exactement circulaire; elles sont ovales. Mais elles diffèrent si peu de la forme circulaire que, si l'on voulait les décrire sur le papier dans leurs proportions réelles, on n'aboutirait qu'à tracer des figures tout à fait semblables à des cercles. On peut donc ici considérer les orbites des planètes comme des cercles concentriques ayant le Soleil pour centre commun. — *Concentrique* signifie *qui a un centre commun*.

NOTE 7. — *Voy.* plus bas, à la note 19.

NOTE 8. — *Voy.* plus bas, à la note 19.

NOTE 9, PAGE 22. — A considérer les formes, les apparences, les dispositions si variées des nuages, il semble que toute classification soit impossible. Cependant plusieurs météorologistes se sont efforcés de les ramener à quelques types principaux. Ces types, importants en eux-mêmes, le sont surtout en ce qu'ils se rattachent à des modifications atmosphériques antérieures, et nous fournissent des indications précieuses sur les changements de temps à venir.

Howard a distingué, d'après leurs formes, trois sortes de nuages : les *cirrus*, les *cumulus* et les *stratus*, auxquels on rattache quatre formes de transition, savoir : les *cirro-cumulus*, les *cirro-stratus*, les *cumulo-stratus*, et les *nimbus*.

Le *cirrus* (*queue de chat* des marins, *nuages de sud-ouest* des paysans suisses) se compose de filaments déliés dont l'ensemble ressemble tantôt à un pinceau, tantôt à des cheveux crépus, tantôt à un réseau délié.

Le *cumulus* ou nuage d'été (*balle de coton* des marins) se montre souvent sous la forme d'une moitié de sphère, reposant sur une base horizontale. Quelquefois ces demi-sphères s'entassent les unes sur les autres, et forment ces gros nuages accumulés à l'horizon qui ressemblent de loin à des montagnes couvertes de neige.

Le *stratus* est une bande horizontale qui se forme au coucher du soleil, et disparaît à son lever.

Sous le nom de *cirro-cumulus,* Howard désigne ces petits nuages arrondis qu'on nomme souvent nuages moutonnés; quand le ciel en est couvert, on dit qu'il est *pommelé.*

Le *cirro-stratus* se compose de petites bandes formées de filaments plus serrés que ceux des *cirrus,* car le Soleil a quelquefois de la peine à les percer de ses rayons. Ces nuages forment des couches horizontales qui, au zénith, semblent composés d'un grand nombre de nuages déliés; tandis qu'à l'horizon, où nous apercevons la projection verticale, on voit une bande longue et fort étroite.

Lorsque les *cumulus* s'entassent et deviennent plus denses, cette espèce de nuage passe à l'état de *cumulo-stratus,* qui revêtent souvent à l'horizon une teinte noire ou bleuâtre, et passent à l'état de *nimbus* ou nuages pluvieux. Celui-ci se distingue par sa teinte d'un gris uniforme et ses bords frangés; les nuages qui le composent sont tellement confondus, qu'il devient impossible de les distinguer. (Voy. L.-F. Kaemtz, *Cours complet de météorologie,* traduit et annoté par Ch. Martins, p. 115 à 125, édit. 1843.)

NOTE 10. — *Voy.* note 11.

NOTE 11, PAGE 30. — La gravité est la tendance ou l'inclination apparente de plusieurs corps les uns pour les autres. Ces expressions, *gravité, poids, force centripète* et *attraction,* qu'on rencontre à chaque instant dans les ouvrages d'astronomie, désignent en effet toutes la même chose. Mais, à parler exactement, la *gravité,* la *force gravitante* ou la *force de gravité,* signifie cette tendance que possède un corps, lorsqu'on peut le considérer comme tendant vers la terre; on l'appelle *force centripète* lorsqu'on le considère comme tendant vers le centre. Mais si l'on considère la masse à laquelle le corps tend à s'unir, on l'appelle alors *force attractive, force attirante* ou *force d'attraction;* et lorsqu'un autre corps se trouve sur le chemin, sur la route de cette tendance, l'effet sur ce corps s'appelle *poids.*

Les corps gravitent vers la Terre, et la Terre, à son tour, gravite vers ces corps. La force de gravitation des corps entiers existe dans leurs parties; car en ajoutant ou en retranchant une partie de la matière d'un corps, sa gravité en est augmentée ou diminuée proportionnellement à la quantité de cette partie et à la masse entière. De là résulte enfin que les pouvoirs gravitants des corps, à la même distance du centre, sont dans la proportion des quantités de matière dont ils se composent.

L'existence du même principe de gravitation ou d'inclination, de tendance des corps les uns vers les autres, s'étend beaucoup au-dessus de la Terre, à la Lune, à toutes les planètes et à tous les satellites du système solaire; considérée sous ce rapport, la gravitation prend le nom de *gravitation universelle.*

Quelle est la cause de la gravité, c'est-à-dire de cette tendance des corps les uns vers les autres? On l'ignore encore.

Copernic considère la gravité comme un principe inné de la matière; Képler, Gassendi, etc., attribuent la gravité à une certaine attraction magnétique de la Terre; Descartes, etc., à une impulsion extérieure d'une matière subtile; Hook et Vossius furent de la même opinion. Halley et Clarke, désespérant de trouver une théorie satisfaisante, préférèrent l'attribuer à un phénomène occulte; S'Gravesande, Newton et Cotes furent d'ailleurs à peu près du même avis.

Dans une autre partie de ce Traité, il sera plus amplement question de ce sujet important.

Note 12. — *Voy.* plus bas, à la note 19.

Note 13. — *Voy.* plus bas, à la note 19.

Note 14, page 44. — On dit d'un astre qu'il est en *opposition*, lorsqu'il se trouve à 180 degrés en longitude d'un autre astre. — On dit qu'il est en *conjonction*, lorsqu'il a le même degré de longitude que celui-ci. — Il y a éclipse de Soleil lorsque la Lune est en conjonction parfaite avec lui, c'est-à-dire lorsqu'elle se trouve sur la même ligne que la Terre et le Soleil, et entre ces deux astres; éclipse de Lune, lorsque la Lune est en opposition parfaite avec le Soleil, c'est-à-dire lorsqu'elle se trouve sur la même ligne que la Terre et le Soleil, et à l'opposé de ce dernier. — Au reste, un chapitre sera consacré plus tard à la question des éclipses, etc.

Note 15, page 46. — La déclinaison d'un astre indique le cercle parallèle à l'équateur sur lequel il se trouve situé. On peut bien, sur ce parallèle, prendre un point arbitraire et y placer Sirius, par exemple, l'étoile la plus brillante du ciel, après avoir déterminé sa déclinaison. Mais où placer les autres étoiles qui ont la même déclinaison que Sirius? La position des étoiles n'est donc pas complétement déterminée par l'observation de leurs déclinaisons. Il est nécessaire, pour cela, d'avoir une autre donnée. Cet autre élément de position, c'est l'*ascension droite* (qui correspond à la longitude terrestre) de l'astre; l'observateur note avec précision l'heure, la minute, la seconde où l'astre qu'il suit, Sirius, par exemple, vient se placer devant le fil central de la lunette méridienne; il observe avec la même précision l'instant du passage au méridien d'autres étoiles. Comparant entre elles les observations du passage au méridien des différentes étoiles, il aura *en temps* les intervalles qui les séparent, et il lui sera loisible de convertir ces temps en *arcs de grands cercles,* en se rappelant l'uniformité de mouvement de la sphère céleste, qui accomplit invariablement sa révolution en 24 heures, d'où il résulte qu'une différence de 1 heure correspond à 15 degrés, 1 minute de temps à 15 minutes, et 1 seconde à 15 secondes. On aura ainsi les distances des différents méridiens que renferment les étoiles observées à l'un d'eux pris pour point de départ, ou ce qu'on appelle leur *ascension droite.* Une erreur de 1 seconde affecterait la mesure de l'arc d'une erreur de 15 secondes. Mais on a diminué considérablement les chances d'erreur en divisant le champ de la lunette en plusieurs intervalles égaux, au moyen de fils verticaux équidistants d'une finesse extrême (ce sont des fils de platine, beaucoup plus fins que ceux des toiles d'araignée). Ces fils servent à déterminer la position précise des astres que l'on observe. Pour qu'ils restent toujours fixes et bien tendus, on les applique sur une plaque métallique percée en forme de diaphragme, que l'on fixe dans la lunette au moyen d'une vis latérale. L'appareil se nomme *micromètre* (mot qui signifie mesureur de petites quantités). Il y en a de différentes espèces. Le plus simple se compose de cinq fils parallèles et d'un sixième qui les coupe à angles droits.

L'instant du passage de l'astre devant chacun de ces fils se compte avec une précision admirable, au moyen de montres d'un mécanisme particulier et très-ingénieux. (*Voy.* Arago, *Leçons d'astronomie*, p. 83 et suiv.)

Note 16. — *Voy.* note 15.

Note 17. — *Voy.* note 19.

Note 18. — *Voy.* note 19.

Note 19. — On donnera dans cette note la signification du plus grand nombre des expressions techniques employées jusqu'ici.

Pôles. Axe. — Toutes les étoiles semblent tourner autour de deux points, l'un au nord, l'autre au sud du ciel. On appelle le premier *pôle nord céleste,* et le second *pôle sud.* La ligne imaginaire tirée d'un de ces points à l'autre s'appelle *axe* (essieu).

En outre des pôles et de l'axe célestes, il y a beaucoup d'autres points, lignes et cercles imaginaires indispensables à connaître, si l'on veut se rendre suffisamment compte des choses du ciel. Ainsi l'équateur, le méridien, etc.

L'*équateur,* ainsi appelé parce qu'il coupe la sphère étoilée en deux parties égales, est un cercle imaginaire qui s'étend autour du ciel, à égale distance des deux pôles. Il divise donc la sphère étoilée en deux moitiés, dont l'une a reçu le nom d'*hémisphère nord,* et l'autre celui d'*hémisphère sud.*

L'*horizon,* ligne où la terre semble rencontrer le ciel, opère une autre division du monde étoilé; elle le partage en hémisphère visible, comprenant les *étoiles au-dessus de l'horizon,* et en hémisphère invisible, comprenant les *étoiles au-dessous de l'horizon.*

Le point du ciel au-dessus de nos têtes s'appelle le *zénith.* Celui que nous verrions au-dessous de nos pieds, si la terre permettait à nos yeux de la traverser, s'appelle le *nadir.*

On nomme *méridien* un autre cercle artificiel. C'est une ligne imaginaire qui passe par le pôle nord, le zénith, le pôle sud, le nadir, et revient au pôle nord. Comme l'équateur, le méridien partage la sphère en deux parties égales; mais tandis que l'équateur la partage en hémisphère nord et en hémisphère sud, le méridien la divise en hémisphère oriental et en hémisphère occidental; en d'autres termes, l'équateur et le méridien sont deux lignes perpendiculaires l'une à l'autre; mais tandis que la première se dirige de l'ouest à l'est, l'autre se dirige du nord au sud.

Écliptique, etc. — Le Soleil décrit dans le ciel un grand cercle par année. C'est ce cercle qui porte le nom d'écliptique. — Le plan de l'écliptique forme un angle de 23 ½ degrés avec le plan de l'équateur; de sorte que le point nord le plus éloigné de l'écliptique n'est que de 66 ½ degrés, tandis que le point sud le plus distant est à 113 ½ degrés du pôle nord céleste.

L'intersection des plans de l'équateur et de l'écliptique est une droite que l'on nomme la *ligne des équinoxes,* et dont les extrémités déterminent dans le ciel les points *équinoxiaux* ou les *équinoxes,* dont l'un est l'*équinoxe de printemps,* et l'autre l'*équinoxe d'automne,* parce que le soleil y arrive au commencement de ces deux saisons. — En allant de l'équinoxe de printemps à l'équinoxe d'automne, le soleil passe au nord de l'équateur; et il passe au sud de cette ligne, quand il va du second au premier point.

Le *solstice d'été* est le point de l'écliptique le plus éloigné de l'équateur vers le nord, et le *solstice d'hiver* est le point de l'écliptique le plus éloigné de l'équateur vers le sud. La ligne droite menée d'un solstice à l'autre, ou ce qu'on nomme la *ligne des solstices,* est perpendiculaire à la ligne des équinoxes.

Les *tropiques* sont deux cercles parallèles qui se trouvent à 23° 27' ¹/₂ de chaque côté de l'équateur.

On nomme *parallèles de déclinaison* des cercles parallèles à l'équateur céleste.

Les mots *culmination méridienne* signifient qu'une étoile est montée le plus possible au-dessus de l'horizon de l'observateur.

Uranographie veut dire description des phénomènes célestes. (Stewart's *Mathematical geography and astronomy;* Saigey, *Manuel;* Chambers's *Information for the people;* Delaunay, *Cours d'astronomie;* etc., etc.)

On doit faire observer ici que le docteur Lardner, dans une autre série de chapitres sur l'astronomie, série qu'on publiera en son lieu et place, explique les mots techniques généralement usités. Inutile, par conséquent, de s'étendre sur ce sujet.

NOTE 20, PAGE 68. — Le nombre des astéroïdes augmente chaque année. En 1856, M. Leverrier, au rapport de l'*Athenœum* anglais, prétendait qu'avant 1860 on en aurait découvert une centaine au moins.

NOTES ADDITIONNELLES.

1. Lorsqu'un rayon lumineux tombe sur une surface polie, or, acier, verre ou diamant, ce rayon est renvoyé par la surface en plus ou moins grande quantité. Il y a *réflexion.* — On nomme *réfraction* la déviation que la lumière éprouve en passant d'un milieu dans un autre, par exemple de l'air dans l'eau, dans le verre, dans le diamant; elle éprouve un changement brusque de direction, comme on peut s'en assurer, soit en plongeant dans l'eau la moitié d'un bâton, soit en y plongeant une pièce de monnaie. — (Le *Muséum* consacre un chapitre à l'explication des phénomènes optiques; il sera prochainement publié.)

2. Le mémoire du docteur Lardner, *On the uranography of Saturn,* auquel il a été fait allusion dans le cours de ces quatre premiers chapitres sur l'astronomie, devait être inséré ici en partie. L'espace manque. On l'insérera à la suite d'une autre série.

3. Après avoir examiné tout ce qui a été dit pour et contre l'existence d'une atmosphère lunaire, les auteurs de l'article ASTRONOMIE de l'*Encyclopædia britannica,* concluent en ces termes, tome IV, page 44 :

« Il est évident, après cela, qu'il n'y a dans la Lune aucun animal constitué de la même façon que les créatures de la Terre. Dans la Lune, tout apparaît à l'état solide, tout est désolé et impropre à la production et à l'entretien d'êtres organisés; le froid excessif qui certainement y règne doit suffire pour éteindre toute espèce de foyer, et pour y tarir toute source de vie animale ou végétale. Ne pourrait-on pas supposer que la Lune est une planète qui n'a pas encore atteint son état de maturité, maturité que détermineront des éruptions volcaniques successives? ou bien doit-on croire que, ayant rempli sa destinée, elle est maintenant dans un état de décadence? »

4. *Sur la constitution physique du Soleil.* — « Un coup d'œil général sur les travaux des philosophes anciens et des observateurs modernes nous prouvera d'abord que si l'on a étudié le Soleil depuis deux mille ans, le point de vue a souvent changé, et que, dans cet intervalle, la science a fait d'immenses pas en avant.

» Anaxagore prétendait que le Soleil n'était guère plus grand que le Péloponèse.

» Eudoxe, qui jouit dans l'antiquité d'une si grande estime, donnait au même astre un diamètre neuf fois plus grand que celui de la Lune. C'était un grand progrès, si l'on compare cette évaluation à celle d'Anaxagore. Mais le nombre donné par le philosophe de Gnide s'éloignait encore énormément de la vérité.

» Cléomède, qui écrivait sous le règne d'Auguste, dit que les épicuriens, s'en rapportant aux apparences, soutenaient que le diamètre réel du Soleil ne dépassait pas un pied.

» Mettons en regard de ces évaluations arbitraires la détermination qui se déduit des travaux des astronomes modernes, exécutés avec les soins les plus minutieux, à l'aide d'instruments d'une délicatesse extrême. Le Soleil a 357 000 lieues (de 4 kilomètres) de diamètre; il y a loin, comme on voit, de ce nombre à celui qu'adoptaient les épicuriens.

» En supposant le Soleil sphérique, son volume est égal à quatorze cent mille fois celui de la Terre. Des nombres aussi énormes n'étant pas fréquemment employés dans la vie usuelle, et ne nous donnant pas une idée précise des grandeurs qu'ils impliquent, je rappellerai ici une remarque qui fera mieux sentir l'immensité du volume solaire. Imaginons que le centre du Soleil coïncide avec celui de la Terre; sa surface non-seulement atteindra la région dans laquelle la Lune circule, mais ira presque une fois au delà.

» Ces résultats, si remarquables par leur immensité, ont la certitude des principes de géométrie élémentaire qui leur ont servi de base.

» La carrière que j'ai à parcourir étant assez étendue, je n'établirai pas en détail la comparaison entre les résultats, vraiment absurdes par leur petitesse, auxquels les anciens s'étaient arrêtés sur la distance du Soleil à la Terre, et ceux qu'on a déduits des observations modernes. Je me bornerai même à dire ici qu'il est démontré, et ce n'est pas sans raison que je me sers d'un terme aussi positif, qu'il est démontré, depuis le passage de Vénus observé en 1769, que la distance moyenne du Soleil à la Terre est de 38 millions de lieues, et qu'entre l'hiver et l'été, l'astre s'éloigne de nous de plus d'un million de lieues : telle est la distance du globe immense dont les astronomes sont parvenus à déterminer la constitution physique. Nous ne trouvons rien à ce sujet, dans les anciens philosophes, qui mérite de nous occuper un instant.

» Leurs disputes sur la question de savoir si le Soleil est un feu pur ou grossier, un feu éternel ou susceptible de s'éteindre, n'étant appuyées sur aucune observation, laissaient dans la plus profonde obscurité le problème que les modernes ont essayé de résoudre.

» Les progrès qu'on a faits dans cette voie datent de 1611. A cette époque peu éloignée de celle de l'invention des lunettes, un astronome hollandais, Fabricius, vit distinctement des taches noires se montrer sur le bord oriental du Soleil, s'avancer graduellement vers le centre, le dépasser, atteindre le bord occidental, puis disparaître pendant un certain nombre de jours.

» De ces observations, souvent répétées depuis, on a pu déduire la conséquence que le Soleil est un globe sphérique, doué sur son centre d'un mouvement de rotation dont la durée est égale à vingt-cinq jours et demi.

» Ces taches noires, irrégulières et variables, mais bien définies sur leur contour, ont quelquefois des dimensions considérables; on en a vu dont la largeur était plus de cinq fois celle de la Terre : elles sont généralement entourées d'une auréole sensiblement moins lumineuse que le reste de l'astre, et qu'on a appelée *pénombre*. Cette pénombre, primitivement remarquée par Galilée, et observée avec soin, dans les changements qu'elle éprouve, par les astronomes ses successeurs, a conduit, sur la constitution physique du Soleil, à une supposition qui, de prime abord, doit paraître bien singulière.

» Cet astre serait un corps obscur, entouré, à une certaine distance, d'une atmosphère qui pourrait être comparée à l'atmosphère terrestre, lorsque celle-ci est le siége d'une couche continue de nuages opaques et réfléchissants. A cette première atmosphère en succéderait une seconde, lumineuse par elle-même, qu'on a appelée la *photosphère*. Cette photosphère, plus ou moins éloignée de l'atmosphère nuageuse intérieure, déterminerait par son contour les limites visibles de l'astre. Suivant cette hypothèse, il y aurait des taches sur le Soleil toutes les fois qu'il se formerait, dans les deux atmosphères concentriques, des éclaircies correspondantes qui permettraient de voir à nu le corps obscur central.

» Les personnes qui ont étudié les phénomènes avec des lunettes puissantes, les astronomes de profession, les juges compétents, reconnaissent que l'hypothèse dont je viens de parler sur la constitution physique du Soleil rend un compte très-satisfaisant des faits. Cependant elle n'est pas généralement adoptée : des ouvrages qui font autorité représentaient naguère les taches comme des scories flottant à la surface liquide de l'astre et sorties de volcans solaires, dont nous ne trouverions qu'une faible image dans les volcans terrestres.

» Il était donc désirable qu'on parvînt à déterminer par des observations directes la nature de la matière incandescente du Soleil. » (Arago, *Annuaire pour* 1852, p. 327 et suiv.)

Malgré les difficultés qui s'opposaient à la solution d'une question de ce genre, on est parvenu toutefois à la résoudre complétement. C'est aux progrès de l'optique qu'on doit ce résultat. Dans les traités de *la Lumière*, du *Soleil*, etc., on reviendra là-dessus nécessairement.

CHOSES USUELLES.

L'EAU.

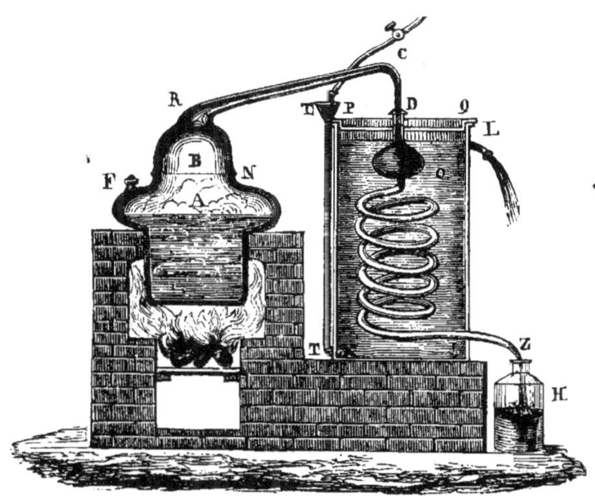

FIG. 1. Appareil à distiller.

I. L'eau peut être à l'état solide, à l'état liquide, ou à l'état de vapeur. — II. Elle n'a ni couleur, ni goût. — III. Son poids. — IV. La chaleur la dilate. — V. Degré de sa plus grande densité. — VI. Point de congélation. — VII. Point d'ébullition. — VIII. Évaporation. — IX. Chaleur absorbée dans l'évaporation. — X. Évaporation superficielle. — XI. Saturation de l'air par la vapeur. — XII. Procédé de séchage. — XIII. Exemple tiré des routes et chemins. — XIV. Séchage du linge. — XV. Le vent favorise le séchage. — XVI. L'eau n'est jamais pure naturellement. — XVII. Elle contient de l'air. — XVIII. Et d'autres substances en dissolution; eau dure. — XIX. Eau douce. — XX. Sources minérales. — XXI. Filtration. — XXII. Papier-filtre. — XXIII. Filtres artificiels. — XXIV. L'eau n'est pas absolument incolore. — XXV. Comment on obtient de l'eau absolument pure. — XXVI. L'eau de pluie l'est à peu près. — XXVII. Eau de rivière; eau de la Tamise. — XXVIII. L'eau n'est pas un élément; sa composition. — XXIX. Procédés de purification. — XXX. Distillation de l'eau. — XXXI. Conversion de la vapeur en eau. — XXXII. Poids de la vapeur. — XXXIII. Condensation. — XXXIV. Appareil distillatoire. — XXXV. Composition et décomposition. — XXXVI. Oxygène et hydrogène. — XXXVII. Hydrogène. — XXXVIII. Celui des ballons. — XXXIX. Inflammable. — XL. L'eau produite en combinant de l'oxygène et de l'hydrogène. — XLI. Appareil pour cette expérience. — XLII. Composition de l'eau. — XLIII. Analyse de l'eau. — XLIV. Par le courant voltaïque. — XLV. Par d'autres procédés. — XLVI. Par le potassium et le sodium. — XLVII. Par le fer.

I.

6

I.

La plus commune des substances naturelles après l'air, c'est l'eau. Elle est moins universellement répandue, et, quoique ses usages ne soient ni moins nombreux, ni moins importants, son action sur les règnes animal et végétal n'est pas d'une utilité, d'une nécessité aussi impérieuse.

L'eau, suivant les conditions physiques différentes dont elle s'entoure, peut exister soit à l'état liquide, soit à l'état solide, soit à l'état gazeux. C'est peut-être dans ce dernier état qu'elle se trouve le plus généralement à la surface du globe; mais alors, moins évidente pour les sens que dans ses deux autres états, elle ne frappe que les personnes à qui les caractères scientifiques de sa présence sont familiers.

Aussi est-ce à l'état liquide qu'elle nous est le plus familière.

II.

Soumise à une température et à des conditions atmosphériques ordinaires, l'eau pure est un liquide incolore, insipide, d'une transparence remarquable.

III.

Son poids par rapport à son volume est fort aisé à retenir, car on a trouvé qu'un *foot* cubique d'eau (ou 0,304 millimètres cubes) pèse à très-peu près un millier d'onces ($28^k,338,40$) à la température de 60 degrés, température ordinaire de l'atmosphère dans ces climats.

On peut aussi facilement retenir qu'un *gallon impérial* d'eau pure ($4^l,543$), à la température ci-dessus, pèse 10 *livres avoir-du-poids* ($4^k,534140$), et, par conséquent, qu'une *pinte impériale* ($0^l,5679$), ou la huitième partie du gallon, pèse 1 ¼ *livre avoir-du-poids* ($566^{gr},766$).

IV.

Chauffés, tous les liquides se dilatent (se gonflent); refroidis, ils se contractent. C'est là un fait général que tout le monde connaît. L'eau n'y fait pas exception. Un gallon d'eau bouillante sera moins qu'un gallon refroidi, et un gallon d'eau froide sera plus qu'un gallon chauffé.

L'eau, par suite, est rendue plus dense, c'est-à-dire plus lourde sous un volume donné, lorsqu'on la refroidit, et moins dense, c'est-à-dire plus légère sous un volume donné, lorsqu'on la chauffe.

V.

Cependant, en un certain point de l'échelle thermale, il existe à cette loi générale une exception très-frappante. C'est l'eau qui la fournit. Si on

la refroidit graduellement, ses dimensions se resserreront incessamment,
et elle deviendra de plus en plus dense, jusqu'à ce que sa température
tombe à 38°,8 du thermomètre de Fahrenheit. Mais si l'on pousse le
refroidissement au-dessous de ce degré, au lieu de se contracter, l'eau se
dilate; au lieu de devenir plus dense et plus pesante, elle devient moins
dense et plus légère.

L'eau, par suite, volume pour volume, est plus pesante et plus dense à
la température de 38°,8 qu'à toute autre température plus haute ou plus
basse. Aussi a-t-on appelé cette température celle *de la plus grande densité*.

VI.

Quand on fait tomber la température à 32 degrés Fahr., l'eau devient
solide. Ce changement de l'état liquide en solide s'appelle *congélation,* et
la température de 32 dégrés où il se produit se nomme le *point de congélation* de l'eau.

VII.

Si l'eau est exposée à une source de chaleur quelconque, soit au feu d'un
foyer, soit au feu d'une lampe, elle deviendra, on le devine, de plus en plus
chaude; mais cet accroissement de chaleur aura une limite. Lorsque le feu
ou la lampe aura agi sur l'eau pendant un certain temps, elle atteindra
un degré de chaleur, ou, si l'on veut, une température qu'elle ne franchira
pas, quelque prolongée, quelque intense que soit sur elle l'action du feu.
Dans l'état ordinaire de l'atmosphère, cette température est celle marquée
212 degrés sur le thermomètre. Si l'on plonge un thermomètre dans l'eau,
il se tiendra constamment à cette température, quoique l'action du feu sur
l'eau continue encore.

Lorsque l'eau est parvenue à ce point stationnaire de température, on
la voit fortement agitée dans chacune de ses parties. Des bulles de vapeur
se forment aux points du vase les plus voisins du feu, et, s'élevant avec
une certaine violence, elles abandonnent incessamment la surface et déterminent l'agitation particulière du liquide qu'on vient de signaler.

Cet état de l'eau s'appelle *ébullition,* et la température stationnaire de
212 degrés, où il se produit, se nomme le *point d'ébullition* de l'échelle
thermale.

VIII.

Jusqu'à ce que l'eau exposée à l'action du feu ait atteint le point d'ébullition, la chaleur qui lui est communiquée sert à élever sa température, ou,
comme on dit, à la rendre plus chaude. Mais lorsqu'elle a atteint la limite
de sa température, et qu'elle cesse d'être rendue plus chaude, le feu continue toujours à lui donner la même chaleur. On peut demander ce que

devient cette chaleur, comment elle est absorbée, employée; car il est certain que l'eau n'en profite pas.

Voici l'explication de ce fait. L'eau que renferme le vase ne devient pas plus chaude, et, par conséquent, ne peut rien recevoir de la chaleur du feu ; mais elle est rapidement convertie en vapeur, et cette vapeur, s'échappant incessamment de la surface de l'eau, se rend dans l'air. La quantité d'eau du vase est incessamment diminuée de la quantité qui s'échappe ainsi sous forme de vapeur, et, si l'on poursuit l'expérience, la totalité de l'eau disparaîtra du vase, convertie tout entière en vapeur.

Donc, la chaleur fournie par le feu, dans l'espèce, et qui ne sert pas à élever la température de l'eau du vase, est entièrement absorbée par la vapeur en laquelle l'eau est convertie. Cette vapeur, il est vrai, n'est pas plus chaude que l'eau où elle est formée, car sa température, comme celle de l'eau, est de 210 degrés; mais il est prouvé, par les expériences faites dans les laboratoires des chimistes et des physiciens, qu'il faut beaucoup plus de chaleur pour donner à la vapeur la température de 210 degrés que pour donner à l'eau la même température, et que c'est en élevant la vapeur issue de l'eau à la température de l'eau elle-même, que la totalité de la chaleur fournie par le feu est absorbée.

IX.

Ainsi, l'on trouve qu'un poids donné d'eau à 212 degrés Fahr., où il passe à l'état de vapeur, absorbe autant de chaleur qu'il en faudrait pour élever cinq fois et demie la même quantité d'eau du point de congélation au point d'ébullition.

X.

Ce n'est pas seulement quand elle est portée au point d'ébullition que l'eau est convertie en vapeur. Elle est plus ou moins vaporisable à toutes les températures, et l'on a constaté que la glace même produit de la vapeur. Mais l'évaporation qui a lieu, chez l'eau, au-dessous du point d'ébullition, se produit d'une autre façon et dans des conditions différentes. Au point d'ébullition, l'eau se convertit en vapeur sur tous les points et à toute profondeur, et, plus abondamment que partout ailleurs, sur les parties où elle est en contact avec la surface du vase sur laquelle agit le feu. Mais, aux autres températures, l'évaporation est entièrement superficielle. La vapeur se dégage de la surface de l'eau, s'élève jusqu'à la couche d'air qui s'étend sur cette surface, et se mêle à la couche d'air. Cette évaporation est aussi infiniment moins rapide, infiniment moins abondante que celle qui se produit lorsqu'on élève la masse entière de l'eau au point d'ébullition, et qu'on l'y maintient.

XI.

La couche d'air qui s'étend à la surface de l'eau peut être considérée comme un médium, un intermédiaire possédant un certain pouvoir limité d'absorber la vapeur de l'eau, comme une éponge dont les nombreux pores reçoivent de l'eau liquide. Ainsi que l'éponge, l'air peut retenir une certaine quantité de vapeur, et en absorber de façon à n'en pouvoir plus absorber davantage. On dit alors que l'air est *saturé*, c'est-à-dire complètement rempli de vapeur.

Par conséquent, l'évaporation à la surface de l'eau a lieu plus ou moins librement et abondamment, selon que l'air est plus ou moins au-dessous du point de saturation ; et lorsque l'air a atteint le point de saturation, toute évaporation cesse.

XII.

Le procédé auquel on a recours pour sécher les objets humides ou mouillés est un exemple des effets de l'évaporation. L'humidité de la surface ou du tissu même de l'objet est évaporée par l'exposition à l'air, et l'objet devient libre d'humidité, c'est-à-dire sec. Cette évaporation s'effectue d'autant plus rapidement que l'air est plus au-dessous du point de saturation, et d'autant moins vite qu'il est plus proche de ce point.

XIII.

Il n'est personne qui n'ait remarqué ce fait : des routes ou des rues mouillées se sèchent, certains jours, en peu d'heures, tandis que, d'autres jours, elles demeurent mouillées, sans aucunement sécher. Ce sont là de simples conséquences de l'état de l'air par rapport à la vapeur dont il est chargé. Dans le premier cas, il en est *sous-chargé*, c'est-à-dire incomplètement imprégné, et, par suite, il s'empare promptement de l'évaporation des routes et des rues, qui alors deviennent sèches; dans le second cas, il en est *sur-chargé*, c'est-à-dire complétement imprégné, à peu près ou tout à fait saturé; il ne peut plus recevoir de vapeur ; aucune évaporation n'est possible, et les routes restent mouillées, quoiqu'il ne tombe pas de pluie.

XIV.

Les blanchisseuses qui exposent le linge à l'air pour le sécher, savent parfaitement que le séchage s'opère plus ou moins facilement suivant les jours. Certains jours il n'est pas possible de sécher le linge, car l'air est saturé de vapeur. D'autres jours, il se sèche avec une facilité, une rapidité singulière. C'est qu'alors l'air est peu chargé de vapeur, et se trouve fort au-dessous du point de saturation. Mais entre ces deux extrêmes, il existe un grand nombre de degrés où la facilité du séchage varie.

XV.

Le vent favorise l'évaporation, et, par conséquent, concourt puissamment au séchage. Il est aisé de se rendre compte du phénomène. La couche d'air voisine de l'eau se charge de vapeur, atteint son point de saturation, et le vent l'emporte; une couche nouvelle d'air succède à la première et est mise en contact avec la surface mouillée. La nouvelle couche d'air est emportée à son tour et fait place à une autre couche d'air sec, et toujours ainsi. De cette façon, tous les objets humides ou mouillés exposés au vent ou à des courants d'air se sèchent promptement.

Les objets mouillés se sèchent promptement aussi quand on les expose à la chaleur artificielle, car, sous l'influence de cette chaleur, l'humidité qu'ils contiennent s'évapore.

XVI.

L'eau absolument pure est sans goût, insipide. Mais, à l'état naturel, l'eau n'est jamais pure. L'eau de source qui jaillit des strates inférieures du sol renferme toujours des matières terreuses et salines en dissolution. En effet, tout élément qui compose les strates (couches) d'où l'eau surgit, ou qu'elle traverse, et qui est soluble dans l'eau, est nécessairement dissous dans cette eau en une proportion plus ou moins grande. Les eaux de rivière renferment plus ou moins des éléments ou constituants solubles du sol qu'elles rencontrent, soit à leurs sources, soit dans les lits et sur les rives des canaux qu'elles traversent. Elles reçoivent en outre, pendant leur cours, les parties solubles des différentes matières animales et végétales que la mort ou la décomposition a envahies.

XVII.

A l'état naturel, l'eau contient plus ou moins d'air fixe uni à elle. C'est le plus souvent de l'acide carbonique. Ce gaz, qui n'est autre que celui qui petille dans l'eau de Seltz, le vin de Champagne, la bière en bouteille, procure à l'eau un piquant agréable.

XVIII.

L'eau acquiert diverses saveurs et d'autres qualités, selon la nature des substances qu'elle tient en dissolution. L'eau de source, en général, même lorsqu'elle est le plus pure, tient en dissolution des matières calcaires et siliceuses. C'est à la présence de ces substances qu'elle doit cette qualité vulgairement appelée *crudité* ou *dureté*. Elle se mêle difficilement au savon, et est impropre aux usages de la cuisine.

XIX.

L'eau qui ne possède pas cette qualité et qui tient en dissolution peu de matière terreuse se nomme, au contraire, *eau douce*. L'eau de pluie, l'eau de rivière, sont généralement douces, encore que la dernière ne soit jamais complétement dégagée d'une combinaison terreuse quelconque.

XX.

Les sources minérales sont des exemples d'eaux contenant en dissolution des sels minéraux particuliers, en quantités si considérables et de qualités si particulières qu'ils rendent ces eaux tout à fait impropres aux usages ordinaires. Ils leur communiquent toutefois des vertus médicinales spéciales.

XXI.

Généralement, l'eau tient en suspension diverses impuretés qui n'y sont pas dissoutes. L'eau vaseuse en offre l exemple le plus frappant. Mais, sans être précisément vaseuse, l'eau contient souvent beaucoup d'impuretés en suspension qu'elle ne dissout pas. Toutes les impuretés de cette nature sont éliminées par la *filtration*.

XXII.

Dans les recherches chimiques, où les quantités de liquide sur lesquelles on opère sont ordinairement faibles, on emploie une espèce de papier nommé *papier-filtre* ou à filtrer. C'est du papier blanc non collé, disposé en forme de sac conique, et placé dans un entonnoir de verre d'une forme correspondante. Le liquide qu'on veut filtrer, on le fait passer lentement à travers les pores du papier, qui le dépouille des matières étrangères en suspension, et les retient.

XXIII.

Les filtres employés dans les arts et dans l'économie domestique pour la purification de l'eau ont été très-variés. Une pierre grenue, poreuse, originaire de Ténériffe, fut d'abord fort en usage, comme aussi une poterie poreuse non vernie. Plus récemment, toutefois, ces filtres ont été complétement supplantés par une variété d'appareils à filtrer artificiels, qui, pour la plupart, se composent de couches de gravier, de sable et de charbon pulvérisé. L'eau impure, pressée par son propre poids, traverse ces couches, qui retiennent les impuretés solides qu'elle renferme et l'en dépouillent complétement (1).

XXIV.

On a vu que l'eau est incolore et transparente ; et, toutes les fois qu'il s'agit d'une quantité de liquide peu considérable, cela est vrai. Mais strictement parlant, l'eau n'est ni absolument transparente, ni absolument dénuée de couleur. Si l'on jette les yeux sur la mer, là où l'eau atteint une profondeur un peu considérable, on trouve que sa couleur est d'un bleu particulier ; mais si l'on prend un verre de cette même eau qui paraissait bleue, on trouve qu'elle est limpide et incolore. Le mot de l'énigme, le voici : la quantité d'eau contenue dans le verre réfléchit ou, si l'on veut, renvoie à l'œil une quantité de couleur bleue trop faible pour qu'on la perçoive ; et, au contraire, la grande masse d'eau que présente la pleine mer émet cette couleur si abondamment qu'elle en détermine une perception nette, décidée, complète.

De même pour tous les liquides colorés transparents. Le vin de Xérès, dans une carafe, a une couleur d'or bien accusée. Vu au travers de la tige mince d'un verre à champagne conique, il apparaît de plus en plus pâle, jusqu'à ce que, vers la pointe du cône, il perde enfin toute couleur.

Probablement la couleur de l'eau provient en partie des substances qu'elle tient en dissolution. L'eau douce d'un lac a une couleur différente de celle des eaux salées de la mer. Comment la couleur de l'eau peut-elle résulter des différentes substances qu'elle tient en dissolution ? Il est difficile de le dire ; car on ne saurait obtenir une suffisante quantité d'eau, à l'état de pureté complète, pour en pouvoir déterminer la couleur propre.

XXV.

On voit, d'après ce qui a été dit, que la filtration n'a d'autre effet que de dégager de l'eau les matières solides impures qui peuvent y être mécaniquement unies ou suspendues ; et si, à l'état naturel, toute eau contient en dissolution plus ou moins de matière étrangère, on peut demander comment s'obtient l'eau parfaitement pure.

On doit observer que, pour tous les usages ordinaires, l'eau chimiquement pure serait impropre, moins convenable que n'importe quelle espèce d'eau obtenue par les moyens vulgaires. Dans l'alimentation, l'eau absolument pure ne serait ni agréable ni saine. Nos cuisines n'en ont pas besoin ; il n'est pas nécessaire qu'elle possède un tel état de pureté pour les usages domestiques auxquels elle sert.

XXVI.

De toutes les espèces d'eau à l'état naturel, l'eau de pluie est la plus pure. Mais comme on ne la recueille le plus souvent que quand elle est tombée sur le toit des maisons et qu'elle a traversé les tuyaux et les conduites qui la mènent aux réservoirs où on la prend, elle s'empare et dissout plus ou moins des impuretés formées sur les surfaces où elle passe. Pour obtenir l'eau de pluie parfaitement pure, il faut, par conséquent, la recevoir directement, à mesure qu'elle tombe, dans des vases propres. Mais, dans ce cas même, elle est plus ou moins imprégnée d'air, et spécialement d'acide carbonique, qu'elle soustrait à l'atmosphère. On y trouve aussi, mais dans une faible proportion, des sels ammoniacaux, et si elle est tombée dans le voisinage de la mer, elle contient, en général, un peu de sel commun en dissolution. La pluie qu tombe pendant l'orage a souvent des traces d'acide nitrique ; c'est probablement à l'électricité atmosphérique qu'en est due la formation.

XXVII.

Après l'eau de pluie, l'eau de rivière est la plus pure. L'eau de la Tamise, là où elle n'est pas souillée par l'écoulement des eaux de la métropole, ne contient pas plus de 2 *grains* ($0^{gr},128$) de matière étrangère en dissolution par *pint* ($0^l,567$). La matière qu'elle tient ainsi en dissolution est surtout le carbonate et le sulfate de chaux, le sel commun, le chlorure de magnésium, et des matières animales. 1 *gallon* ($4^l,543$) d'eau de la Tamise à l'état de pureté le moins grand, lorsqu'elle est convenablement filtrée, ne renferme pas plus de 24 grains de matière terreuse ou saline, et à l'état de pureté le plus grand, pas moins de 16 grains ($1^{gr},035$).

Lorsque l'eau souillée par des matières animales et végétales est conservée quelque temps, elle se purifie spontanément, perd son odeur et sa couleur désagréables, et dépose plus ou moins. L'eau dont s'approvisionnent les bâtiments est connue pour subir ce procédé de purification par fermentation ; plus grande est la quantité de matière fermentescible qu'elle contient, plus complète et plus rapide s'opère sa purification. C'est pourquoi l'on préfère, pour les vaisseaux, l'eau de la Tamise ; car l'eau de rivière la plus pure fermente moins rapidement et demeure beaucoup plus longtemps plus ou moins mauvaise et putride.

Pour l'approvisionnement de Londres, toutefois, — de Londres, où l'on n'a pas le loisir ou le besoin d'attendre que cette purification spontanée s'opère, — il est évident que l'eau doit être prise dans la partie de la Tamise au-dessus de Richmond ; car la Tamise, en cet endroit, est soustraite aux influences de la marée, et n'est pas souillée par le contenu des égouts, la desserte des manufactures et la vase que soulèvent les steamers (2).

XXVIII.

Les anciens supposaient que l'eau était un des éléments ou l'une des substances simples dont toutes les autres sont composées. Cependant, vers la fin du siècle dernier, on constata que c'est un composé de deux substances aussi différentes de l'eau elle-même, dans leur forme et leurs propriétés, qu'on peut l'imaginer. — L'eau est un liquide pesant; ses constituants sont des gaz légers; l'un d'eux est même la substance matérielle la plus légère qu'on ait jamais découverte jusqu'ici. — L'eau est l'antagoniste du feu. L'un de ses constituants est la plus combustible des substances, et l'autre est un gaz dont la présence est si nécessaire pour obtenir du feu qu'on peut l'en considérer comme l'auxiliaire indispensable ou l'auteur. Pour démontrer la composition de l'eau, il faut obtenir ce liquide absolument pur, et l'on a déjà vu qu'on ne le trouve jamais ainsi naturellement.

XXIX.

Tout air fixe dont l'eau est chargée peut être dégagé en portant l'eau à l'ébullition; mais pour lui faire abandonner les matières qu'elle tient en dissolution, il faut la soumettre au procédé de la *distillation*.

XXX.

Le principe sur lequel repose la distillation s'explique sans difficulté.

Si l'on porte à l'ébullition l'eau qui contient en dissolution une substance terreuse ou saline quelconque, cette eau se convertira en vapeur; mais il n'en sera pas de même de la substance en dissolution. Au fur et à mesure que l'eau s'évapore, la substance en dissolution ne diminuant pas, la dissolution devient plus forte, plus concentrée, et d'autant plus que la même quantité de matière saline ou terreuse est dissoute dans une moindre quantité d'eau. A mesure que l'opération avance, l'eau s'évapore graduellement jusqu'à ce qu'elle disparaisse tout à fait, et les matières salines ou terreuses qu'elle tenait en dissolution demeurent dans le vase où l'évaporation s'effectue. C'est là une de ces expériences que tout le monde peut faire. Prenez une grande cuiller pleine d'eau, et faites-y fondre du sel; tenez-la quelques minutes sur la flamme d'une lampe à esprit-de-vin. Le liquide bouillira, se convertira complétement en vapeur, et le sel demeurera seul dans la cuiller.

XXXI.

Mais quand on veut, comme dans la distillation, obtenir, non pas les matières que l'eau tient en dissolution, mais l'eau pure elle-même dégagée de ces matières, il faut empêcher la vapeur de s'échapper et la convertir derechef en eau. A mesure donc que l'eau est convertie en vapeur par l'intermédiaire de la chaleur, on convertit, d'un autre côté, la vapeur en eau par l'intermédiaire du froid. Si, par suite, un appareil est construit de telle sorte que, à mesure que la vapeur s'élève de l'eau bouillante, elle soit reçue dans un vase clos, où elle se trouvera en contact avec une surface froide, elle sera rétablie dans la forme liquide primitive, et, recueillie alors, elle offrira une eau très-pure, d'autant plus pure qu'elle aura été séparée d'une plus grande quantité des substances qu'elle tenait en dissolution avant de subir l'épreuve de l'évaporation.

XXXII.

La vapeur d'eau est plusieurs centaines de fois plus légère, à volume égal, que l'eau elle-même. Des expériences habilement conduites ont permis de calculer qu'un gallon d'eau évaporée à la température de 212 degrés produit à peu près 1 800 gallons de vapeur. Il suit de là que, quand la vapeur est reconvertie en eau par l'exposition au froid, un très-fort volume de cette vapeur produit un très-faible volume d'eau. Ainsi, pour produire 1 gallon d'eau pure, il faut près de 1 800 gallons de vapeur.

XXXIII.

C'est là la raison pour laquelle on a appelé *condensation* la conversion de la vapeur en eau, et *condensateur* ou *condenseur* l'appareil où se produit cette conversion. La vapeur est condensée, car elle est réduite à un volume 1 800 fois plus petit, et, par suite, rendue 1 800 fois plus dense et plus lourde.

Le procédé au moyen duquel on convertit d'abord l'eau en vapeur, et ensuite la vapeur en eau, se nomme *distillation*, du mot latin *distillatio*, qui signifie *chute en gouttes*. La conversion de la vapeur en liquide dans le condenseur s'effectue d'ordinaire si lentement que le liquide tombe du tuyau du condenseur, non en jet continu, mais en gouttes successives.

XXXIV.

Dans les arts industriels, dans les laboratoires de chimie, où l'on a besoin de quantités considérables d'eau absolument pure, on en opère la distillation au moyen d'un appareil que représente la figure 1.

Cet appareil à distiller, ou alambic, se compose d'une chaudière de cuivre A, fixée sur un fourneau en briques, et possédant un couvercle en forme de dôme B, qui lui est adapté. De ce couvercle part un tube recourbé RCD, qui va gagner un tube spécial, nommé *serpentin* (*worm*). Ce serpentin est enfermé dans un grand réservoir ou cuvette cylindrique PQJX, en métal, et constamment rempli d'eau froide. La partie inférieure du serpentin sort du réservoir près de son fond, et se termine en Z, au-dessus de la bouche d'une jarre H, destinée à recevoir l'eau distillée. Une ouverture F, munie d'un tampon imperméable à la vapeur, est disposée dans la chaudière ; c'est par là qu'on introduit l'eau à distiller.

La vapeur, sortant de la chaudière par le tube RCD, passe dans le serpentin et se rend d'abord dans le vase O, où commence la condensation. — Traversant ensuite les replis du serpentin, elle est exposée au contact de sa surface froide ; elle est complétement condensée et réduite à l'état liquide avant de parvenir à la partie inférieure Z, d'où elle tombe goutte à goutte dans la jarre H.

La chaleur qui se dégage de la vapeur pendant la condensation envahissant incessamment l'eau du réservoir PQJX, cette eau devient chaude peu à peu, et si l'on n'avait le soin de l'enlever et de la remplacer par de l'eau froide, elle ne maintiendrait pas longtemps le serpentin assez froid pour condenser la vapeur. Une provision d'eau froide est, en conséquence, introduite dans un tuyau TT, pendant que s'échappe l'eau chaude par le tuyau de décharge L.

L'eau chaude, étant plus légère, à volume égal, que l'eau froide, flottera à la surface de celle-ci sans s'y mêler, à moins qu'on n'agite le liquide. Si donc l'on introduit l'eau froide à la partie inférieure T du réservoir, elle formera les couches inférieures, tandis que l'eau chaude composera les couches supérieures ; cette dernière, poussée en haut par l'eau froide, sortira du réservoir au point L. Le conduit ou tuyau d'approvisionnement P, qui alimente le tuyau TT, et le tuyau de décharge L, peuvent être et sont, en général, réglés de telle sorte que l'eau sortie par L est fort peu au-dessous de la température de la vapeur qui vient de la chaudière, tandis que l'eau des couches inférieures est aussi froide que l'atmosphère ambiante. Il suit de là que la vapeur qui pénètre en D ne subit d'abord qu'une condensation partielle, mais que cette condensation se fait de plus en plus énergique à mesure que la vapeur s'engage dans le serpentin, et arrive au contact d'une surface de plus en plus froide, jusqu'à ce que, parvenue au dernier des replis (le plus inférieur), elle se condense entièrement.

L'eau chaude qui disparaît par le tuyau de décharge L, on la peut faire servir à l'alimentation de la chaudière A ; et comme elle possède déjà une haute température, on peut ainsi réaliser une économie de combustible.

Lorsqu'on veut obtenir de l'eau distillée parfaitement pure, on l'évapore à une température inférieure à 212 degrés. A 212 degrés, en effet, une petite quantité des matières étrangères en dissolution gagne quelquefois le serpentin à l'état de vapeur et se va déposer dans la jarre H. Plus est basse la température à laquelle on évapore l'eau de la chaudière, moins le serpentin reçoit des impuretés qu'elle contient.

C'est ainsi que, avec des précautions particulières, on peut obtenir de l'eau parfaitement pure et complétement débarrassée de matières étrangères.

XXXV.

Maintenant, il reste à indiquer comment se démontre la nature composée de l'eau, comment les caractères et les proportions de ses parties constituantes ont été déterminées.

Pour y parvenir, deux méthodes : ce sont la *composition* et la *décomposition*, ou, si l'on préfère les dérivés grecs, la *synthèse* et l'*analyse*.

La méthode synthétique suppose la connaissance préalable des constituants, et consiste à montrer qu'en combinant, en mariant ces constituants, on peut produire de l'eau.

La méthode analytique suppose la découverte préalable de quelque agent physique capable de vaincre l'attraction mutuelle qui tient unis l'un à l'autre les constituants de l'eau, d'opérer une rupture entre eux et de les faire voir séparés l'un de l'autre, de manière à permettre la détermination de leurs caractères, de leurs propriétés.

Comme la question est d'une importance et d'un intérêt énormes, comme les deux méthodes d'analyse et de synthèse sont par elles-mêmes fort instructives et facilement intelligibles, on leur consacrera ici quelques lignes.

XXXVI.

Il existe deux airs ou gaz bien connus des chimistes. On les nomme *oxygène* et *hydrogène*.

Dans le traité sur *l'Air*, on donnera une idée générale de l'oxygène et de ses propriétés dominantes.

L'hydrogène, comme la plupart des gaz, est un air incolore, invisible, qui, à l'état de pureté complète, n'a ni saveur ni odeur. Mais, tel qu'on le produit ordinairement, il est mêlé à de très-faibles proportions d'impuretés, qui lui communiquent cette odeur particulièrement désagréable que chacun connaît. Il n'est probablement, en effet, personne qui n'ait été plus ou moins victime d'une rupture accidentelle des tuyaux qui servent dans l'éclairage au gaz.

XXXVII.

L'hydrogène est la plus légère des substances matérielles. A volume égal, il est plus de quatorze fois aussi léger que l'air ordinaire.

XXXVIII.

C'est pourquoi il est éminemment propre à gonfler les ballons à air. 2000 *cubic feet* (608 mètres cubes) de ce gaz ne pèseront qu'environ 11 *livres avoir-du-poids* (4^k,987,51), tandis que le même volume d'air commun pèsera environ 160 *livres avoir-du-poids* (72^k,545,60). Par conséquent, un ballon qui contiendrait 2000 *cubic feet* d'hydrogène aurait une légèreté ou une tendance à monter de 149 *livres avoir-du-poids* ($67^k,558,09$), et si le filet de soie, les cordages et la nacelle avec son lest ont moins de ce poids, le ballon aura une force ascensionnelle égale à la différence.

XXXIX.

L'hydrogène est l'un des corps de la nature les plus inflammables. Il brûle en jetant une flamme très-pâle, bleuâtre, donnant peu de lumière, mais une chaleur intense.

XL.

Si l'on introduit dans un vase de verre suffisamment fort un mélange des gaz oxygène et hydrogène, et qu'on l'y retienne en fermant le robinet d'arrêt du tuyau par où les gaz sont introduits, il suffira de faire traverser le mélange par une étincelle électrique pour déterminer l'inflammation de l'hydrogène et une explosion. Alors le vase apparaîtra rempli de vapeur, et acquerra une température manifestement plus élevée. Bientôt il se refroidira, et la surface interne du verre se couvrira d'humidité. L'eau dégouttera le long des parois. Une certaine quantité de gaz restera dans le vase, et si l'on soumet ce gaz aux épreuves ordinaires, on verra que ce n'est plus un mélange d'hydrogène et d'oxygène, mais l'un ou l'autre de ces gaz à l'état de pureté et tout à fait séparé. Ce gaz restant sera tantôt de l'oxygène pur, tantôt de l'hydrogène pur ; cela dépendra des proportions suivant lesquelles se trouvaient unis, dans le vase, l'un et l'autre gaz avant l'explosion.

XLI.

On connaît un certain nombre d'appareils propres à cette expérience. L'un d'eux est représenté figure 2.

Le vase ou cuvette cylindrique DE, plus large au sommet qu'à la base, est rempli de mercure. Un tube gradué BC, en verre épais et fort, ayant un diamètre de 1 *inch* ($0^m,2539$), fermé à l'une de ses extrémités (B), et ouvert à l'autre (C), est pareillement rempli de mercure, retenu par la main à l'extrémité ouverte et plongé dans le mercure de la cuvette DE. Le mercure ne sortira pas du tube BC, car son poids sera supporté, balancé par la pression atmosphérique qui agit sur la surface extérieure du mercure de la cuvette DE. Maintenant on peut introduire dans le tube BC les gaz oxygène et hydrogène, en les déchargeant dans le mercure par l'extrémité ouverte dudit tube. Ils s'élèveront en bulles à travers le mercure, et déplaceront une partie de ce liquide au sommet du tube BC. On peut donc, comme on le voit, introduire dans le tube BC une proportion quelconque des gaz ; la capacité du tube limitera seule cette proportion.

Vers le sommet du tube BC, deux petits trous, à l'opposite l'un de l'autre, sont pratiqués et traversés par un fil de platine se terminant en boules ou boutons intérieurement et extérieurement. Les boutons intérieurs se font réciproquement face, sans toutefois être en contact. Si l'on vient à présenter au bouton B le bouton d'une bouteille de Leyde chargée, après avoir relié par une chaîne métallique le bouton A à la couche externe de la bouteille, la décharge électrique passera entre les deux boutons intérieurs et enflammera l'hydrogène que contient le tube BC.

Dans les expériences de ce genre, il vaut mieux exprimer les quantités des gaz par leurs mesures telles que les indique le tube BC. Cependant on comprendra plus facilement l'explication en exprimant ces quantités par leur poids.

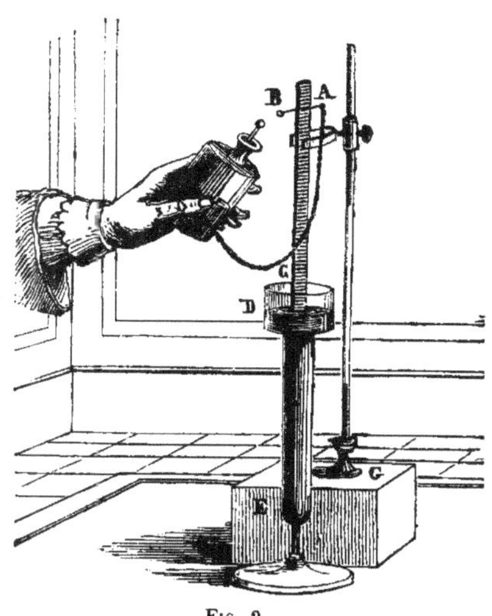

FIG. 2.

Supposons donc d'abord que 1 grain d'hydrogène et 12 grains d'oxygène sont contenus dans le tube BC. Lorsque la décharge électrique aura été transmise, l'hydrogène enflammé, et que le tube BC se sera refroidi, on trouvera dans ce tube, comme on l'a déjà établi, de l'eau et du gaz. Si l'on pèse l'eau exactement, on verra que son poids s'élève à 9 grains, et celui du gaz à 4 grains. Si l'on examine ces 4 grains de gaz, on trouvera que c'est de l'oxygène pur. Ainsi, ce résidu gazeux ne sera pas inflammable ; mais si l'on y plonge un corps en ignition, la flamme deviendra plus considérable, plus brillante. En un mot, il aura toutes les propriétés de l'oxygène pur, propriétés qu'on expliquera dans le traité sur *l'Air*.

On voit par là que, du mélange de 1 grain d'hydrogène et de 12 grains d'oxygène qui se trouvaient dans le tube BC avant l'explosion, tout le grain d'hydrogène est entré en combinaison avec 8 des 12 grains d'oxygène pour produire 9 grains d'eau, et que les 4 autres grains d'oxygène sont demeurés intacts dans le tube BC.

Donc, les gaz hydrogène et oxygène, combinés dans la proportion de 1 grain du premier sur 8 du second, produisent de l'eau.

Si l'on a introduit dans le tube 2 grains d'hydrogène et 8 d'oxygène, l'explosion produira encore 9 grains d'eau, mais alors le résidu gazeux sera 1 grain d'hydrogène. Ainsi, l'un des deux grains d'hydrogène, en se combinant avec les 8 grains d'oxygène, produira 9 grains d'eau, tandis que l'autre grain d'hydrogène restera intact et séparé (isolé).

Si 1 grain d'hydrogène et 8 d'oxygène avaient été introduits dans le tube BC, l'explosion eût converti la totalité des gaz en 9 grains d'eau, et aucun résidu gazeux n'eût été trouvé dans le tube.

De ce qui précède, n'est-on pas invinciblement amené à conclure que l'eau est un liquide composé, dont les constituants sont deux gaz, — l'oxygène et l'hydrogène, — combinés dans la proportion de 8 parties (en poids) du premier sur 1 du second?

XLII.

Ainsi donc, la neuvième partie de l'eau, — de l'eau, ce naturel adversaire du feu, — est le plus inflammable des corps, et les huit autres neuvièmes de ce liquide ont pour base un corps sans la présence duquel le feu n'est pas possible.

Maintenant qu'on sait la manière dont on produit l'eau, en combinant ses deux constituants en proportion convenable, il faut qu'on sache de quelle façon l'eau elle-même peut être ramenée à ses gaz constituants.

XLIII.

On a à choisir entre plusieurs méthodes ; mais la plus directe, qui est aussi la plus simple, consiste à soumettre l'eau à l'action d'un courant voltaïque d'une puissance suffisante. Les pôles d'une batterie voltaïque ont des attractions spécifiques, particulières, pour différents corps : le pôle positif pour les uns, le pôle négatif pour d'autres. Celui des corps de la nature sur lequel le pôle positif exerce l'attraction la plus énergique est l'oxygène ; l'hydrogène, au contraire, subit une attraction puissante de la part du pôle négatif. Si donc on fait agir les deux pôles d'une pile sur l'eau, on doit s'attendre à ce qu'elle soit décomposée, l'hydrogène se rendant au pôle négatif, et l'oxygène au pôle positif. C'est, en effet, ce qui a lieu.

XLIV.

Pour l'exécution de cette expérience, divers appareils ont été inventés. Le plus simple est celui de la figure 3.

À peu près au fond d'un verre à vin, on a pratiqué deux petits trous ; les bouts de deux fils, G et H, s'y rendent, et s'élèvent dans le verre, à côté l'un de l'autre, jusqu'à la hauteur de 2 à 4 centimètres. Ils sont cimentés dans les trous avec du mastic. On met ces fils en rapport, l'un

avec le pôle positif (*) et l'autre avec le pôle négatif d'une batterie voltaïque.
De l'eau, qu'on a légèrement acidulée pour lui donner une puissance de
conductibilité électrique plus grande, est alors versée dans le verre. Deux
tubes gradués en verre, AB et CD, ayant chacun environ 12 millimètres de
diamètre intérieur, sont d'abord remplis
d'eau acidulée, maintenus avec la main à
leurs extrémités ouvertes, puis plongés dans
le verre, chacun sur l'un des fils. La pression
atmosphérique, faisant contre-poids à l'eau
des tubes, l'empêchera de tomber.

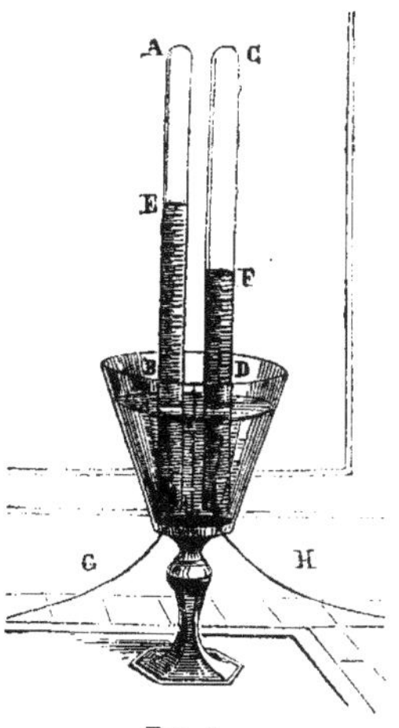

Fig. 3.

Immédiatement, le courant électrique
passera de l'extrémité d'un fil, en traversant
l'eau, à l'extrémité de l'autre fil; par son
attraction, l'eau sera décomposée, c'est-à-
dire que l'élément ou constituant oxygène se
rendra à l'extrémité du fil positif, et l'élément hydrogène à celle du fil négatif. Ces
deux gaz, en conséquence, se dégageront aux
deux pointes des fils comme s'ils en sortaient,
comme s'ils jaillissaient par les petites ouvertures de vases où ils seraient contenus. On
les verra s'élever rapidement en petites bulles
dans chacun des tubes, s'y rassembler à la partie supérieure, déplaçant
l'eau et la refoulant en bas. Bientôt le tube qui renferme le fil négatif sera
rempli de gaz, et l'eau qu'il contenait en sera complétement chassée depuis son sommet jusqu'au niveau de l'eau du verre. En même temps, le
fil qui renferme le pôle positif sera à moit é rempli de gaz.

Il semble donc que, puisque les tubes ont une capacité semblable, les
volumes des deux gaz produits sont dans la proportion de 2 à 1, le volume
d'hydrogène égalant deux fois celui de l'oxygène.

On observera plus loin que toujours, pendant la marche de l'expérience, la même proportion se maintient entre les volumes des gaz dé-
gagés. A chaque phase de l'opération, le volume d'hydrogène, CF, dégagé,
se trouve toujours exactement le double d.1 volume d'oxygène, AE.

Mais une comparaison des poids de ces deux gaz, à volume égal, prouve
que l'oxygène est seize fois plus lourd que l'hydrogène. D'où suit que le
poids du double volume d'hydrogène dégagé dans l'expérience précédente
sera exactement le huitième du volume unique d'oxygène dégagé simul-
tanément.

(*) Pour désigner les pôles positif et négatif on se sert souvent, en Angleterre surtout,
des signes abréviatifs : + pole (pôle positif), et — pole (pôle négatif).

XLV.

On voit donc que l'eau est décomposée par le courant voltaïque, et que ses constituants sont les gaz oxygène et hydrogène, dans la proportion de 8 parties (en poids) d'oxygène sur 1 partie d'hydrogène.

XLVI.

Certains métaux, obtenus dans les laboratoires, mais inconnus de l'industrie, — le potassium et le sodium, entre autres, — ont pour l'oxygène une attraction si énergique qu'on ne peut les exposer à l'air sans qu'ils entrent spontanément en combinaison avec son oxygène. Si l'on plonge dans de l'eau l'un de ces métaux, il exerce sur l'oxygène de cette eau une attraction telle qu'il le sépare de l'hydrogène. En vertu de cette attraction, l'oxygène quitte l'hydrogène, et, se combinant avec le potassium et le sodium, forme de la potasse ou de la soude ; l'hydrogène, se dégageant à l'état gazeux, peut être alors recueilli dans un récipient de verre, suivant le mode ordinaire. Si l'on pèse la potasse ou la soude ainsi produite, on trouvera qu'elle est plus pesante que le potassium ou le sodium. Ce qui tient au poids de l'oxygène entré en combinaison. Et cet excédant de poids sera exactement huit fois le poids de l'hydrogène dégagé. D'où cette conséquence, déjà signalée, que l'eau se compose de 8 parties (en poids) d'oxygène et de 1 partie d'hydrogène.

XLVII.

Aucun des métaux employés par l'industrie n'exerce sur l'oxygène une attraction assez énergique pour amener ainsi et spontanément la décomposition de l'eau. Cependant, l'attraction de quelques-uns, — du fer, par exemple, — peut être, si l'on élève leur température, exaltée au point de déterminer un résultat semblable.

La figure 4 offre le spécimen d'un appareil destiné à décomposer l'eau, en élevant la température du fer.

Un tube de porcelaine *ab*, rempli à sa partie moyenne et dans sa longueur de fragments de fil de fer fin, est disposé en travers d'un fourneau. Ce fourneau chauffe le tube de façon que le fer qu'il contient puisse être porté au rouge. Une extrémité (*a*) du tube en question communique, par un tube rectangulaire, avec un vase de verre renfermant de l'eau, et placé soit sur un feu de charbon, soit sur une lampe à esprit-de-vin. L'autre extrémité (*b*) communique, par un tube recourbé *bcd*, avec un tube de verre rempli d'eau, et plongé dans une capsule ou tasse contenant aussi de l'eau. L'eau est maintenue dans le tube, comme dans les expériences précédentes, par la pression atmosphérique. S'il sort du gaz de la bouche du tube *d*, qui se recourbe sous celle du large tube contenant de l'eau, ce gaz s'élèvera en bulles et déplacera l'eau du sommet du tube.

Ces dispositions faites, et le fer contenu dans le tube *ab* porté au rouge, on fait bouillir l'eau du vase de verre. La vapeur qui en sort, entrant dans le tube *ab*, au point *a*, se fraye un passage à travers les interstices du fil de fer rougi. Là elle est décomposée; car le fer attire l'oxygène, s'y combine et forme une substance qui a reçu le nom d'*oxyde de fer*, ou, comme on l'appelle familièrement, de *rouille*. L'hydrogène seul franchit le tube au point *b*, et, traversant *bcd*, s'élève dans le grand tube en déplaçant l'eau, ainsi que l'indique la figure.

Fig. 4.

Lorsqu'une quantité suffisante de gaz est rassemblée, on détermine son poids, comme aussi l'augmentation de poids gagnée par le fil de fer du tube *ab*, augmentation que ce fil doit à l'oxygène qui s'est combiné avec lui. On trouve toujours que le dernier égale exactement huit fois le premier.

Ainsi, cette fois encore, le même phénomène se reproduit. Le fil rouillé est plus pesant que le fil qui ne l'est pas. Cet excédant de poids, il le doit à l'oxygène qu'il a attiré, soustrait à la vapeur de l'eau, et qui, par sa combinaison avec lui, forme la rouille; ce poids est huit fois celui de l'hydrogène, dont il a été séparé : donc, comme précédemment, l'eau se compose de 8 parties (en poids) d'oxygène et de 1 d'hydrogène.

L'AIR.

I. L'air est indispensable à la vie. — II. De la respiration. — III. L'air frais, renouvelé, est nécessaire. — IV. L'air est matériel. — V. Son poids, son mouvement. — VI. Comment on le pèse.— VII. L'atmosphère.—VIII. Pression qu'elle exerce. — IX. Pourquoi elle n'écrase pas les corps. — X. Explication fournie par les ventouses. — XI. Compressibilité. — XII. Élasticité. — XIII. Pression élastique. — XIV. Elle varie avec la densité. — XV. Strates (couches) atmosphériques à la surface de la terre et à des hauteurs plus considérables.—XVI. L'air supposé autrefois un élément.—XVII. L'air est un composé. — XVIII. Gaz. — XIX. Proportion des constituants de l'air. — XX. Azote ou nitrogène. — XXI. Oxygène. — XXII. Combustion. — XXIII. Ses produits. — XXIV. Acide carbonique. — XXV. Impropre à la respiration. — XXVI. Air impur, résultat du chauffage et de l'éclairage. — XXVII. Ventilation des édifices publics. — XXVIII. Acide carbonique des liqueurs en fermentation. — XXIX. Il se produit dans tous les changements spontanés de matière morte. — XXX. Gaz étouffant. — XXXI. L'acide carbonique répandu dans l'atmosphère. — XXXII. Dégagé dans la respiration. — XXXIII. Air vital. — XXXIV. Air empoisonné dans les appartements encombrés par la foule. — XXXV. Nécessité de la ventilation. — XXXVI. L'air n'est d'une manière absolue transparent ni incolore.

I.

De toutes les choses usuelles, vulgaires, l'air est la plus usuelle, la plus vulgaire. Pas d'espace, pas de lieu accessible à l'homme qui n'en soit rempli. De tous les besoins matériels que nous éprouvons, le besoin d'air est le plus incessant, le plus vif, le plus impérieux. Manger n'est qu'un besoin accidentel; on le satisfait de temps à autre, et tout est dit provisoirement. Se vêtir, on peut s'en dispenser quelquefois; l'habitude peut même détruire ce besoin. Il faut que le besoin de chaleur soit extrême pour devenir fatal. Mais la privation d'air, ne durât-elle que peu de temps, entraîne toujours et rapidement la mort.

Contrairement aux autres besoins naturels, notre consommation d'air n'est pas volontaire. L'action des poumons est comme les oscillations d'un balancier. Cette action est incessante. A l'état de veille ou de sommeil, de maladie ou de santé, assis, ou levés, ou en marche, peu importe notre situation, l'action pulmonaire se maintient avec une régularité, une continuité tout à fait indépendante de la volonté. Sa suspension est la suspension de la vie.

Qu'est-ce donc que l'air? Quel est donc cet agent physique si universel, si omnipotent, et en même temps si indispensable à la vitalité humaine? Ne doit-on pas éprouver un désir irrésistible, naturel, de le connaître?

II.

L'air est un fluide transparent, incolore, invisible, léger, subtil, qui nous environne toujours et de toutes parts. Attiré dans nos poumons par l'acte qu'on appelle *aspiration* (sorte de succion), il y séjourne un instant, puis en est expulsé, à travers la bouche et le nez, par la compression musculaire du thorax (la poitrine). Cette double action qui s'exécute alternativement, et par l'intermédiaire de laquelle l'air gagne *(aspiration)* et abandonne *(expiration)* tour à tour les poumons, constitue la *respiration*. Pendant son séjour dans les poumons, l'air subit un certain changement en conséquence duquel, lorsqu'il est expiré (rendu au dehors), il n'est plus ce qu'il était au moment de l'inspiration (c'est-à-dire de son entrée dans les poumons). L'effet produit sur le sang par cette transformation est essentiel au maintien de la vie.

L'air qui, ainsi transformé, est expiré, n'est plus propre à la respiration. Si, par suite, les poumons recevaient plusieurs fois successivement le même air, la mort serait imminente.

III.

Donc, l'air qui nous entoure veut être continuellement renouvelé. Celui que nous expirons est emporté au loin et remplacé par de l'air frais et pur.

IV.

La légèreté apparente de l'air, la facilité avec laquelle on s'y meut, son invisibilité, tout fit croire aux anciens qu'il était immatériel; de là le nom d'*esprits* qu'ils donnaient aux âmes des morts dépouillées de leurs corps, du mot *spiritus,* qui signifie *air*.

V.

C'est une erreur grave, toutefois, de penser que l'air n'est pas pesant; tout est pesant qui est matériel. Sans doute l'air est léger, mais seulement lorsqu'on le compare. A volume égal il est plus léger que la pierre, la terre, ou l'eau, ou toute autre substance à l'état solide ou liquide. Mais quelque léger qu'il soit, il a un certain poids, et l'on peut dire : Telle quantité d'air pèsera tant de kilogrammes, tant de *tons*. La pression déterminée par son poids est, dans certaines circonstances, vraiment énorme, et, lorsqu'il se meut avec une certaine vitesse, sa force est tellement irrésistible, qu'il arrache les arbres, renverse, met en ruines les plus solides édifices, et étend la désolation sur de vastes étendues de pays.

Rien de plus facile que de prouver que l'air a du poids, et quel est ce poids.

VI.

Prenons une bouteille de verre de la capacité d'un *cubic foot* (plus de 28 décimètres cubes), ayant un goulot particulier et munie d'un robinet d'arrêt ; au moyen d'une petite pompe bien construite, extrayons l'air de la bouteille; puis fermons le robinet, enlevons la pompe, et la bouteille ne renfermera plus d'air. Prenons le poids de la bouteille vide d'air ; une bonne balance nous le donnera. Ouvrons alors le robinet, pour que l'air rentre dans la bouteille, et pesons de nouveau. Qu'arrivera-t-il ? C'est que la bouteille pèsera au delà de 36 grammes (1.291 *ounces*) de plus que lorsqu'elle était vide d'air.

Il suit de là que 28 décimètres cubes d'air pèsent plus de 36 grammes.

Comme le poids d'un *cubic foot* (28 décimètres cubes) d'eau est égal à 997.125 *ounces* (plus de 28 kilogrammes), il en résulte que, à volume égal, l'eau est plus pesante que l'air dans la proportion de 997.125 à 1.291, c'est-à-dire de 772 $\frac{1}{2}$ à 1.

Comme 36 *cubic feet* d'eau (ou 1 015 décimètres cubes) pèsent un *ton* (1015^k,649), il en résulte que 772 $\frac{1}{2}$ 36 *cubic feet* d'air pèsent également un *ton ;* en d'autres termes, 27 810 *cubic feet* d'air pèsent 1 015^k,649.

VII.

Si l'on fait attention que la masse d'air dont l'ensemble a reçu le nom d'*atmosphère* s'étend, au-dessus de nous, à la hauteur de plus de 50 milles (plus de 20 lieues), on comprendra immédiatement que le poids dont elle presse chaque objet exposé à son atteinte doit être fort considérable. Si, par exemple, on prend un *square inch* (6 cent. carr. 45) d'une surface unie, il est évident que ces 6 centimètres carrés doivent supporter le poids d'une colonne d'air s'étendant depuis cette surface jusqu'au sommet de l'atmosphère. On a constaté par des expériences très-précises (dont nous parlerons en temps et lieu) que cette pression ou ce poids s'élève à 15 *livres avoirdupoids* ($6^k,801$), et est sujet, de temps en temps, à une variation qui n'excède pas $^5/_4$ de *pound* ($340^{gr},0605$).

VIII.

C'est une propriété bien connue des fluides que toute pression qu'ils exercent agit également dans toutes les directions possibles. Ainsi, qu'un corps quelconque pénètre dans la mer, le poids de l'eau au-dessus du corps le pressera également en haut, en bas et sur les côtés. Il est aisé de le démontrer par une expérience très-simple.

On prend plusieurs bouteilles vides et parfaitement bouchées. Lorsqu'on les a chargées de poids et qu'on les a disposées de façon que l'une présente son col en haut, l'autre en bas, celles-ci horizontalement et celles-là plus ou moins obliquement, on les plonge dans l'eau jusqu'à une certaine profondeur. Puis on les retire. Alors on voit que la pression de l'eau environnante a forcé les bouchons de toutes les bouteilles, sans exception, quelle qu'ait été la direction de ces bouchons, et que chaque bouteille s'est remplie d'eau.

Evidemment donc, la pression déterminée par le poids de la colonne d'eau, à toute profondeur donnée, se propage également dans toutes les directions ; et un corps, — celui d'un poisson, par exemple, ou le corps d'un plongeur, — supporte cette pression, non-seulement inférieurement ou supérieurement, comme on pourrait le croire au premier abord, mais partout, à droite, à gauche, au-dessus et au-dessous ; en un mot, sur toutes les parties en contact avec l'eau.

Cette transmission ou propagation de pression dans toutes les directions n'est pas une propriété exclusive de l'eau ; elle est commune à toutes les substances à l'état fluide. L'air est même d'une fluidité plus considérable, s'il est possible, que l'eau, car il se meut plus librement ; par suite, l'air transmet plus librement et sans atténuation, dans toutes les directions, chaque pression qu'il reçoit. La strate ou couche d'air au sein de laquelle nous vivons subit, comme nous l'avons vu, une pression de la colonne d'air qui s'étend jusqu'aux limites de l'atmosphère, pression de 15 *livres avoirdupoids* ($6^k,801$) par *square inch* (6 cent. carr. 45). D'où résulte qu'un corps exposé au contact de l'air est soumis, sur tous les points de sa surface, à cette pression, qu'on peut exprimer en kilogrammes en multipliant le nombre total des *square inches* dont se compose sa surface entière par $6^k,801$ (ou 15 *livres avoirdupoids*).

Le corps d'un homme de taille moyenne a une surface d'environ 2 000 *square inches*. La pression totale qu'il supporte de l'air ambiant est donc $15 \times 2\,000$, ou 30 000 *livres avoirdupoids*, ou environ 14 *tons* ($4\,062^k,596$).

IX.

Il doit sembler merveilleux qu'une force si énorme, agissant sur tous les points de la surface du corps, ne l'écrase pas et ne porte pas un désordre absolu dans ses organes si délicats. Cet accident est prévenu, toutefois, par l'équilibre parfait qui existe entre la pression extérieure et la pression intérieure ; cet équilibre est dû à la propriété des fluides de transmettre librement, sans atténuation, la pression dans toutes les directions. Les fluides qui remplissent tout le système vasculaire (c'est-à-dire les artères, les veines et autres vaisseaux) sont exposés, aussi bien que la surface du corps, à la pression de l'atmosphère, qui envahit les poumons, toutes les cavités et toutes les parties ouvertes des organes. Ces fluides transmettent cette pression à toutes les parties intérieures du corps, de manière que la peau, les téguments sont pressés par eux, extérieurement, avec une force exactement égale à celle dont l'air presse intérieurement la surface externe de la peau. Ces pressions extérieure et intérieure sont nécessairement toujours égales, car ce n'est, en réalité, qu'une seule et même pression ; en d'autres termes, la pression de l'air, celle qui agit intérieurement sur la surface extérieure du corps, est due à l'action immédiate de l'air ; et la pression des fluides internes, qui agit extérieurement, est encore la pression de l'air, mais transmise par ces fluides à l'intérieur de la peau et des téguments.

X.

Cette pression extérieure, transmise par les fluides qui remplissent les organes sous la peau, est réellement toujours en action ; elle n'est contrariée, neutralisée, que par la pression immédiate de l'air extérieur sur la peau. Une opération chirurgicale bien connue, — la ventouse, — en fournit la preuve évidente. La bouche de la ventouse étant appliquée sur la peau de façon à intercepter toute communication avec l'air extérieur, on soustrait tout ou partie de l'air contenu dans l'instrument au moyen d'une pompe ou seringue attachée au verre. A l'instant où la peau couverte par le verre est allégée même d'une faible partie de la pression qu'exerce sur elle l'air extérieur, la pression de dedans en dehors des fluides sous la peau commence à se manifester, sans tarder davantage ; elle élève et gonfle la peau dans le verre, et quand la peau ainsi dilatée est piquée avec la lancette, elle laisse échapper le sang, obéissant ainsi à la force de pression des fluides sous la peau, pression qui agit de dedans en dehors.

XI.

La libre transmission de pression en tous sens est une propriété que l'air partage avec l'eau et les autres liquides. Il possède cependant une autre qualité éminemment caractéristique, qu'on ne rencontre pas dans les liquides, ni dans n'importe quelle autre forme revêtue par la matière. L'air est indéfiniment compressible.

Qu'on prenne un tube AB (fig. 1), ouvert à une extrémité A, fermé à l'autre B, muni d'un piston qui s'y adapte de manière à intercepter l'air, et ayant une ouverture réglée par un robinet d'arrêt au point C. Lorsqu'on applique le piston en A, l'air qu'il enferme dans le tube est à l'état naturel (pourvu que le robinet soit ouvert), et le piston presse l'air de toute la pression atmosphérique qu'il subit. Si l'on suppose au piston la grandeur d'un *square inch* (6 centimètres carrés), cette pression sera de 15 *livres avoirdupoids* ($6^k,80115$).

Après avoir fermé le robinet d'arrêt C, qu'on abandonne le piston à une pression de $6^k,801$. Si le tube était rempli d'eau au lieu d'air, le piston conserverait sa position, car l'eau ne céderait pas à la pression. Mais il en est tout autrement avec l'air. Au moment où se fait la pression, le piston descend dans le tube, comprime ou resserre l'air dans un espace moins considérable, et ne cesse de descendre que quand l'air est réduit à la moitié de son volume originel. Alors la compression s'arrête, et le piston demeure à la moitié de sa distance primitive du fond du tube (fig. 2).

Si donc la hauteur primitive du piston P au-dessus du fond du tube était de 12 *inches* ($0^m,3036$), quand le piston n'était poussé en bas que par la pression atmosphérique, c'est-à-dire par $6^k,801$, sa hauteur, lorsqu'il supporte $6^k,801$ de plus, c'est-à-dire $13^k,602$ en totalité, ne sera plus que de 6 *inches* ($0^m,1518$). L'air, qui est réduit à 12 *inches* ($0^m,3036$), comprimé par 15 *livres avoirdupoids* ($6^k,801$), est, par conséquent, réduit à 6 *inches*, quand il est comprimé par 30 livres (ou $13^k,602$); le volume de l'air diminue donc dans la proportion exacte de l'augmentation de la force comprimante.

On peut pousser plus loin l'expérience et obtenir un résultat identique. Si l'on fait descendre le piston en lui imposant un poids de $13^k,602$, en outre de la pression atmosphérique, qui est de $6^k,801$, la totalité de la force comprimante sera de $20^k,403$. — La force comprimante étant alors augmentée dans la proportion de 3 à 1, l'espace où l'air se trouve comprimé décroîtra dans la même proportion; le piston P tombera à 4 *inches* du fond B.

En général donc, l'espace où l'air est pressé par une force quelconque est d'autant moins grand que la force comprimante est plus considérable. Il faut bien remarquer, cependant, que la pression originelle de l'air, pression qui s'élève à 6^k,801 par *square inch* (6 cent. carr. 45), doit être comprise dans la force comprimante.

Cette propriété d'être indéfiniment et toujours régulièrement compressible est une des propriétés essentielles et caractéristiques de l'air. Quelle

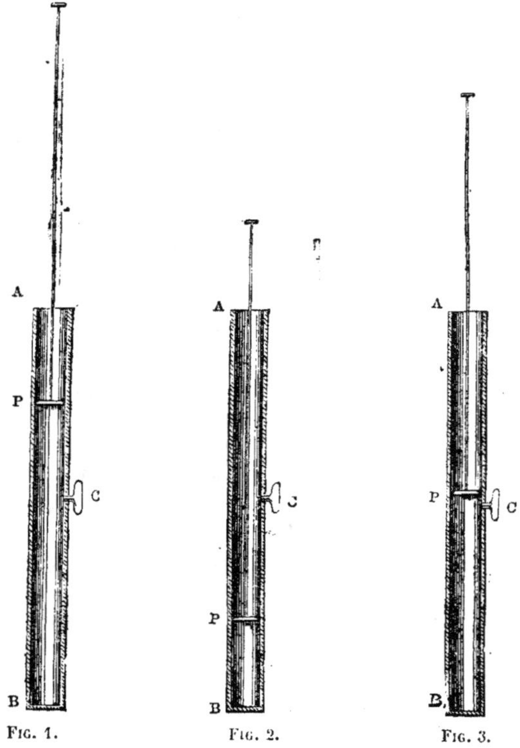

que soit la forme différente que revête la matière, elle n'en a aucune qui y participe. Les liquides sont, en général, absolument incompressibles. Quelques solides sont compressibles, mais à un faible degré et autrement que l'air.

XII.

L'air possède encore une autre propriété bien caractéristique et d'une haute importance. On la nomme *élasticité*. Comme la compressibilité, elle n'a pas de limites et se fait uniformément, régulièrement.

Supposons que le piston P du tube AB, figure 1, au lieu d'être poussé en bas, soit tiré en haut, le tube étant assez long pour lui permettre tout le jeu nécessaire, comme on le voit figure 3 : si, dans ce cas, le tube était rempli d'eau au-dessous du piston, il resterait un espace vide entre la surface de l'eau et le piston. En un mot, l'élévation du piston ne serait suivie d'aucun changement sensible dans l'espace occupé par l'eau. Mais quand le tube contient de l'air, le résultat est tout différent. Alors, si l'on amène en haut le piston, l'air qui remplissait le tube auparavant, entre le piston et le fond du tube, se dilate et se gonfle de manière à remplir encore le nouvel espace rendu libre par l'élévation du piston. Il y a plus : cette dilatation se continuera sans limite, à quelque hauteur qu'on élève le piston.

L'élasticité n'est autre chose que cette aptitude de l'air à se dilater indéfiniment lorsqu'on le soustrait aux conditions qui le tenaient comprimé, captif. Comme la *compressibilité*, c'est une propriété caractéristique de l'air ; les autres formes que revêt la matière, — liquide ou solide, — n'y participent pas. Les liquides n'ont pas d'élasticité. Quelques corps solides possèdent une certaine élasticité ; mais elle n'est aucunement identique, dans son caractère ou ses lois, à l'élasticité de l'air ci-dessus décrite.

XIII.

On a dit que l'air, dans son état ordinaire, exerce une pression de 15 *livres avoirdupoids* sur chaque *square inch* de la surface avec laquelle il est en contact. Cette pression, il l'exerce toujours, qu'il se trouve ou non en communication avec l'atmosphère extérieure. Dans l'exemple du tube AB et du piston P, l'air du tube, avant que le piston fût introduit, pressait la surface du tube avec une force de 15 livres ($6^k,801$) par *square inch* (6 cent. carr. 4513), le poids de l'atmosphère qu'il avait à supporter lui fournissait cette pression, et il la communiquait, sans obstacle ni déperdition, à la surface intérieure du tube. Mais lorsque le piston est introduit, toute communication avec l'air extérieur se trouve coupée, et néanmoins l'air enfermé presse encore la surface du tube avec la même force. Comme cette pression ne saurait avoir pour cause le poids incombant de l'air extérieur, c'est-à-dire de l'atmosphère (car le piston intercepte toute communication avec elle), il faut de toute nécessité que la pression soit due complétement à l'élasticité de l'air renfermé dans le tube.

Le piston introduit dans le tube est donc alors soumis à l'action de deux forces égales. Le POIDS de l'air extérieur le presse, le refoule *en bas* avec une force de 15 livres ou de $6^k,801$, et l'ÉLASTICITÉ de l'air contenu dans le tube le refoule *en haut* avec une force de 15 livres pareillement. Le piston est ainsi tout en équilibre et n'a aucune tendance, soit à monter, soit à descendre dans le tube.

Au fond, ce phénomène que présente le piston introduit dans le tube, de n'y pas descendre et de ne pas comprimer l'air au-dessous de lui, quoiqu'il y soit provoqué par l'air qui s'étend au-dessus avec un poids de près de 7 kilogrammes, que prouve-t-il ? Que l'air au-dessous du piston doit le refouler en haut avec une force équivalant à près de 7 kilogrammes. Car, s'il était repoussé en haut par une force quelconque, il serait refoulé en bas par l'excédant de force de l'air extérieur, et si c'était une force supérieure à 7 kilogrammes qui le repoussât en haut, il subirait l'excédant de cette force et monterait en conséquence.

Donc l'air, à l'état naturel ordinaire, a une force élastique de $6^k,801$ par 6 cent. carr. 4513. Il s'ensuit que, lorsqu'il est renfermé dans un vase, dans une enveloppe quelconque, et privé de toute communication avec l'air extérieur, il presse chaque 6 centimètres carrés de la surface intérieure du vase avec une force de $6^k,801$.

XIV.

Cette force élastique augmente dans la même proportion que l'espace où l'air est renfermé diminue par la compression ; elle décroît dans la même proportion que l'espace où il se peut dilater augmente. Ainsi, en supposant que, quand l'air remplit 12 *inches* du tube AB (fig. 1), il a une force élastique de 15 *livres avoirdupoids*, on trouvera qu'il a une force élastique de 30 *livres* quand il remplit 6 *inches* du tube, de 45 *livres* quand il remplit 4 *inches*, de 60 *livres* quand il remplit 3 *inches*, et ainsi de suite. Mais lorsqu'il a la latitude de s'étendre et de remplir 24 *inches*, sa force élastique se trouve réduite à 7 $^1\!/_2$ *livres ;* quand sa dilatation s'élève à 36 *inches*, la force élastique n'est plus que de 5 *livres*, et ainsi de suite.

XV.

La strate ou couche d'air qui s'étend à la surface de la terre, et au sein de laquelle vivent les habitants de ce globe, tire sa pression, son élasticité et sa densité, du poids de la masse entière de l'atmosphère qui se trouve au-dessus d'elle. Il s'ensuit évidemment que, si l'on s'élève sur telle ou telle montagne, en laissant au-dessous de soi une certaine portion de la couche atmosphérique, en ayant au-dessus une quantité d'air proportionnellement moins considérable, le poids de la colonne d'air sera moins grand, et par conséquent la pression, l'élasticité et la densité de la strate qui nous environne, proportionnellement moins grandes. C'est, en effet, ce qui a lieu. Montons sur les Pyrénées, escaladons les Alpes, et là nous trouverons l'air sensiblement raréfié. Il est plus léger, et la pression qu'il exerce est beaucoup moins considérable. De là précisément cette gêne qu'éprouvent, à de grandes hauteurs, les personnes en ballon. Elle a pour cause la raréfaction (rareté) de l'air. Les fluides renfermés dans le corps sont beaucoup moins contenus, certains organes se gonflent, et l'effet d'une ventouse se produit, avec accompagnement de saignement de nez et de bourdonnements d'oreilles.

XVI.

Les anciens croyaient que l'air était une substance ou corps simple qui entrait plus ou moins dans la composition des corps en général : aussi l'appelaient-ils un des éléments (les autres étaient, dans leur théorie physique, l'eau, la terre et le feu). Plus au courant des choses aujourd'hui, nous savons que ni l'air, ni l'eau, ni la terre, ne sont des substances simples ou élémentaires. Quant au feu, ce n'est nullement une substance, mais un effet physique dû au dégagement considérable et soudain de chaleur qui accompagne la combinaison chimique de certaines substances. Ainsi les éléments des anciens ne sont pas du tout des éléments.

Mais revenons à l'air, qui est, en ce moment, plus particulièrement l'objet de notre attention.

XVII.

L'air, — ici l'on entend par ce mot l'air de l'atmosphère, l'air que nous respirons tous, l'air à travers lequel on voit le firmament, l'air dont les courants (vents) transportent nos vaisseaux et notre commerce sur l'Océan, d'un pays à l'autre, — l'air est un composé, une réunion de deux espèces d'air fort différentes.

XVIII.

Comme il existe un grand nombre d'espèces d'air, dont les qualités et les propriétés diffèrent infiniment, quoique ces espèces d'air soient semblables en apparence (elles sont toutes, en effet, invisibles, transparentes, incolores, légères, compressibles et élastiques), — on a jugé convenable de les appeler du nom général de *gaz,* dérivé du mot saxon *gast,* et de restreindre l'application du mot *air* à ce composé, à ce mélange particulier de gaz qui constitue l'atmosphère.

XIX.

L'opinion erronée que l'air était une substance simple et élémentaire prévalut jusqu'à la fin du dernier siècle. A cette époque, Lavoisier, le célèbre physicien français, qui fut l'un des plus illustres fondateurs de la chimie moderne, prouva que l'air est un mélange de deux gaz différents, dans des proportions définies, nommés *oxygène* et *azote* (ou *nitrogène*).

100 pouces cubes anglais d'air sont un mélange composé de 80 pouces cubes d'azote et de 20 d'oxygène. Le résultat des analyses les plus exactes diffère de cette proportion d'une fraction minime qui (quoique à certains égards elle ne soit pas sans importance) ne doit pas ici embarrasser le lecteur. Il fera bien seulement de fixer convenablement dans sa mémoire la proportion de 80 sur 20.

Cette constitution de l'air atmosphérique, on la peut démontrer par un certain nombre de procédés. Mais quelques-uns se basant sur des principes qu'on ne comprendrait pas sans des connaissances chimiques plus étendues que celles possédées par nos lecteurs en général, on se bornera à la démonstration suivante, qui, on l'espère, sera saisie sans difficulté.

Qu'on introduise dans une bouteille bien fermée 100 pouces cubes d'air ordinaire et 40 pouces cubes du gaz nommé hydrogène : si l'on fait passer à travers ce mélange une étincelle électrique, — ce qu'on peut exécuter facilement, — il se produira une explosion et un développement considérable de chaleur. Quand la bouteille a été refroidie, et son contenu examiné, on verra qu'elle renferme 80 pouces cubes d'azote et une quantité d'eau dont le poids est exactement égal aux poids réunis de 20 pouces cubes d'oxygène et de 40 pouces cubes d'hydrogène.

On doit donc conclure de là que, sous l'influence de l'étincelle électrique, un des constituants de l'air est entré en combinaison avec l'hydrogène, et que leur composé est de l'eau. Puis, comme l'air a perdu 20 pouces cubiques, il s'ensuit que cette portion de lui-même est un gaz qui a la propriété de se combiner avec deux fois sa propre quantité d'hydrogène, et de former ainsi de l'eau. Le gaz qui possède cette propriété a reçu le nom d'*oxygène*.

L'expérience qu'on vient de décrire s'accompagne de deux résultats qui, l'un et l'autre, ont une grande importance. Elle prouve, en premier lieu, que 100 pouces cubes d'air ordinaire se composent de 80 pouces cubes d'azote et de 20 pouces cubes d'oxygène ; et, en second lieu, que 20 pouces cubes d'oxygène mêlés à 40 d'hydrogène se convertissent en eau, si on les fait traverser par l'étincelle électrique.

Il reste à expliquer les propriétés principales des deux gaz dont le mélange, dans la proportion de 80 à 20 ou de 4 à 1, forme l'air ordinaire.

XX.

L'*azote,* ou nitrogène, qui forme ainsi les quatre cinquièmes de l'air que nous respirons, est caractérisé par des qualités négatives plutôt que positives. Il est incolore, insipide, inodore. Une bougie, une lumière introduite dans l'azote s'éteint immédiatement. Aucun animal qui respire n'y peut vivre.

Quoique cette inaptitude à entretenir la vie ne soit pas exclusivement le propre de ce gaz, elle lui a néanmoins valu le nom d'azote, de deux mots grecs dont la signification est : *privation* ou *négation de la vie.*

Ce gaz n'est pas inflammable.

Son influence destructive sur la vie animale ne procède pas d'une qualité vénéneuse ou nuisible attachée à lui, mais de l'absence d'oxygène uniquement.

Son poids, lorsqu'on le comprime avec une force pareille, diffère trèspeu de l'air ordinaire : 100 *pouces cubes* d'azote pèsent 30 $^1/_6$ *grains,* et 100 *pouces cubes* d'air ordinaire pèsent 31 *grains.*

XXI.

L'autre constituant de l'air atmosphérique, — l'oxygène, — est caractérisé par un grand nombre de propriétés fort remarquables.

Comme l'azote, l'oxygène n'a ni couleur, ni odeur, ni saveur. A volume égal, et sous une pression même, il est un peu plus lourd que l'air commun : 100 *pouces cubes* d'oxygène pèsent 34 $^1/_3$ *grains.*

Les propriétés les plus éminemment caractéristiques de ce gaz sont celles qui ont trait à la combustion et à la respiration.

XXII.

La combustion (ou le brûler) est un phénomène qui consiste dans l'évolution considérable et soudaine de chaleur et de lumière résultant de la combinaison avec l'oxygène d'une classe de corps nommés combustibles.

Si l'on porte au rouge un morceau de charbon, immédiatement il entrera en combinaison chimique avec l'oxygène de l'atmosphère. Une grande chaleur, une vive lumière se produisent, et le résultat est un composé gazeux, formé d'oxygène et de carbone, qu'on appelle acide carbonique.

Si l'on chauffait de même soit du soufre, soit du phosphore, il s'ensuivrait des effets semblables.

Mais ces phénomènes ainsi produits dans l'air ordinaire sont exclusivement dus à la présence de l'oxygène, qui cependant ne forme que la cinquième partie de cet air. On en peut conclure que, si les combustibles ci-dessus étaient placés dans une atmosphère contenant une proportion plus grande d'oxygène, et, mieux encore, s'ils étaient placés dans une atmosphère d'oxygène pur, les phénomènes seraient beaucoup plus prononcés.

Et c'est là en effet ce qui a lieu.

Toute substance qui peut brûler dans l'air ordinaire brûle avec une intensité, avec un éclat beaucoup plus grand dans une atmosphère d'oxygène pur. Un morceau de bois où l'on ne voit plus qu'un point de lumière presque imperceptible, qui s'éteindrait spontanément dans l'air ordinaire, s'enflamme et brûle au moment où on le plonge dans un vase d'oxygène pur. Un morceau de charbon, chauffé au rouge à une extrémité, entrera, dans les mêmes circonstances, en combustion ardente, et jettera les feux les plus brillants jusqu'à disparition complète. Le phosphore, traité de la même manière, brûle en émettant une lumière trop éclatante pour qu'on puisse le regarder sans peine. Si l'extrémité d'un rouleau de fil d'acier était chauffée au rouge et plongée dans un vase semblable au précédent, le fil brûlerait rapidement, en lançant aussi des jets d'étincelles brillantes.

Ces substances disparaissent toutes pendant la marche de la combustion. Avant que la science fût parvenue au point où elle est, on supposait qu'elles étaient détruites. Il est aujourd'hui constant que la matière, quelle que soit la forme, quel que soit le procédé naturel auquel on s'adresse, ne peut pas plus être *détruite* que *créée*. Pour augmenter comme pour diminuer la quantité de matière dont se compose l'univers, l'intervention de Dieu est indispensable; c'est là une maxime physique d'une haute généralité et d'une vérité incontestée. Donc, quand la matière pondérable semble disparaître, il faut la poursuivre, découvrir sa cachette et trouver le mot de la nature et de la cause du changement qui produit sa disparition. Dans le premier cas, rien de plus facile.

XXIII.

Supposons qu'un morceau de charbon allumé, d'une grandeur suffisante, est plongé dans un vase de verre fermé rempli d'oxygène pur. Le charbon entrera en combustion ardente, et se maintiendra dans cet état pendant un certain temps, en jetant des lueurs de plus en plus vives, jusqu'à ce qu'il s'éteigne. Si l'on soumet alors le gaz que renferme le vase aux épreuves chimiques ordinaires, on verra que ce gaz n'est plus de l'oxygène. Une bougie qu'on y plonge s'éteint immédiatement; un animal qu'on y place, périt. Son poids surpassera celui qu'il avait avant l'expérience, et si le résidu du charbon est pesé, on trouvera qu'il a précisément perdu le poids que le gaz a gagné.

En un mot, le gaz oxygène qui se trouvait dans le vase, au début de l'expérience, a été converti en un gaz différent, plus lourd, nommé gaz acide carbonique. Une portion du charbon est entrée en combinaison chimique avec l'oxygène, combinaison accompagnée du dégagement de chaleur et de lumière qui caractérise les phénomènes de combustion. Telle est la cause de la conversion dont il s'agit.

XXIV.

Il serait fort à désirer que chacun connût parfaitement le caractère et les propriétés de l'acide carbonique. Ce gaz joue un rôle des plus importants dans une multitude d'opérations, de phénomènes naturels et artificiels, qui se rencontrent chaque jour et à toute heure dans le cours ordinaire de la vie.

Comme tous les autres gaz, l'acide carbonique, à l'état naturel, est invisible, incolore, compressible, élastique. Il a une odeur piquante, une saveur légèrement acide. Si on le fait tomber à la température de la glace fondante, et qu'on le comprime avec une force de 36 atmosphères (c'est-à-dire de 36 × 15, ou 540 *livres avoirdupoids* par pouce carré anglais, *square inch*), il est réduit à l'état liquide : si on le fait tomber à 180 degrés au-dessous de zéro du thermomètre de Fahrenheit, il gèle et passe à l'état solide.

XXV.

L'acide carbonique est tout à fait impropre à la respiration. Respiré pur, il détermine un spasme violent de l'organe du gosier nommé la *glotte*, qui l'empêche d'entrer dans les poumons. Si, cependant, assez d'air ordinaire se trouve mêlé avec lui pour l'empêcher de produire le spasme, il peut alors envahir les poumons, et, dans ce cas, il agit sur le système comme poison narcotique.

XXVI.

Toutes les substances employées à chauffer les appartements, charbon de terre, coke et bois; toutes celles qu'on emploie dans l'éclairage, huile, suif, cire, se composent principalement de carbone combiné dans de faibles proportions avec d'autres constituants. Le principal produit de ces substances est, par suite, de l'acide carbonique. Lorsqu'on brûle dans une grille, dans un fourneau ou dans un poêle, soit du charbon, soit un autre combustible, l'acide carbonique est emporté par la cheminée ou le tuyau, et n'altère pas l'air de l'appartement. Mais les choses se passent autrement à l'égard de l'acide carbonique que dégagent les lampes et les flambeaux dont on éclaire les appartements. Tout l'acide carbonique qu'ils produisent se mêle à l'atmosphère des appartements et la vicie plus ou moins. Comme il est dégagé dans un état de chaleur et d'expansion considérable, il monte au plafond, s'y étend en nappe et flotte un certain temps. Si, à la hauteur du plafond, il ne se trouve rien, pas d'ouverture qui lui permette de sortir, il retombe bientôt, se mêle avec l'air de l'appartement, l'empoisonne, et le rend nuisible à la santé des personnes qui le respirent.

XXVII.

Dans les théâtres et dans les grands édifices, en général, qu'éclaire un lustre central suspendu au plafond, on a soin de pratiquer une ouverture au-dessus du lustre. De cette façon, l'acide carbonique peut s'échapper, comme il s'échappe par la cheminée d'un foyer ou le tuyau d'un poêle, quand les combustibles, désagrégés par le feu, ont amené sa formation. Observons ici que tous les appartements devraient être munis d'ouvertures semblables. Les lampes, les flambeaux, etc., donnent incessamment naissance à de l'acide carbonique que nos appartements, presque toujours hermétiquement clos, retiennent, au grand détriment de la santé.

XXVIII.

L'effervescence de l'eau de Seltz, du vin de Champagne, de l'ale, de la bière et des autres boissons semblables, est due à l'acide carbonique qui y est fixé et qui se trouve soudainement dégagé de la pression qu'il subit lorsqu'on enlève le bouchon de la bouteille. L'agréable piquant de ces boissons a pour cause principale la présence de l'acide carbonique; mais comme, au contact de l'air, ou lorsqu'on laisse la bouteille débouchée, il s'échappe très-facilement, la boisson devient plate et fade.

D'ordinaire, il y a une plus ou moins grande quantité d'acide carbonique fixée à l'eau. Cet acide se trouvant expulsé par l'ébullition, l'eau qui a bouilli acquiert, par le refroidissement, un goût particulièrement insipide, qu'elle doit à l'absence du gaz.

L'introduction de l'acide carbonique dans l'estomac n'a pas les mêmes conséquences fâcheuses que son introduction dans le poumon. Il existe peu de mets ou de boissons qui n'en renferment plus ou moins.

En général, la fermentation dégage de l'acide carbonique. Le gaz éjecté par les estomacs dyspeptiques (qui digèrent mal), affectés de flatulence (vents), est de l'acide carbonique.

XXIX.

Ce gaz se produit en abondance dans tous les changements spontanés qui sont la conséquence de la corruption des animaux morts et de la matière végétale. En automne, après la chute des feuilles, dans les bois, dans les forêts, dans les jardins, et partout où des feuilles mortes peuvent s'accumuler, l'air est plus ou moins imprégné d'acide carbonique qui, eu égard à son poids, demeure longtemps condensé dans les couches inférieures de l'air, qu'il rend insalubre.

XXX.

Souvent aussi ce gaz s'amasse au fond des anciens puits; on l'y connaît sous le nom de *gaz suffocant* (*choke-damp*). Un animal qui pénètre dans un puits de ce genre périt.

Quelquefois il jaillit de terre, dégagé par quelque cause souterraine. La célèbre grotte du Chien (en Italie), et Pyrmont (en Westphalie), en offrent des exemples. Le premier de ces endroits doit son nom à l'expérience cruelle (mais aujourd'hui abandonnée) par laquelle on montrait qu'un chien introduit dans cette grotte y périssait.

XXXI.

L'acide carbonique est plus pesant que l'air; ce qui le prouve, c'est qu'on peut le décanter, comme un liquide, d'un vase dans un autre. Ce serait cependant une erreur de croire que, en conséquence de sa pesanteur relative, il se tient incessamment dans les régions basses de l'atmosphère, par la même raison que l'eau se tient au-dessous de l'huile. Les gaz, en général, sont soumis à une loi physique en vertu de laquelle ils se mêlent, quand ils sont en contact, et se confondent, se fusionnent, malgré leur différence de poids.

Une légère proportion d'acide carbonique est toujours répandue dans l'atmosphère; il résulte d'un nombre incalculable d'opérations, de causes naturelles qui se produisent à la surface de la terre. On ne doit pas toutefois le considérer comme un constituant de l'air ordinaire, pas plus que les boues du Tibre ou du Mississipi, ou le sel de l'Océan, ne doivent être considérés comme constituants de l'eau pure.

XXXII.

L'acide carbonique est dégagé considérablement par la respiration. L'oxygène, qui forme un cinquième de l'air ordinaire inspiré, est absorbé par le sang avant de gagner le système artériel, et le même sang, en sortant du système veineux, laisse échapper une quantité correspondante d'acide carbonique, qui est expiré par la bouche et les narines. Ainsi, tandis que l'air inspiré est un mélange d'azote et d'*oxygène*, l'air expiré est un mélange d'azote et d'*acide carbonique*.

Il s'ensuit que l'effet de la respiration sur l'air environnant est précisément le même que celui d'une lampe ou d'un flambeau. Dans l'un et l'autre cas, le constituant oxygène disparaît, et c'est de l'acide carbonique qui le remplace.

Donc, évidemment, l'oxygène de l'air soutient la vie animale par un effet spécifique, propre, qu'il produit sur le sang qui l'absorbe et l'emporte à travers les systèmes artériel et veineux, où il se convertit en acide carbonique et remplit une série de fonctions variées nécessaires à l'entretien de la vie.

XXXIII.

C'est pourquoi l'oxygène de l'air est souvent appelé *air vital*.

XXXIV.

Dans les appartements et les édifices où se trouvent réunies un grand nombre de personnes, surtout lorsqu'ils sont éclairés par la lumière artificielle, il se fait une production rapide, énorme, d'acide carbonique ; ce n'est pas seulement la respiration qui contribue à le former, ce sont aussi les lampes, les flambeaux, les becs de gaz.

A la vérité, dans les édifices publics, on a généralement adopté un système quelconque de ventilation, de sorte que l'air y est renouvelé et l'acide carbonique expulsé ; mais dans les habitations privées, où des réunions nombreuses n'ont lieu qu'accidentellement, le plus souvent on met de côté ce qui a trait à la ventilation. De là résulte que les grandes soirées, les bals et autres divertissements de société chez les particuliers, ont pour la santé des conséquences fâcheuses. On est amoncelé dans des appartements splendidement éclairés. La respiration, l'exhalation de la peau provoquée par une température élevée et l'exercice de la danse, la combustion d'un grand nombre de bougies, de lumières, de becs de gaz, tout dégage une immense quantité d'acide carbonique, qui, ne pouvant s'échapper par aucune issue, s'accumule jusqu'à ce que chacun s'aperçoive de la gêne qu'il détermine sur la respiration. On a recours alors aux fenêtres ou aux portes, qu'on ouvre, et par lesquelles des courants d'air frais sont introduits et l'air vicié chassé. Mais ce n'est là qu'un palliatif. Si l'air introduit ainsi avait une température convenable, il serait à peu près efficace, suffisant ; mais cet air a d'ordinaire une température de 20 à 40 degrés plus basse que celle de l'appartement. Les personnes exposées à ces courants froids et soudains (les femmes plus spécialement, dont la peau très-échauffée et les pores ouverts offrent à l'air une surface considérable sans défense) prennent du froid, et la peau, se contractant, fait rentrer dans le sang les fluides qui eussent dû s'échapper par la transpiration cutanée. De là d'innombrables maladies, des rhumatismes, des rhumes, des fièvres, et, dans plus de cas qu'on ne croit, des morts prématurées et cruelles.

> Quels tristes lendemains laisse le bal folâtre !
> Adieu, parure, et danse, et rires enfantins !
> Aux chansons succédait la toux opiniâtre,
> Au plaisir rose et frais la fièvre au teint bleuâtre,
>   Aux yeux brillants les yeux éteints.
> Elle est morte ! . . . .
>   (VICTOR HUGO, *les Orientales,* XXXIII.)

XXXV.

On voit, par les considérations précédentes, combien il importe que les architectes, les constructeurs et les propriétaires ne négligent pas, comme ils l'ont fait en général jusqu'ici, les questions relatives à la ventilation des appartements. Ces questions sont d'une haute importance.

XXXVI.

L'air, a-t-on dit plus haut, est incolore et transparent ; ceci est vrai, non-seulement pour l'air ordinaire, mais généralement pour tous les gaz, lorsqu'on en examine de petites quantités comme celles sur lesquelles on a l'habitude d'expérimenter. Strictement parlant, toutefois, l'air n'est pas absolument transparent, ni tout à fait dénué de couleur.

Quand un fluide est très-légèrement coloré, sa teinte particulière n'est perceptible qu'autant qu'on en considère une certaine profondeur ou épaisseur. Un verre effilé, comme les verres à vin de Champagne, rempli de xérès pâle ou d'une autre liqueur de couleur analogue, permet de distinguer à sa surface la couleur particulière du liquide, si ce liquide a une certaine épaisseur ; mais la couleur s'affaiblit de plus en plus à mesure que le regard approche de l'extrémité du cône, point où elle est à peine perceptible. Un tube de verre d'un faible diamètre, plongé dans le liquide, puis retiré, laisse voir le liquide suspendu dans son intérieur aussi incolore, aussi transparent que l'eau. On ne peut douter, cependant, que le liquide du tube n'ait la même couleur que le liquide du verre. Si la couleur n'est pas perçue, cela tient seulement à ce que la quantité de liquide du tube est trop faible et réfléchit une somme de couleur trop peu considérable pour produire sur l'œil un effet sensible.

L'atmosphère est dans le même cas. La couleur émise, réfléchie même par une quantité notable de l'atmosphère, est trop faible pour qu'on la perçoive. Ainsi, l'air qui remplit une chambre, ou qui s'étend entre l'œil et les habitations, les arbres et autres objets environnants, semble complétement transparent et incolore ; nous voyons donc tous ces objets distinctement, au travers de l'air, dans leurs couleurs propres. Mais lorsque, pendant le jour, nous perçons du regard un volume d'air éclairé par la lumière du soleil, et d'une hauteur de 50 à 60 milles, une teinte de bleu fortement prononcée se perçoit. Ce bleu ou cet azur qui, en l'absence des nuages, forme la voûte céleste, n'émane d'aucun des objets occupant les régions de l'univers où se trouvent placés les corps célestes ; il appartient à la grande masse d'air à travers laquelle on voit ces corps.

Cependant, pour percevoir cette couleur particulière de l'air, il n'est pas besoin qu'une masse aussi considérable s'offre à l'œil. Les montagnes éloignées paraissent bleuâtres ; ce n'est pas parce que leur couleur est telle, c'est à cause de la teinte du milieu aérien à travers lequel nous les apercevons. A mesure qu'on approche, la quantité d'air interposé diminuant, la teinte bleuâtre disparaît, et nous les voyons avec leurs couleurs propres.

LE FEU.

I. Le feu considéré autrefois comme un élément. — II. Combustion. — III. Combustible. — IV. Carbone. — V. Hydrogène. — VI. Feu de charbon. — VII. Son effet sur l'air. — VIII. Expériences sur la combustion du charbon. — IX. Combustion de l'hydrogène. — X. Comment la combustion se continue. — XI. Le carbone brûle sans flamme. — XII. Qu'est-ce que la flamme ? — XIII. La combustion de l'hydrogène produit de l'eau. — XIV. Tous les combustibles produisent de l'acide carbonique et de l'eau. — XV. Hydrogène carburé. — XVI. Le carbone rend la flamme blanche. — XVII. Gaz oléfiant. — XVIII. Hydrogène légèrement carburé. — XIX. *Fire-damp* ou feu grisou. — XX. *Will-'o-the-wisp* ou feux follets. — XXI. Expériences. — XXII. Hydrogène très-carburé. — XXIII. *Pit-coal* ou houille. — XXIV. Explication du feu de charbon. — XXV. Produits de sa combustion. — XXVI. Ses effets sur l'air. — XXVII. Bois. — XXVIII. Combustibles employés dans l'éclairage. — XXIX. Leur effet sur l'air. — XXX. Construction des grilles et des cheminées. — XXXI. Analyse d'un feu de charbon ordinaire. — XXXII. Il chauffe et ventile. — XXXIII. Nécessité pour la ventilation. — XXXIV. Effet nuisible des plantes pendant la nuit. — XXXV. Effet des appartements encombrés par la foule et bien éclairés. — XXXVI. Explication de la combustion d'une chandelle. — XXXVII. De celle des lampes.

I.

Dans la théorie physique des anciens, théorie qui se maintint pendant plusieurs siècles, le feu était considéré comme l'un des éléments, c'est-à-dire comme une essence matérielle qui, avec trois autres, l'air, l'eau et la terre, constituait tous les corps.

Ce fut seulement à la fin du dernier siècle, et par les aînés de la génération actuelle, que le vrai caractère du feu fut découvert.

II.

On sait aujourd'hui que le feu n'est ni une substance distincte, ni une essence, comme le supposaient les anciens. C'est un phénomène résultant du dégagement abondant, soudain, de lumière et de chaleur, qui se produit lorsqu'une certaine classe de corps, nommés *combustibles,* entrent en combinaison chimique avec l'oxygène, lequel, comme on l'a vu dans le traité sur *l'Air,* est l'un des constituants de l'atmosphère. Le mot *combustion,* dans la moderne nomenclature de physique, a été adopté pour exprimer ce phénomène.

III.

La classe de substances combustibles qui sont d'ordinaire employées pour produire la chaleur artificielle se nomme chauffage *(fuel)*. Ainsi, la houille *(pit-coal)*, le charbon de bois *(charcoal)*, le bois *(wood)*.

Pour la production de la lumière artificielle, on se sert d'une autre classe de combustibles : ainsi, l'huile, la cire et le gaz qu'on extrait de certaines espèces de houille, de l'huile, et encore de certaines espèces de bois, comme le pin à poix.

IV.

Les principaux constituants de ces combustibles, à quelque usage qu'on les emploie, soit à l'éclairage, soit au chauffage, sont ceux que les chimistes ont appelés *carbone* et *hydrogène*.

Carbone est le nom que reçoit le charbon quand il est parfaitement pur; mais il n'est jamais pur quand on l'obtient par les procédés industriels ordinaires; il est alors combiné avec différentes substances hétérogènes (étrangères) et incombustibles. Dans les laboratoires des chimistes, on le sépare de ces substances; on l'obtient à l'état de pureté parfaite, et, pour le distinguer du charbon de commerce, on le nomme carbone.

Comme on n'a jamais pu trouver dans le carbone d'autres constituants, à quelque agent chimique qu'on ait eu recours, on le considère, en physique, comme un corps simple, élémentaire, qui entre abondamment dans la composition d'un grand nombre de corps rencontrés dans la nature, ou produits par l'industrie, les sciences et les arts.

V.

On a déjà parlé de l'hydrogène dans le traité sur *l'Eau*. Ici l'on examinera plus en détail ses propriétés dominantes. Comme le carbone, on le range parmi les substances simples et élémentaires; comme le carbone aussi, il entre abondamment dans la composition d'un grand nombre de corps.

VI.

Si l'on place une certaine quantité de charbon dans un fourneau par où passe un courant d'air, et qu'une portion de ce charbon soit chauffée au rouge, la masse entière ne tardera pas à entrer en incandescence; elle émettra une lumière rougeâtre, qui deviendra plus blanche à mesure que l'air la traversera plus vivement, et elle répandra une chaleur considérable. Le charbon diminuera graduellement, et enfin disparaîtra tout à fait du fourneau, au-dessous duquel on ne trouvera qu'une petite quantité de cendres composées de matières incombustibles. Si le charbon avait été pur, c'est-à-dire s'il avait été du carbone, tout eût disparu, sans laisser de cendres.

Ce phénomène est un exemple de ce qu'on nomme *feu*. La chaleur et la lumière qui se sont développées pendant la marche de l'opération précédente, voilà ce qu'on appelle ordinairement le feu.

VII.

Pour bien saisir ce qui a lieu dans ce cas, on doit considérer que, au fur et à mesure que l'air traverse le charbon, le gaz oxygène, qui forme la cinquième partie de l'air (voy. le traité sur *l'Air*), entre en combinaison avec le carbone pur. Un composé se forme ainsi d'oxygène et de carbone. La formation de ce composé s'entoure d'une si grande production de chaleur que, non-seulement le composé lui-même, mais le charbon dont il se dégage, sont portés à une température très-élevée.

Le composé ainsi produit porte le nom d'acide carbonique. Il en a été question dans le traité sur *l'Air*.

Comme l'air qui pénètre dans le fourneau est un mélange d'azote et d'oxygène, celui qui en sort, après que la combustion s'est faite, est un mélange d'azote et d'acide carbonique; car l'azote a traversé le fourneau sans y subir d'autre changement qu'une élévation de température, tandis que l'oxygène s'est converti en acide carbonique très-chaud.

Cependant plusieurs questions surgissent, amenées par cette explication même. Comment sait-on qu'une combinaison pareille a réellement lieu entre l'oxygène et le carbone? Dans quelle proportion ces deux corps se combinent-ils? Comment est-il constaté que l'azote, qui forme les quatre cinquièmes de l'air dont le fourneau est traversé, sort de ce fourneau sans altération?

VIII.

Pour répondre d'une manière satisfaisante à ces questions, il suffit de mettre séparément les deux constituants de l'air ordinaire en présence du carbone dans les conditions favorables à la combinaison, et de déterminer leurs poids avant et après le développement des phénomènes.

Voici une bouteille de verre. Elle contient seize grains de gaz oxygène. Renversons-la sur du mercure, comme on l'a représentée figure 1, et introduisons-y, au moyen d'un fil de platine recourbé, un morceau de carbone pesant plus de 6 grains, supporté par une cuiller en platine. Dirigeons alors sur le carbone, à travers la bouteille de verre, les rayons du soleil concentrés par un miroir ardent. Le carbone s'enflammera sous l'influence de la chaleur solaire, et brûlera dans l'oxygène en jetant un vif éclat. Quand la combustion aura cessé et que le gaz contenu dans la bouteille se sera refroidi, on pourra constater que le mercure a conservé, dans le col de la bouteille, exactement la position qu'il avait avant la combustion. Le gaz contenu dans la bouteille a donc le même volume qu'auparavant. Néanmoins, il est aisé de prouver que ce n'est pas du tout le même gaz.

D'abord, si on le pèse, on trouvera qu'il pèse 22 grains au lieu de 16 : et si l'on pèse le résidu non brûlé du carbone, on trouvera qu'il pèse 6 grains de moins qu'avant l'expérience. La conclusion de ceci est que 6 grains du carbone se sont combinés avec les 16 grains d'oxygène primitivement contenus dans la bouteille ; mais que, en se combinant ainsi, le carbone n'a opéré aucun changement dans le volume du gaz.

Si l'on soumet aux épreuves ordinaires le gaz contenu dans la bouteille, on verra de suite que ce n'est plus de l'oxygène. Aucun combustible n'y brûlera ; il sera impropre à l'entretien de la vie par la respiration. En résumé, on le trouvera identique au gaz nuisible nommé gaz suffocant *(choke-damp)*, et tous les caractères chimiques du gaz *acide carbonique*, il les présentera.

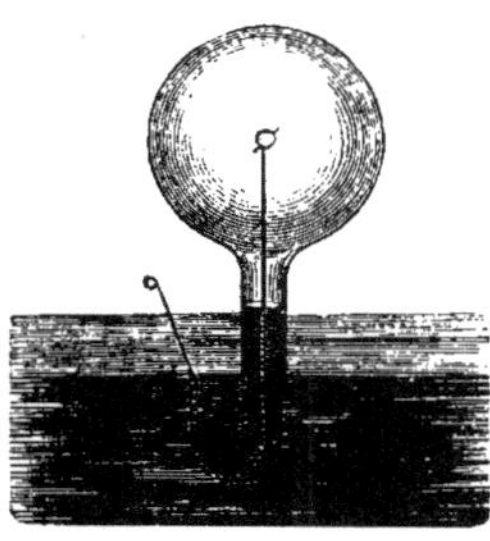

Fig. 1.

Si la même bouteille est remplie de gaz nitrogène ou azote, et soumise à une expérience semblable, le résultat ne sera pas le même. Les rayons solaires concentrés sur le charbon le feront rougir encore, mais il ne brûlera pas, ni ne subira aucun autre changement. En éloignant de lui le foyer des rayons solaires, il se refroidira graduellement, et, lorsqu'on le retirera de la bouteille, il aura le poids qu'il avait avant d'y être introduit. On trouvera aussi que l'azote qui remplit la bouteille n'a éprouvé aucune altération.

Il suit de là que le *feu* produit, lorsque le carbone brûle dans l'air ordinaire, n'est rien autre chose que la chaleur et la lumière développées dans la formation de l'acide carbonique par la combinaison du carbone avec l'oxygène de l'air ambiant ; il s'ensuit encore que ces substances se combinent dans les proportions de 6 parties en poids de carbone sur 16 d'oxygène (ou, plus exactement, 6,04 ou 6,12 carbone sur 16 oxygène).

IX.

Dans le traité sur *l'Eau,* on a fait voir que l'hydrogène se combine avec l'oxygène dans la proportion d'une partie (en poids) du premier sur 8 du second pour former l'eau, et que, si la combinaison se fait dans une atmosphère pure ou à peu près pure des gaz, elle est instantanée et s'accompagne d'une explosion. Cependant, si la combinaison s'opère, comme il est possible, dans l'air ordinaire, les phénomènes seront fort différents.

Ainsi, qu'on introduise de l'hydrogène pur dans une vessie ou dans un autre réservoir, en ayant soin de lui ménager une petite ouverture par où il puisse sortir ; si on approche de lui une lumière, il s'enflammera. Pas d'explosion. Il brûle tranquillement, en émettant une flamme jaune pâle, une lumière très-faible, mais une chaleur intense. Tel est l'effet qui accompagne la combinaison graduelle et continue de l'hydrogène, à mesure qu'il sort de l'ouverture, avec l'oxygène de l'air ambiant.

Pourquoi l'hydrogène, au moment de sa sortie, ne se combine-t-il pas avec l'oxygène de l'air, si l'on approche une flamme de lui? Pourquoi, lorsqu'il est une fois enflammé, n'est-il pas nécessaire, pour qu'il continue à brûler, de maintenir la flamme à son contact?

Pourquoi? on va le comprendre sans difficulté. Le gaz hydrogène a pour l'oxygène une affinité ou attraction qui n'est pas assez énergique pour déterminer leur combinaison à la température ordinaire. Mais lorsqu'on a considérablement élevé la température de l'hydrogène, son attraction pour l'oxygène s'exalte à tel point qu'il entre immédiatement, spontanément, en combinaison avec lui. Or, qu'arrive-t-il, quand on approche une lumière quelconque du jet d'hydrogène? Sa température s'accroît beaucoup, son attraction pour l'oxygène s'exalte par conséquent, et il entre directement en combinaison avec l'oxygène de l'air qui est en contact immédiat avec lui dans le moment.

X.

Mais comment, — lorsqu'on a éloigné la lumière qui d'abord a amené la combustion du courant d'hydrogène, — comment la combinaison se peut-elle poursuivre et la flamme qui en est la conséquence se maintenir? Ce fait s'explique par la quantité considérable de chaleur que produit la combinaison de l'oxygène et de l'hydrogène. Une fois que la mise en marche de la combinaison a été opérée par l'approche d'une lumière, l'hydrogène et l'oxygène développent eux-mêmes, en se combinant, une chaleur intense; la portion d'hydrogène (au-dessous de celle qui est enflammée) se met en contact avec l'oxygène et l'hydrogène qui brûlent, reçoit d'eux une chaleur considérable, et se combine, comme celle qui la précède, avec une portion nouvelle d'oxygène. La chaleur dégagée par l'oxygène et l'hydrogène qui brûlent est partagée par la portion de gaz qui suit, une combinaison nouvelle et par suite un développement de chaleur se produisent, et toujours de même. Ainsi, la combustion une fois commencée, la chaleur nécessaire à son maintien trouve un aliment dans sa marche, dans ses progrès mêmes, et pour entretenir cette combustion, il n'est pas besoin, en conséquence, qu'une lumière soit toujours là.

La continuité de la combustion du carbone, dans l'oxygène pur ou dans l'air ordinaire, s'explique de la même manière.

XI.

La combustion du carbone diffère de celle de l'hydrogène en ce qu'elle a lieu sans production de *flamme*. Le charbon chauffé au rouge et toujours, cependant, à l'état solide, entre directement en combinaison avec l'oxygène de l'air environnant, et, comme l'acide carbonique qui se forme n'est un gaz ni lumineux ni visible, le carbone disparaît. Mais, dans le cas de l'hydrogène, la chaleur produite par la combustion est tellement intense, qu'elle rend le gaz lui-même lumineux ; elle agit comme la chaleur intense qui élève au rouge ou au blanc une masse de fer. Lorsque le gaz devient lumineux, on l'appelle *flamme*.

XII.

La flamme n'est donc autre chose que la matière à l'état aériforme, gazeux ou vaporeux, portée à une chaleur si intense qu'elle est incandescente et qu'elle émet de la lumière, ni plus ni moins qu'une barre de fer qu'on tire d'une fournaise.

XIII.

Quel est le produit de la combustion de l'hydrogène ? On l'a déjà vu dans le traité sur l'*Eau* ; ce produit est de la vapeur d'eau. Exposée au froid, cette vapeur se réduit à l'état liquide.

Qu'on tienne sur un jet d'hydrogène enflammé un vase de verre, comme dans la figure 2 ; la vapeur aqueuse, résultat de la combinaison de l'hy-

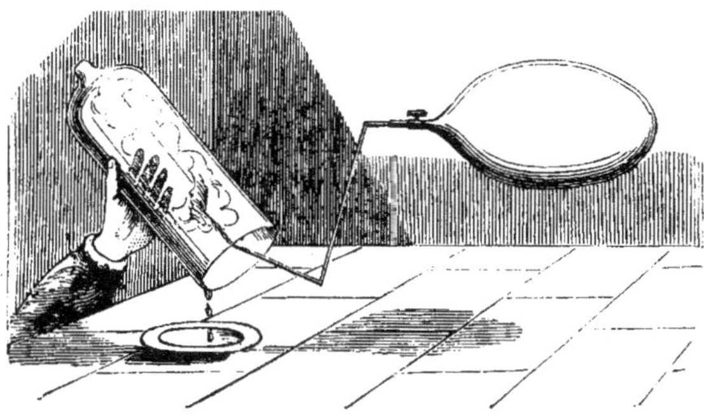

Fig. 2.

drogène avec l'oxygène de l'air ambiant, se condensera sur les parois intérieures du vase, en forme de rosée. A mesure que l'expérience avancera, la condensation deviendra plus grande, et si l'on place une tasse au-dessous du vase, on pourra recueillir la vapeur d'eau qui tombe par gouttes le long de ses parois intérieures.

XIV.

Comme on l'a dit précédemment, les principaux constituants de tous les combustibles, employés au chauffage ou à l'éclairage, sont le carbone et l'hydrogène, et les produits de leur combustion sont, en conséquence, de l'acide carbonique et de l'eau, — eau qui se dégage sous forme de vapeur.

XV.

Rarement, toutefois, l'hydrogène se dégage à l'état pur. Le plus souvent, il est uni à une certaine dose de carbone et forme ainsi un composé gazeux, nommé *hydrogène carburé*. Ce gaz brûle avec une flamme beaucoup plus blanche et plus lumineuse que celle de l'hydrogène pur, et, par suite, il est beaucoup plus convenable pour l'éclairage.

XVI.

La flamme doit sa blancheur et son pouvoir éclairant au carbone dont le gaz est chargé. Ce qui le prouve, c'est que plus le gaz est chargé de carbone, plus la flamme est blanche et brillante.

XVII.

Il y a deux espèces d'hydrogène carburé : l'un d'eux contient deux fois plus de carbone que l'autre. On appelle l'un hydrogène légèrement carburé ou protocarburé, et l'autre hydrogène très-carburé ou bicarburé, ou encore gaz oléfiant.

XVIII.

Dans l'hydrogène légèrement carburé, 6 parties ou, pour parler plus exactement, 6,12 parties (en poids) de carbone sont combinées avec 2 parties d'hydrogène. L'hydrogène très-carburé contient deux fois cette proportion de carbone.

L'hydrogène légèrement carburé est, à volume égal, moins pesant d'un peu plus de moitié que l'air commun. Pur, il n'a pas d'odeur, et il brûle avec une flamme jaunâtre beaucoup plus lumineuse que celle de l'hydrogène pur. Comme l'hydrogène pur, il forme un mélange très-explosif lorsqu'il est combiné avec l'air commun, ou, plus exactement, avec l'oxygène de l'air commun, puisque l'azote n'a aucune influence sur le phénomène.

XIX.

C'est ce gaz qui, sous le nom de *feu grisou*, produit accidentellement.

dans les mines de charbon, des explosions si désastreuses. En quantités
considérables dans les fissures et les interstices des couches de charbon,
il en sort et envahit les chambres des mines. Comme il est plus léger de
moitié que l'air ordinaire, il se rassemble d'abord à la voûte des travaux.
Après un certain temps, en vertu d'une propriété commune à tous les gaz,
il se mêle avec l'air, et finit par s'y combiner dans une proportion qui le
rend explosif. Si alors on apporte une lumière, une explosion a lieu, et de
là ces conséquences épouvantables pour les ouvriers qui se trouvent en ce
moment sur le théâtre de l'accident, conséquences dont chacun a pu lire
trop souvent les tristes détails.

<h2 style="text-align:center">XX.</h2>

C'est encore à ce gaz qu'on doit ces apparitions nommées *Will o'the
Wisp, Jack o'lanthorn,* ou feux follets, qui se manifestent dans les terrains
marécageux et les eaux stagnantes. Il est produit par la décomposition
des matières animales et végétales, et, lorsqu'il s'élève des terrains ou des
eaux en question, il s'enflamme spontarément.

<h2 style="text-align:center">XXI.</h2>

Le fait est facile à vérifier; il suffit de recueillir le gaz qui jaillit d'une
mare stagnante.

Dans ce dessein, prenez un de ces entonnoirs qu'on emploie pour
décanter les liqueurs, et une
bouteille ou un verre à bière;
plongez celui-ci dans l'eau,
et, quand il est plein, renver-
sez-le sous l'eau et l'élevez
au-dessus de la surface, en
tenant son ouverture plongée
dans l'eau. Introduisez alors
dans cette ouverture l'entonnoir renversé sens dessus des-
sous, en ayant soin que le col
de ce dernier entre dans la
bouteille ou le verre; agitez
l'entonnoir, et le gaz s'élè-

Fig. 3.

vera de l'eau en bulles qui viendront se rassembler dans la partie supérieure de la bouteille ou du verre.

La figure 3 indique la manière de conduire cette expérience.

Le gaz une fois recueilli, on peut constater sa nature inflammable en
approchant de lui une lumière, à mesure qu'il sort de la bouteille ou du
verre.

XXII.

L'hydrogène très-carburé brûle avec une flamme beaucoup plus blanche, beaucoup plus lumineuse. Son poids est à fort peu près égal à celui de l'air ordinaire, et, par conséquent, presque le double de celui de l'hydrogène légèrement carburé; de là l'épithète de *heavy*, pesant *heavy carburetted hydrogen*, qui lui a été donnée.

Les produits de la combustion des deux espèces d'hydrogène carburé sont de l'acide carbonique et de l'eau. L'acide carbonique résulte de la combinaison du carbone, et l'eau de la combinaison de l'hydrogène avec l'oxygène de l'air.

Ces points bien compris, on saisira vite les phénomènes auxquels donne naissance, dans tous les cas ordinaires, le *feu* ou la *combustion*.

XXIII.

L'espèce de combustible employée pour le chauffage, et que l'on connaît le mieux en Angleterre, c'est le charbon de terre.

Ce minéral, isolé des quelques ingrédients étrangers et incombustibles qu'il contient en faibles proportions, se compose de carbone et des deux hydrogènes carburés.

La proportion de carbone varie, dans les différentes sortes de charbon, depuis 80 jusqu'à 90 pour 100, l'hydrogène depuis 3 jusqu'à 6 pour 100, et le reste est de l'oxygène et de l'azote.

Dans le lourd charbon du pays de Galles nommé anthracite, la proportion du carbone est supérieure à 90 pour 100, et celle des deux gaz hydrogènes n'est que de 3 ou 4 pour 100. Dans le charbon bitumineux du Northumberland, la proportion du carbone est d'environ 87 pour 100, et celle de l'hydrogène de 4 à 6.

XXIV.

Lorsqu'un feu, composé d'un combustible pareil à celui-là, est convenablement allumé, et reçoit un courant d'air nécessaire à l'entretien de la combustion, le carbone se combine incessamment avec la proportion d'oxygène qu'il réclame, produit une quantité correspondante d'acide carbonique chauffé, et rend la partie solide du combustible rouge et lumineuse. Au même moment, les deux gaz hydrogènes se combinant avec leurs proportions respectives d'oxygène, produisent de l'acide carbonique et de la vapeur d'eau, et rendent les gaz, à mesure qu'ils jaillissent du combustible, lumineux, ou, ce qui revient au même, les convertissent en flamme.

La flamme sera peu brillante et bleuâtre, si une partie des gaz est de l'hydrogène pur; jaunâtre et un peu plus brillante, si ces gaz sont de l'hydrogène légèrement carburé ; enfin elle sera blanche et très-brillante, si ces gaz sont de l'hydrogène très-carburé.

Ainsi, tous les phénomènes que présente un feu de charbon ordinaire, — combustible élevé au rouge sans flamme, flammes légèrement bleues, et enfin brillantes flammes blanches sortant, le plus souvent, des fissures du charbon, — tous ces phénomènes se laissent pénétrer et s'expliquent, comme on voit.

XXV.

On a montré que, dans la combustion, 6 parties en poids de carbone se combinent avec 16 parties d'oxygène, ou, ce qui est la même chose, 1 partie avec 2 ²/₃. On a fait voir aussi que, dans la combustion de l'hydrogène, 1 partie en poids de ce gaz se combine avec 8 d'oxygène. On peut facilement, avec ces simples données numériques, expliquer les effets d'un feu de charbon ordinaire sur l'air qui le nourrit et le soutient.

XXVI.

On trouve ainsi que, en brûlant 10 *livres avoirdupoids* (ou 4ᵏ,530) de charbon, l'oxygène contenu dans 1 551 *cubic feet* (ou 43 mèt. cub. 759.914) d'air est complétement absorbé.

Pour tenir fraîche et pure l'atmosphère d'un appartement où brûle un feu de charbon de cette espèce, il faudrait donc y introduire de l'air frais, à raison de 155 *cubic feet* (4 mèt. cub. 373.170) par chaque livre de charbon qui est brûlé.

XXVII.

Le bois est un combustible généralement employé, pour produire de la chaleur artificielle, dans les pays où le charbon n'est pas aussi économique, aussi abondant qu'en Angleterre. Ce combustible, comme le charbon, se compose surtout de carbone et d'hydrogène dans des proportions différentes, selon les espèces de bois. Toutes les espèces de bois ont aussi, pour constituant, une proportion d'oxygène beaucoup plus considérable que le charbon.

Le bois, quand il est vert, renferme beaucoup d'eau. Dans la combustion d'un pareil bois, une grande partie de la chaleur développée s'absorbe dans l'évaporation de cette eau, ce qui le rend impropre au chauffage, ou du moins lui fait perdre une bonne part de ses qualités calorifiques. On devrait donc ne se servir du bois, comme combustible, que lorsque l'eau qu'il contient, ou la plus grande partie de cette eau, s'est évaporée. Pour le même motif, on devrait tenir le bois aussi peu exposé que possible à l'humidité.

XXVIII.

Toutes les substances grasses, huileuses, visqueuses, sont combustibles, soit à l'état solide, soit à l'état liquide. Elles ont les mêmes constituants que le charbon et le bois, mais combinés un peu différemment, et dans différentes proportions. Le plus grand nombre brûlent en jetant une flamme plus ou moins brillante : aussi les fait-on servir à l'éclairage artificiel.

Les huiles de baleine, d'olive, de noix de coco, la cire, le spermaceti et le suif, sont des échantillons de cette classe de combustibles.

XXIX.

Quel que soit le combustible, quel que soit l'usage auquel on l'applique, soit à l'éclairage, soit au chauffage, il est évident, d'après les explications qui précèdent, que la combustion ne saurait être maintenue avec toute l'activité nécessaire, si le combustible ne reçoit pas la quantité d'oxygène dont il a besoin pour entrer en combinaison avec lui. Il faut donc, par un procédé quelconque, lui assurer cette quantité d'oxygène.

XXX.

La construction des grilles, des poêles, des cheminées, n'a pas d'autre but que d'assurer au combustible la somme d'air qui lui est indispensable. Plus il passe d'air à travers le combustible, plus est rapide et abondante la combinaison, plus la combustion est active et ardente.

XXXI.

Le courant d'air qui traverse une grille ordinaire est produit par le tirage de la cheminée. La colonne d'air enfermée dans la cheminée s'élève à une température plus considérable que celle de l'air extérieur, se raréfie, devient plus légère, à volume égal, que cet air extérieur, et proportionnellement plus élastique. Elle a, par suite, une tendance à monter pareille à celle de l'huile qui serait dans l'eau. A mesure qu'elle monte, l'air de l'appartement se précipite pour remplir la place qu'elle occupait. Une partie de cet air traverse le fond et le front de la grille, et une partie pénètre dans l'ouverture du foyer, au-dessus de la grille. Qu'on jette les yeux sur la figure 4.

Le front ou face de la grille est AB, et le fond est BC, avec le cendrier au-dessous de lui. L'ouverture au-dessus de la grille est représentée par AI, et les lettres EFGH représentent le tuyau de la cheminée. La force ascensionnelle de la colonne d'air du tuyau est mesurée par la différence qui existe entre son poids et celui d'un volume égal de l'air extérieur. L'air qui remplace celui qui monte dans le tuyau envahit le fond BC, le front BA de la grille, et l'ouverture AI au-dessus de celle-ci, ainsi que l'indiquent les milieu. Les premières quantités d'air qui traversent le combustible en ignition lui procurent le gaz oxygène nécessaire à sa combinaison avec lui, et maintiennent ainsi la combustion. Ces quantités d'air, après avoir traversé les interstices du combustible, et lorsque l'oxygène ou une portion de ce gaz s'est combiné avec le combustible, s'échappent par le sommet de celui-ci, et présentent alors un mélange d'azote, d'une quant té quelconque d'oxygène qui n'a pu se combiner avec le combustible, d'acide carbonique et de vapeur d'eau. Cette dernière résulte de la combinaison de l'oxygène avec le carbone et l'hydrogène du combustible.

Tous ces gaz, s'échappant du combustible en ignition à une haute température, et se mêlant avec l'air froid qui pénètre dans la cheminée par l'ouverture AI, donnent à la colonne d'air du tuyau la chaleur et, par suite, la légèreté nécessaire à l'entretien du tirage.

Lorsqu'on allume du feu dans la grille, si l'air de la cheminée possède la même température que l'air extérieur, il sera sans légèreté, sans élasticité ; aucun tirage n'aura lieu. Presque toujours, dans ce cas, la cheminée fumera. On peut quelquefois obvier à cet inconvénient en ouvrant les fenêtres, de façon à remplir l'appartement d'air aussi froid que l'air extérieur, et plus froid, par conséquent, que l'air dont est remplie la cheminée. Si ce moyen ne suffisait pas, il faudrait chauffer l'air du tuyau et produire le tirage nécessaire en introduisant dans la cheminée un combustible quelconque en ignition (papier, menu bois, etc.).

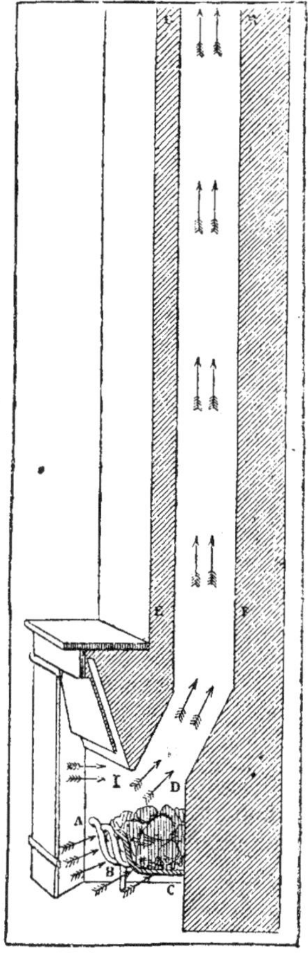

Fig. 4.

On peut considérablement augmenter l'intensité du tirage à travers la grille, en fermant, soit partiellement, soit complétement, l'ouverture AI. Par ce moyen, on oblige la totalité de l'air qui doit remplacer celui qui monte dans la cheminée, à traverser la grille et le combustible qu'elle contient. Si la grandeur de l'ouverture AI est, par exemple, trois fois la grandeur du front et du fond de la grille, il passera ainsi à travers le combustible quatre fois autant d'air qu'il en passait lorsque l'ouverture AI n'était pas fermée. Bien entendu, on suppose, dans les deux cas, que le tirage de la cheminée est le même.

Mais, en fait, le tirage de la cheminée sera considérablement augmenté. Car, tant que l'ouverture AI n'est pas fermée, l'air qui remplit la cheminée se compose d'un mélange de l'air qui traverse le combustible en feu, où il s'élève à une haute température, et d'une portion d'air beaucoup plus grande qui se rend dans la cheminée par l'ouverture AI; cette portion d'air, étant froide, abaisse la température, et partant diminue l'élasticité ou légèreté de l'air de la cheminée. Mais lorsque la totalité de l'air qui traverse AI est contrainte, après qu'on a fermé cette ouverture, à traverser le combustible en ignition, elle parvient à une température élevée. Comme cette température ne subit aucun abaissement par l'adjonction d'une portion quelconque d'air qui ne traverserait pas le combustible, la cheminée se remplit d'un air dont la température est très-élevée et qui produit dans son tuyau un courant ascensionnel beaucoup plus énergique.

Ainsi, l'effet qui résulte de la fermeture de l'ouverture AI est de stimuler le feu, non-seulement en contraignant à traverser ce feu la totalité de l'air qui auparavant passait par l'ouverture AI, mais encore en augmentant le tirage de la cheminée.

XXXII.

On a vu, par ce qui précède, qu'un foyer ouvert comme celui de la figure 4 sert à deux fins : il chauffe et ventile.

La totalité de l'air qui pénètre dans la cheminée (soit qu'il passe à travers la grille, soit qu'il passe par l'ouverture qui se trouve au-dessus de cette grille), veut être remplacée par un volume égal d'air frais venant du dehors; les interstices des portes, ou des fenêtres, ou d'autres ouvertures pratiquées exprès, lui doivent livrer passage. La partie de l'air qui traverse la grille sert donc à deux fins, au chauffage et à la ventilation. Elle chauffe, en stimulant et en maintenant la combustion; elle ventile, en opérant dans l'appartement un vide dont un volume correspondant d'air frais doit s'emparer. L'air qui entre dans la cheminée par l'ouverture au-dessus de la grille n'a aucun effet direct ou indirect sur le chauffage; mais son effet sur la ventilation est d'autant supérieur à celui de l'air qui traverse la grille même, que la grandeur de l'ouverture au-dessus de la grille est supérieure à la grandeur des espaces ou intervalles des barres qui forment le front et le fond de cette grille; en d'autres termes, plus l'ouverture est large et les barres ou tringles de la grille resserrées, plus le pouvoir ventilateur de l'ouverture est considérable; plus l'ouverture est étroite et les tringles de

la grille espacées, distantes l'une de l'autre, plus le pouvoir ventilateur de
l'ouverture est faible, restreint, borné.

XXXIII.

Plus les appartements sont petits, bas, plus les causes de corruption
de l'air y sont nombreuses, actives, plus la ventilation est nécessaire.
L'air d'un appartement est privé de son oxygène et rendu impropre à la
respiration par plusieurs causes. Chaque personne présente absorbe de
l'oxygène en respirant. On a calculé qu'un adulte de taille moyenne absorbe environ 1 *cubic foot* (0 mèt. cub. 028.214) ou plus de 28 litres
d'oxygène par heure, dans la respiration, et, partant, rend 5 *cubic feet*
(0 mèt. cub. 141.070) ou plus de 141 litres d'air impropres à l'acte
respiratoire. On a calculé aussi que deux bougies absorbent autant d'oxygène qu'un adulte. D'où cette conséquence que, pour tenir pur l'air d'un
appartement, il faudrait que 5 *cubic feet* (ou 141 litres) d'air au moins
par personne, et 2 1/2 *cubic feet* (ou plus de 56 litres) d'air *par bougie*,
passassent, *chaque heure*, dans la cheminée ou par une autre ouverture, et
fussent remplacés, dans l'appartement, par un volume égal d'air frais.

XXXIV.

Les végétaux émettent de l'oxygène pendant le jour; ils en absorbent
pendant la nuit. Leur présence, pendant le jour, dans un appartement,
est donc sans danger; mais, pendant la nuit, ils corrompent l'air, et l'on
doit sévèrement les exclure alors, si l'appartement n'est pas parfaitement
ventilé.

XXXV.

Un appartement encombré de monde, éclairé par beaucoup de lumières,
et, comme il arrive souvent, sans feu, ne tarde pas à se remplir d'un air où
l'on peut constater l'absence d'une proportion notable d'oxygène, et la
présence d'un volume correspondant d'acide carbonique, à moins pourtant, ce qui est rare, que cet appartement n'ait d'autres ventilateurs que
la cheminée. Il en résulte que les personnes délicates, spécialement celles
dont les poumons sont faibles, éprouvent bientôt un malaise général et
sont souvent atteintes de céphalalgie (mal de tête).

XXXVI.

Quelques mots, maintenant, sur la flamme des lampes, des lumières en
général.

Quand un flambeau est allumé, la chaleur qui se dégage à l'extrémité
de la mèche fait fondre la cire ou le suif immédiatement au-dessous. Ainsi
liquéfiés, le suif ou la cire sont attirés en haut, à travers les interstices de

la mèche, par la force qu'on nomme *attraction capillaire*. Lorsqu'ils sont en contact avec la flamme, ils entrent en ébullition et se convertissent en vapeur, laquelle s'élève au-dessus de la mèche. Comme cette vapeur a une température très-haute, et exerce une attraction puissante sur l'oxygène de l'air ambiant, elle entre en combinaison avec lui, et, devenant lumineuse, elle forme la flamme qu'on voit autour et au-dessus de la mèche. Dans l'intérieur de la flamme s'élève un courant incessant de vapeur,— vapeur émanant du combustible; — en dehors de la flamme, des courants d'air amènent sur sa surface l'oxygène qui produit la combustion et la lumière. La vapeur du combustible et l'oxygène, se rencontrant à la surface de la flamme, y entrent en combinaison, et la vapeur brûle. Dans l'intérieur de la flamme, aucune combustion n'a lieu et aucune lumière n'est produite.

La figure 5 représente la mèche et la flamme d'une bougie.

Dans l'intérieur de la flamme, ont voit des courants de vapeur combustible sortir de la mèche et se rendre sur tous les points de la surface de la flamme. Les flèches qu'on remarque de chaque côté de celle-ci et en dehors de sa surface, indiquent les courants que forme l'air ambiant, courants résultant de la chaleur de la flamme. L'oxygène, attiré par la vapeur combustible, dont la chaleur est intense, s'approche, se combine avec cette vapeur, et par suite alimente la combustion et produit la lumière. Les flèches qu'on remarque au-dessus de la flamme indiquent le courant d'air chauffé, d'acide carbonique et de vapeur aqueuse, produits de la combustion, qui forment une colonne ascendante au-dessus de la flamme.

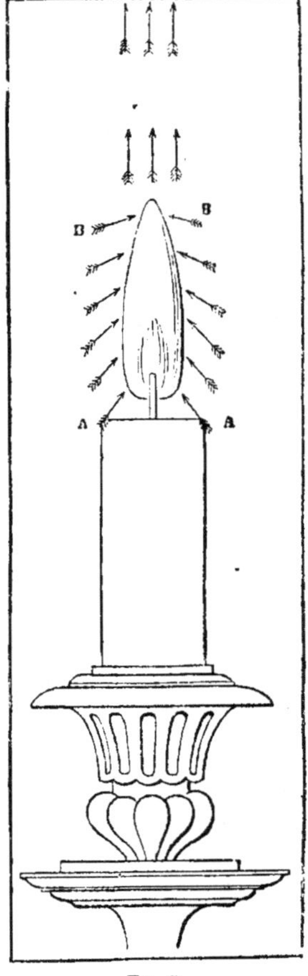

FIG. 5.

D'après ce qui vient d'être dit, on pressent que la partie lumineuse de la flamme est complétement superficielle. C'est vrai. La vapeur qui se voit dans l'intérieur de la surface enflammée, ne s'étant pas encore trouvée en contact avec l'oxygène, et par conséquent n'ayant pu encore entrer en combustion, ne saurait être lumineuse. Il s'ensuit que la flamme, — considérée au point de vue exclusif de la lumière qu'elle jette, — est creuse ; ou plutôt c'est une colonne de vapeur combustible, dont la surface, étant la seule partie qui brûle, est aussi la seule qui soit lumineuse. A mesure que la vapeur en question s'élève de l'intérieur de la flamme, elle vient en contact avec l'oxygène de l'air, brûle, devient lumineuse, et forme cette colonne de lumière dont le diamètre va toujours en diminuant jusqu'à n'être plus qu'un point. La flamme demeure ainsi terminée par un point, jusqu'à ce que la totalité de la vapeur produite par la matière en ébullition que contient la mèche reçoive son complément nécessaire d'oxygène, et parvienne là. Elle perd promptement cette haute température qui la rend lumineuse, et la flamme s'arrête.

XXXVII.

On a eu recours, dans différentes espèces de lampes, à plusieurs expédients pour augmenter l'étendue de la surface lumineuse de la flamme et l'intensité de la combustion. A cet effet, on a modifié la forme et la grandeur de la mèche, on l'a plus largement approvisionnée d'huile, on a fait passer, sur tous les points de sa surface, de vigoureux courants d'air.

La forme de mèche la plus usitée dans les lampes d'un pouvoir éclairant considérable est celle d'un cylindre creux, dont la circonférence varie de 1 *inch* (2 centimèt. 539) à 3 *inches* (7 cent. 617). Cette mèche tient, par sa base, à un petit anneau métallique mince, et descend dans le réservoir de l'huile par un espace compris entre deux tubes concentriques dont le diamètre est différent. L'espace entre les deux tubes est un peu plus grand que l'épaisseur de la mèche. Cette dernière a de 2 ½ à 3 *inches* (7 centimètres) de long, et se rend par l'intervalle susdit jusqu'à une certaine profondeur. L'intervalle communique avec le réservoir de l'huile, réservoir d'où l'on fait monter l'huile, soit au moyen d'une pompe mise en mouvement par un grand ressort et par des rouages (lampe Carcel), soit au moyen d'un ressort spiral (lampe à modérateur), soit au moyen de la pression de l'huile contenue dans un réservoir au-dessus du niveau de la mèche, comme dans les vieilles lampes anglaises, nommées *sinumbral lamps*, et une foule d'autres encore construites d'après le même principe.

La flamme qui sort d'une mèche comme celle qu'on vient de décrire est évidemment cylindrique et creuse ; elle veut être alimentée d'air à sa surface extérieure comme à sa surface intérieure. On maintient un courant d'air au contact de la surface intérieure de la flamme, en descendant dans le bec le plus petit des deux tubes, entre lesquels se trouve la mèche, et en le laissant en communication avec l'air extérieur. L'extérieur de la flamme est exposé à l'air et produit des courants par sa propre chaleur.

de la même façon que les courants, précédemment décrits, qui environnent la flamme d'une chandelle ou d'une bougie.

Mais dans les lampes à bec cylindrique, ces courants, à la fois extérieurs et intérieurs, reçoivent un accroissement considérable d'intensité par l'addition d'un tuyau de verre d'une certaine hauteur, et dont le diamètre intérieur excède un peu le diamètre extérieur de la mèche. Ce tuyau, ouvert à sa base, et enfermant une colonne d'air d'une hauteur égale à la sienne, agit sur la combustion de la lampe absolument comme une cheminée ordinaire sur la combustion du charbon ou du bois dans une grille. L'air qui pénètre par le fond, entre le tuyau et le bec, s'élève en formant un courant cylindrique autour de l'extérieur de la mèche ; puis, venant en contact avec la surface extérieure de la vapeur combustible qui sort de l'huile, il l'enflamme à cette surface. En même temps, la colonne d'air qui monte par le tube intérieur venant en contact avec la surface intérieure de la vapeur, l'enflamme de la même façon. C'est ainsi qu'un mince cylindre de vapeur d'huile, — vapeur qui sort et s'élance de la mèche, — est maintenu dans un état de combustion ardente, constante, sur ses surfaces intérieure et extérieure à la fois.

La force de ces courants, extérieur et intérieur, dépend de la légèreté de la colonne d'air contenue dans le tuyau de verre et s'étendant à une hauteur considérable au-dessus de ce tuyau. L'air, quand il a franchi la flamme de la lampe, ayant une

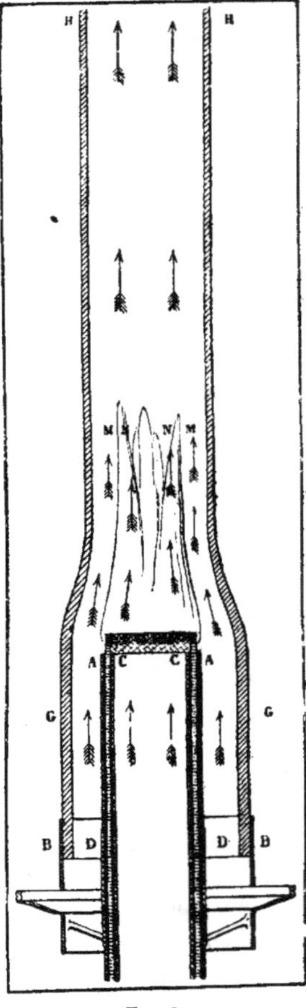

Fig. 6.

température très-élevée, donne au tuyau une chaleur intense. La colonne d'air qui s'y trouve, étant ainsi chauffée, monte à une hauteur considérable au-dessus du tuyau avant d'être refroidie et ramenée à la température de l'air ambiant. La force du tirage qui maintient les courants autour de la flamme est donc déterminée par la différence entre le poids de la colonne d'air (qui s'étend depuis la base du tuyau jusqu'à cette hauteur au-dessus de lui, où la température de la colonne ascendante devient égale à la température de l'air extérieur) et le poids d'un volume égal de l'air extérieur.

Cette explication de la combustion de l'huile dans un bec cylindrique se comprendra plus facilement si l'on se reporte à la figure 6.

CC représentent le tube intérieur; AA, le tube extérieur. La mèche est entre ces deux tubes. L'huile parvient à la mèche dans l'espace qui se trouve entre eux. GH, GH indiquent le tuyau ou verre de la lampe, lequel est ouvert à sa base BB. L'air monte, comme le marquent les flèches, entre G et H et D et A, et vient au contact de la surface externe de la flamme, et il s'élève à travers le tube intérieur CC, de manière à entrer en contact avec la surface interne de la flamme, comme les flèches l'indiquent également. La flamme cylindrique, qui s'élève de la mèche, est représentée par AMCN, et la direction de la colonne ascendante par des flèches.

NOTES

SUR LES CHOSES USUELLES.

NOTE PRÉLIMINAIRE.

La fréquence des communications avec l'Angleterre rend, en quelque sorte, indispensable la connaissance des monnaies, mesures et poids de ce pays. Quelques mots sur ce sujet ne seront donc pas déplacés ici.

Mesures de longueur.

Inch (pouce anglais) équivaut à......	2 centim. 539954.
Foot (pied anglais).................	3 décim. 0479.
Yard (ou 3 feet)...................	9 décim. 1438.
Fathom (2 yards)...................	1 mèt. 8287.
Pole ou *perch* (5 yards ¹/₂)..........	5 mèt. 02911.
Furlong (220 yards)................	201 mèt. 16437.
Mile (1760 yards).................	1609 mèt. 3149.

Mesures de superficie.

Square inch (pouce carré) équivaut à	6 centim. carr. 451366.
Square foot (pied carré)............	0 mèt. carr. 0929.
Square yard (yard carré)...........	0 mèt. carr. 836097.
Rod (perch carré).................	25 mèt. carr. 291939.
Rood (1210 yards carrés)...........	10 ares 116775.
Acre (4840 yards carrés)...........	0 hectare 404671.
Square mile (mille carré)...........	2 kilom. carr. 588881.

Mesures de capacité.

Pint (¹/₈ de gallon) équivaut à........	0 litre 567932.
Quart (¹/₄ de gallon)...............	1 litre 135864.
Gallon impérial....................	4 litres 54345797.
Peck (2 gallons)...................	9 litres 0869159.
Bushel (8 gallons).................	36 litres 347664.
Sack (3 bushels)..................	1 hectol. 09043.
Quarter (8 bushels)...............	2 hectol. 907813.
Chaldron (12 sacks)..............	13 hectol. 08516.

Mesures de solidité.

Cubic inch (pouce cube) équivaut à...	16 centim. cub. 386176.
Cubic foot (pied cube)..............	0 mèt. cub. 028214.
Cubic yard......................	0 mèt. cub. 764502.

Poids.

Poids troy.

Grain (¹/₂₄ du penny-weight) égale....	0 gr. 06477.
Penny-weight (¹/₂₀ d'once)..........	1 gr. 55456.
Once (¹/₁₂ de livre troy)...	31 gr. 0913.
Livre troy.......................	373 gr. 096.

Poids avoirdupoids.

Dram (¹⁄₁₆ d'once) égale............	1 gr. 7712.
Once (¹⁄₁₆ de la livre)...............	28 gr. 3384.
Livre ou *pound*....................	453 gr. 4148.
Quarter......................	12 kilogr. 6956.
Hundred-weight...................	50 kilogr. 78246.
Ton..........................	1015 kilogr. 649.

Monnaies.

Monnaies d'or.

Guinea (guinée) équivaut à..........	26 fr. 47 cent.
Sovereign (souverain)...............	25 fr. 21 cent.
Pound ou livre sterling.............	25 fr. 2079.

Monnaies d'argent.

Crown (couronne) équivaut à........	5 fr. 81 cent.
Florin (florin).....................	2 fr. 32 cent.
Shilling (schelling).................	1 fr. 20 cent.
Demi-shilling.....................	0 fr. 60 cent.

Monnaies de bi lon.

Penny équivaut à..................	0 fr. 10 cent.
Half-penny......................	0 fr. 05 cent.
Farthing........................	2 cent. 42.

L'EAU.

Note 1, page 87. — Une eau potable de bonne qualité doit être limpide, fraîche, sans odeur, incolore, exempte de saveur fade, salée, styptique; elle est aérée, dissout le savon sans former de précipité opaque, et cuit bien les *légumes secs*.

Les eaux de rivières, principalement, sont sujettes à devenir troubles lorsque d'abondantes eaux pluviales et des crues subites entraînent, agitent et mettent en suspension des argiles ou des terres sableuses excessivement fines. Ces matières limoneuses se déposent presque totalement, en général, lorsque les eaux ont été mises à l'abri de tout mouvement pendant vingt-quatre ou trente-six heures, dans des réservoirs. Elles conservent alors presque toujours un aspect louche ou opalin, et sont moins agréables à la vue que les eaux claires. Dans cet état, elles paraissent ne présenter aucun inconvénient pour la santé. Cependant on préfère, avec raison, les rendre limpides, soit pour éviter d'attendre que le dépôt se fasse, soit afin d'éliminer tous les corps étrangers en suspension. Ce qu'il y a de mieux, dans ce cas, est d'effectuer la filtration à l'aide des pierres poreuses filtrantes disposées dans les fontaines usuelles.

Cette méthode est simple et suffisante pour atteindre le but; en certaines occasions, on a cru utile de hâter la filtration à l'aide d'une clarification préalable, et, à cet effet, on ajoute 250 grammes environ d'alun pour 1 000 litres de l'eau trouble. Sous l'influence du carbonate de chaux, il se forme un *alun aluminé* (sous-sulfate d'alumine et de potasse), qui se précipite, entraînant avec lui les particules argileuses et siliceuses en suspension. L'eau, décantée, est alors plus facile à filtrer; mais il n'est pas bien sûr que l'eau ainsi clarifiée, retenant plus de sulfate et moins de carbonate calcaire, soit aussi salubre, et il vaut mieux, pour ne laisser rien de douteux, se contenter des filtres en pierre ou en sable, en laine tontisse ou en charbon en grains. Ce dernier filtre peut enlever à l'eau quelques matières organiques ou gazeuses à odeur légèrement désagréable; mais cette faculté de la substance charbonneuse est promptement épuisée, et elle n'agit plus alors que comme le sable ou la pierre.

Les eaux de sources ou de rivières, conservées dans des fontaines ou dans des réservoirs quelconques, s'altèrent spontanément par la fermentation putride de la matière organique qu'elles contiennent. Parfois des végétations ou moisissures s'y développent et leur communiquent une odeur et une saveur désagréables. Il arrive encore que le sulfate de chaux, décomposé pendant ces réactions, donne lieu à la formation d'un sulfure et au développement de l'acide sulfhydrique, exhalant une odeur d'œufs pourris.

Ces altérations sont plus fréquemment observées en été qu'en hiver. On les évite en renouvelant l'eau à de plus courts intervalles dans cette saison. Les filtres sont eux-mêmes une cause d'altération, soit par suite du séjour prolongé et de la stagnation de l'eau dans leurs interstices, soit par suite de la putréfaction des éponges qu'ils contiennent, soit enfin par la dissolution, durant les chaleurs, des matières organiques déposées lorsque la température était plus basse. De fréquents nettoyages des matières filtrantes préviennent ces effets accidentels, qui sont toujours plus ou moins nuisibles à la santé. (Voy. A. Payen, *Des substances alimentaires et des moyens de les améliorer, de les conserver et d'en reconnaître les altérations*, p. 287 et suiv.)

NOTE 2, PAGE 89. — Voici l'analyse des eaux qui alimentent Paris. Le résidu a été pour 15 litres :

Eau de Seine au-dessous de Paris.

	gr.
Sulfate calcaire	0,295
Carbonate calcaire	1,940
Sels déliquescents	0,378
Matières végétales	0,308
Poids du résidu	2,921

Eau de Seine au-dessus de l'embouchure de la Bièvre.

	gr.
Sulfate calcaire	0,761
Carbonate calcaire	1,494
Sels déliquescents	0,171
Matières végétales	0,365
	2,791

Eau du canal de l'Ourcq.

	gr.
Sulfate calcaire	0,257
Carbonate calcaire	2,993
Sels déliquescents	0,417
Sel marin	0,114
Eau et matière végétale	1,344
Poids du résidu	5,125

Eau d'Arcueil.

	gr.
Sulfate calcaire	2,528
Carbonate calcaire	2,536
Sels déliquescents	1,646
Sel marin	0,290
Eau	1,835
	8,835

Eau des Prés-Saint-Gervais.

	gr.
Sulfate de chaux	6,655
Carbonate de chaux	3,540
Sels déliquescents	6,647
Sel marin	0,439
Eau retenue par les sels	4,000
	21,281

Eau de Belleville.

	gr.
Sulfate de chaux	17,040
Carbonate de chaux	3,830
Sels déliquescents	3,518
Sel marin	0,347
Eau retenue en combinaison	2,338
	27,073

(Rapport de la commission scientifique nommée, en 1846, pour soumettre à l'analyse les eaux qui alimentent Paris).

NOTES ADDITIONNELLES.

1. La *Revue municipale* a publié, vers la fin de 1856, sur le service des eaux dans Paris, quelques détails intéressants empruntés à un mémoire de M. Sari.

Le nombre des fontaines de Paris, qui n'était que de 33 en 1650, est maintenant de 94, parmi lesquelles on compte 26 fontaines monumentales, dont 13 ont été élevées de 1830 à 1848.

Il existe 5 réservoirs, établis sur des points culminants, destinés à alimenter les quartiers qui les environnent, et à faciliter l'arrivée des eaux en cas d'incendie.

Ces bassins, construits par l'ingénieur Mary, sont les suivants :

Réservoir du Panthéon	3 bassins.
de Racine	3
de Vaugirard	2
de Monceaux	1
de Ménilmontant	1

La capacité réunie de ces réservoirs s'élève à 28 millions 1/2 de litres d'eau.

Les 94 fontaines publiques se répartissent ainsi entre les deux rives de la Seine : rive droite, 65 ; rive gauche, 29.

La Seine, les eaux d'Arcueil, le canal de l'Ourcq, le puits de Grenelle, alimentent ces fontaines par les établissements ci-après :

34 par l'aqueduc de ceinture ; 19 par le réservoir de Chaillot ; 16 par la pompe Notre-Dame, qui, comme on le sait, ne tardera pas à être démolie, et sera remplacée par l'appareil hydraulique en construction sur le petit bras de la Seine, près du Pont-Neuf ; 7 par l'aqueduc d'Arcueil ; 7 par le réservoir de Monceaux ; 7 par le canal de l'Ourcq ; 3 par la pompe à feu de Chaillot ; 2 par le puits de Grenelle ; 4 par le bassin Saint-Victor ; 4 par le réservoir de Vaugirard.

A ces fontaines publiques, on doit ajouter : 14 fontaines marchandes, 62 poteaux d'arrosement, 65 bouches de service pour incendie, 54 bouches d'eau pour trottoirs destinées, avec les bornes-fontaines, au lavage de la voie publique, et enfin 1 844 bornes-fontaines.

Le total des appareils de distribution d'eau pour l'usage public et sur toute la surface de la ville s'élève à 2 033. Ces appareils, y compris les concessions particulières, fournissent par jour une quantité de 69 480 000 litres d'eau, ce qui fait environ 69 litres d'eau par jour et par individu. Ce chiffre n'est à peu près que la moitié de la quantité fournie à Londres pour chaque individu (112 litres).

2. M. Delesse a lu, en 1856, à l'Académie des sciences de Paris, un travail fort remarquable sur les eaux souterraines de cette ville. Il en résulte que ces eaux, qui se rendent dans la Seine et dans les puits, où la plupart des boulangers puisent l'eau nécessaire à la confection du pain, traverse it (une partie du moins) certains cimetières de Paris, et s'imprègnent, en passant, de matières animales en décomposition. (Voy. *Comptes rendus de l'Académie des sciences*, année 1856.)

3. Depuis quelques années, on s'est particulièrement préoccupé de la situation des contrées dépourvues d'eau. Plusieurs moyens d'y parer ont été mis en avant.

« Choisissez, dit M. Babinet, un terrain de 2 hectares ou de 1 hectare 1/2, dont le sol soit sablonneux comme le bois de Boulogne et les autres bois qui entourent Paris, et qui offre de plus une légère pente vers un côté quelconque pour fournir ensuite un écoulement aux eaux ; faites dans toute sa longueur, et au plus haut, une tranchée de 1^m,50 à 2 mètres de profondeur, sur environ 2 mètres de large ; aplanissez le fond de cette tranchée et rendez-le imperméable par un pavé, un macadamisage, un fond de bitume, ou, ce qui est plus simple et moins coûteux, par une couche de terre glaise, substance commune dans les environs de Paris ; à côté de cette tranchée, faites-en une autre pareille dont vous rejetterez la terre pour combler la première, et ainsi de suite jusqu'à ce que vous ayez, pour ainsi dire, rendu tout le sous-sol de votre terrain imperméable à l'eau de pluie ; plantez le tout d'arbres fruitiers, et surtout d'arbres à basse tige, qui ombragent le terrain sablonneux et arrêtent les courants d'air qui pourraient réabsorber la pluie ; enfin, pratiquez dans la partie la plus basse du terrain une espèce de mur ou contre-fort en pierre, avec une issue au milieu : vous aurez infailliblement une bonne et belle source qui coulera sans intermittence et suffira aux besoins d'un village entier ou d'un vaste château. Je n'ai pas sous les yeux le prix de revient calculé d'après le prix de main-d'œuvre et des transports pour Paris et les départements ; mais je me souviens très-bien que cette dépense était accessible à toutes les fortunes des particuliers dans l'aisance, et de toutes les communes privées d'eau. La spéculation pouvait même s'en emparer pour faire le bien public avec l'utilité privée. » (Babinet, *Études et lectures sur les sciences d'observation et leurs applications pratiques*, t. II, p. 225 et suiv.)

Dans le livre de M. Paramelle, *l'Art de découvrir les sources*, on pourra trouver aussi de précieux renseignements sur la question. L'auteur n'indique pas, comme M. Babinet, le moyen de créer une source, en quelque sorte, de toutes pièces ; il enseigne celui d'en trouver partout où il en existe, en quelque endroit qu'elles se cachent. Ajoutons qu'un plein succès a presque constamment suivi les efforts de cet homme tout dévoué au bien public.

4. *Composition de l'eau. Historique.* — Est-ce à l'Anglais Cavendish, est-ce au Français Lavoisier qu'on doit la découverte de la composition de l'eau ? Suivant Arago, cette découverte, « la plus grande, la plus féconde de la chimie moderne, » n'appartient, en réalité, ni à l'un ni à l'autre ; elle appartient à James Watt, l'inventeur de la machine à condenseur séparé, de la machine à détente, du parallélogramme articulé, etc.

En 1776, il vient à l'esprit d'un chimiste, Macquer, de placer « une soucoupe de porcelaine blanche sur la flamme de gaz hydrogène qui brûlait tranquillement au goulot d'une bouteille ; » il observe que cette flamme n'est accompagnée d'aucune fumée proprement dite, qu'elle ne dépose point de suie, mais que l'endroit de la soucoupe que la flamme lèche se couvre de gouttelettes assez sensibles d'un liquide semblable à de l'eau et qui, après vérification, se trouve être de l'eau pure. Macquer, dit Arago, ne s'arrête point cependant sur ce fait, il ne s'étonne pas de ce qu'il a d'étonnant, il le cite tout simplement, sans aucun commentaire ; il ne s'aperçoit pas qu'il vient de toucher du doigt à une grande découverte. Le génie, dans les sciences d'observation, se réduirait-il donc à la faculté de dire à propos : *Pourquoi ?*

Au commencement de 1781, le physicien Warltire imagine qu'une étincelle électrique ne peut traverser certains mélanges gazeux sans y déterminer quelques changements. Une idée aussi neuve, qu'aucune analogie ne suggérait alors, dont on a fait depuis de si heureuses applications, aurait, ce semble, mérité à son auteur que tous les historiens de la science voulussent bien ne pas oublier de lui en faire honneur..... Cavendish répéta bientôt l'expérience de Warltire. Comme lui, il obtint *de l'eau* par la détonation d'un mélange d'oxygène et d'hydrogène.

Le 21 avril 1783, Priestley, dans un mémoire qu'il lit à la Société royale de

Londres, ajoute une circonstance capitale à celles qui résultaient des expériences de ses prédécesseurs : il prouve que le poids de l'eau qui se dépose sur les parois du vase, au moment de la détonation de l'oxygène et de l'hydrogène, est la somme des poids de ces deux gaz.

Priestley, comme on voit, n'avait qu'un simple *pourquoi* à s'adresser, pour que l'honneur lui revînt tout entier d'avoir découvert la composition de l'eau. Ce *pourquoi*, qu'il ne s'adressa pas, Watt se l'adressa. Priestley lui avait fait part du résultat qu'il avait obtenu; immédiatement Watt lui répondit :

« Quels sont les produits de votre expérience? De l'*eau*, de la *lumière*, de la *chaleur*. Ne sommes-nous pas dès lors autorisés à en conclure que *l'eau est un composé des deux gaz oxygène et hydrogène*, privés d'une partie de leur chaleur latente ou élémentaire; que l'oxygène est de l'eau privée de son hydrogène, mais unie à de la chaleur et à de la lumière latente? etc. »

La lettre où se lit le passage ci-dessus porte la date du 26 avril 1783. — La date de la lecture publique du mémoire dans lequel Lavoisier rendit compte de ses expériences, dans lequel il développa ses vues sur la production de l'eau par la combustion de l'oxygène et de l'hydrogène, est postérieure de deux mois à celle du dépôt aux archives de la Société royale de Londres de la lettre de James Watt. (Voy. Arago, *Ann. du Bur. des longitudes pour* 1839, p. 346 à 360, p. 393 à 410.)

5. *Comparaison des thermomètres centigrade, Réaumur et Fahrenheit.* — Le thermomètre centigrade est celui dont on se sert le plus généralement en France; le thermomètre de Réaumur ne vient qu'ensuite. En Angleterre et en Allemagne, c'est le thermomètre de Fahrenheit qu'on emploie.

Le thermomètre centigrade a 100 degrés depuis la glace fondante (zéro) jusqu'à l'eau bouillante (100 degrés); le thermomètre de Réaumur en a 80. Le thermomètre de Fahrenheit marque 32 degrés à la glace fondante et 212 à l'eau bouillante, c'est-à-dire qu'il a 180 degrés depuis la glace fondante jusqu'à l'eau bouillante.

Il suit de là que 80 degrés de Réaumur valant 100 degrés centigrades, 1 degré de Réaumur égale ⁵/₄ ou 1°,25 du thermomètre centigrade, et que 1 degré centigrade égale les ⁴/₅ du degré Réaumur.

Il faut 2°,25 Fahrenheit pour faire 1 degré Réaumur, et 1°,80 Fahrenheit pour faire 1 degré centigrade. Pour convertir un nombre donné de degrés Fahrenheit en degrés Réaumur, on aura d'abord à retrancher 32 de ce nombre, puis à multiplier le reste par ⁴/₉; pour convertir le même nombre de degrés Fahrenheit en degrés centigrades, on retranchera 32 du nombre total, puis on multipliera le reste par ⁵/₉.

L'AIR.

1. **Note sur le § XXXII.** *Circulation* et *respiration.* — Le fluide par lequel sont alimentés les os et la chair des animaux est le sang. Le sang prend sa source dans le cœur, d'où il est chassé par l'action musculaire de cet organe à travers un système de tubes flexibles nommés *artères*, qui, comme le tronc et les branches d'un arbre, ont à leur point d'origine une grosseur considérable, et vont en di-

minuant insensiblement à mesure qu'ils se ramifient dans le système, jusqu'à ce qu'enfin ils se terminent en une autre série de tuyaux nommés, à cause de leur extrême petitesse, *capillaires*. De là, le fluide nourricier passe dans un autre système de tubes nommés *veines*, par lesquels il est ramené au cœur. La forme et la distribution des veines est un peu comme celle des artères ; leurs troncs pénètrent dans le cœur et leurs ramifications menues se relient aux capillaires. Toutefois, tandis que le sang passe dans les artères *des troncs aux branches*, il passe dans les veines *des branches aux troncs*.

« En passant des artères aux veines par les capillaires, le sang subit un changement remarquable dans ses qualités physiques. Les éléments nutritifs qu'il contenait, il les a laissés aux organes à travers lesquels les capillaires l'ont conduit ; il revient au cœur par les veines afin d'y prendre une provision nouvelle de constituants nutritifs. Sa couleur aussi s'est sensiblement modifiée : le sang artériel était d'un rouge vif ; le sang veineux est d'un rouge noirâtre.

» Un autre système de tubes, qui prennent leur origine sur tous les points du corps, se compose, comme les artères et les veines, de ramifications et de troncs qui conduisent au cœur, de chaque partie du corps, mais plus spécialement des intestins, un fluide dont la couleur est ici nulle et là rougeâtre. Ce fluide se nomme *lymphe*, et les vaisseaux qui le charrient *lymphatiques;* celui qu'ils tirent des intestins s'appelle *chyle*. Comme dans les veines, la lymphe passe des branches des lymphatiques aux troncs. Ces troncs versent leur contenu dans les troncs veineux, aux points voisins de ceux où ces derniers pénètrent dans le cœur ; il s'ensuit qu'après la jonction des lymphatiques avec les veines, le contenu des veines est un mélange de lymphe et de sang veineux. Cette lymphe renferme une partie des éléments nutritifs qui renouvellent le sang veineux.

» Lorsque ce mélange de lymphe et de sang a été versé dans les cavités du cœur par les troncs veineux, il est de nouveau chassé du cœur par la force musculaire de cet organe, et renvoyé aux poumons par un système de tuyaux flexibles nommés *artères pulmonaires*. Dans les poumons, le mélange subit l'action de l'air qu'ils ont reçu dans la respiration ; c'est là qu'il éprouve le changement final qui lui rend, qui lui fait recouvrer toutes ses qualités nutritives, et le convertit encore en sang artériel d'un rouge brillant.

» Des poumons, et lorsqu'il a subi ce changement final, le sang est ramené au cœur par une autre série de tuyaux ou tubes nommés *veines pulmonaires*. Là, il est reçu dans une autre cavité, d'où il se rend, comme devant, par les artères dans les capillaires, pour revenir au cœur par les veines.

» Tels sont les phénomènes qui constituent ce qu'on appelle la *circulation du sang*.

» La *respiration* est une fonction qui se rattache par un lien étroit à la circulation. L'air atmosphérique, attiré dans les poumons par l'aspiration, gagne les cellules (ou compartiments à air) de ces organes ; et là, agissant sur le sang à travers les tissus, il donne naissance à des changements d'une importance vitale énorme. L'oxygène de l'atmosphère est absorbé, et l'acide carbonique, dont le sang veineux était chargé, est mis en liberté. Ce double effet produit le changement final dont on a parlé et qui fait recouvrer au sang son caractère artériel. Il s'ensuit que l'air qu'on expire dans la respiration est privé d'une grande partie de son oxygène, et chargé d'une certaine quantité d'acide carbonique.

» La circulation et la respiration sont donc, comme on voit, les phénomènes qui constituent la source prochaine, immédiate, de la nutrition. Le sang artériel, en traversant le système, dépose sur chacun de ses points les principes nutritifs et reçoit en échange une partie de ce que le corps rejette. Les lymphatiques, rassemblant des diverses parties du système la lymphe nutritive, la transmettent au sang veineux avec lequel elle est portée aux poumons; là, le sang veineux se dépouille des éléments nuisibles que les organes ont rejeté et lui ont donné, et il reçoit l'oxygène de l'atmosphère, oxygène qui est nécessaire (combiné avec la lymphe) pour reconstituer son pouvoir nutritif. »

Cette note est la traduction d'un passage du récent ouvrage du docteur Lardner : *Animal Physics, or the Body and its functions familiarly explained* (Physiologie animale, ou le Corps et ses fonctions familièrement expliqués), p. 15 et suiv.; Londres, 1857.

LE FEU.

1. Note sur le § XXIII. *Combustibles minéraux.* — Depuis les terrains granitiques anciens jusqu'aux couches les plus récentes de l'écorce du globe, on rencontre, en plus ou moins grande abondance, des substances combustibles qui, par leur couleur noire, leur opacité et leur composition, se rapprochent plus ou moins du charbon ordinaire, et qui paraissent provenir de la décomposition des végétaux enfouis dans le sein de la terre. On désigne ces substances sous les noms de *tourbe,* de *lignite, de houille, d'anthracite* et de *graphite.* — La *tourbe* est, de toutes les substances charbonneuses, celle dont la formation est la plus récente, dont l'origine se reconnaît de la manière la plus évidente : c'est une matière brune ou noirâtre, spongieuse, composée de débris de végétaux entrelacés, comprimés et pénétrés de limon ; elle renferme même presque toujours des fragments d'herbes sèches parfaitement reconnaissables, et elle se forme par l'agrégation de certaines plantes qui croissent en abondance dans les marais. On en distingue deux variétés : la tourbe des marais et la tourbe marine. La première est la plus commune et la plus généralement connue par son emploi comme combustible ; on la trouve en amas considérables dans des terrains marécageux qui sont encore ou qui ont été le fond d'étangs ou de lacs d'eau douce... Les principales tourbières se trouvent en Hollande, dans le nord de l'Allemagne et en Écosse ; mais la France en possède aussi d'assez considérables, dans la vallée de la Somme, par exemple. — Le *lignite* a une texture fibreuse qui rappelle celle du bois, et répand en brûlant une odeur âcre et piquante : on le trouve ou disséminé ou en bancs, dans diverses couches des terrains de sédiment tertiaires ou secondaires supérieurs. — La *houille,* appelée vulgairement *charbon de terre,* est une substance tendre et friable, qui cependant ne se laisse pas rayer par l'ongle, qui se divise ordinairement en feuillets ou en écailles, qui est d'un noir brillant, à reflets souvent irisés, et qui brûle facilement, avec une flamme blanche ou bleuâtre, et en répandant une odeur bitumineuse qui n'est ni âcre ni désagréable. La houille est due à une altération du tissu de divers végétaux enfouis dans le sein de la terre en masses immenses, et depuis un temps dont la longueur est incalculable. — On appelle *coke* la houille qu'on a fait chauffer à l'abri du contact de l'air ou brûler incomplètement, de manière à en chasser une huile empyreumatique et des gaz inflammables. — L'*anthracite* est lisse, opaque, d'une texture qui rappelle celle de différentes pierres, et ne brûle que très-difficilement, sans flamme et presque sans fumée ; enfin il diffère aussi

du graphite en ce qu'il ne laisse pas de trace noire sur le papier. Mêlée avec du bon charbon, cette substance peut être employée comme combustible dans les hauts fourneaux destinés à la fabrication de la fonte du fer. — Le *graphite* est une espèce de charbon qui n'est pas combustible et qui ne sert qu'à faire des crayons, on le connaît généralement sous les noms de *mine de plomb* ou de *plombagine* (quoiqu'il ne renferme aucune trace de plomb), et on le rencontre dans les terrains de transition, même les plus anciens. La plus ancienne exploitation, en France, est dans le département de l'Ariége; mais c'est en Angleterre, dans le comté de Cumberland, qu'on trouve le meilleur graphite, et c'est de cela que dépend la supériorité des crayons de mine anglais sur les nôtres. (Milne Edwards et Ach. Comte, *Géologie*, p. 100 à 104; Alfred Maury, *la Terre et l'homme*, p. 17; Huot et d'Orbigny, *Géologie*, p. 123 et 124; docteur Zimmermann, *le Monde avant la création de l'homme*, p. 93 et suiv.; Phillips, *a Treatise on Geology*, p. 100 et suiv.)

2. NOTE SUR LE § XXVII. *Statistique de la houille.* — Les bassins houillers des îles Britanniques, dit M. Burat, ont une surface d'environ 4 600 000 hectares, et fournissent chaque année de 35 à 40 000 000 de tonnes de houille. — Les bassins houillers de France ont une surface de 300 000 hectares, et fournissent par an 5 à 6 000 000 de tonnes de houille. — La Belgique a 150 hectares de terrains houillers et en tire 6 000 000 de tonnes; la Prusse et l'Allemagne, 180 000 hectares qui leur donnent 4 000 000 de tonnes; l'Autriche, 80 000 hectares qui lui fournissent 900 000 tonnes; et l'Espagne, 140 hectares qui lui donnent 500 000 tonnes de houille. — Ce sont les États-Unis d'Amérique qui sont les plus riches en terrains houillers. Ils en ont 3 000 000 d'hectares. Cependant la production n'atteint annuellement qu'un chiffre relativement peu élevé : 4 400 000 tonnes, suivant Moreau de Jonnès; 9 000 000 de tonnes, suivant Burat.

Les principaux bassins houillers de la France sont les suivants :

Celui de Saint-Étienne et de Rive-de-Gier, dont la superficie est de 27 000 hectares, et qui contient 56 mines exploitées; — le terrain houiller de l'Ardèche, dont la superficie est de 7 200 hectares, et celui d'Alais (Gard), dont la superficie est de 27 000 hectares, et qui possède 20 exploitations; — le bassin de Saint-Gervais (Hérault), dont la superficie est d'environ 15 000 hectares; — le bassin de Carneaux (Tarn), dont la superficie est de 8 800 hectares; — le terrain houiller des environs de Rhodez et le bassin houiller de Decaze-Ville (Aveyron), dont la superficie est de 6 600 hectares.

Le bassin de Commentry, de Fins, etc. (Allier), a une superficie de 7 300 hectares; celui de Saône-et-Loire (mines du Creuzot, Saint-Bérain, etc.) en possède une de 42 700 hectares.

Les terrains houillers des environs de Valenciennes et de Condé (Nord) ont une superficie de 45 000 hectares, etc.

Les départements de la Loire-Inférieure et de Maine-et-Loire possèdent des mines d'anthracite qui occupent une superficie de 27 000 hectares.

(Voy. Amédée Burat, *Traité du gisement et de l'exploitation des minéraux utiles,* t. I; Milne Edwards et A. Comte, p. 102 et 103; A. Maury, p. 157 et suiv.; Moreau de Jonnès, *Statistique de l'industrie de la France*, p. 218 à 227, etc.)

VOIES DE TRANSPORT

AUX ÉTATS-UNIS.

Port de New-York.

CHAPITRE PREMIER.

I.

I.

Aucune contrée du globe ne présente un ensemble de communications intérieures, œuvre de la nature, aussi prodigieux que celui dont purent disposer les colons européens quand ils mirent le pied sur le continent américain septentrional.

Cette immense étendue de pays, — comprise entre l'Atlantique et les montagnes Rocheuses à l'est et à l'ouest, la grande chaîne de lacs qui s'étend du lac Supérieur au lac Ontario au nord, et au sud le golfe du Mexique, — est divisée en deux districts par la chaîne des Alléghany, qui la traverse du nord au sud. Le district occidental se compose de la grande vallée que sillonnent le Mississipi et ses tributaires, et dont la superficie totale est plus vaste que l'Europe occidentale. Le district oriental est formé par cette étendue de terres sises entre la chaîne des Alléghany et l'Atlantique, qui aboutissent à l'Océan et sont sillonnées d'innombrables rivières, toutes navigables, qui, la plupart, vont se jeter à l'est.

On eût pu croire que, en présence d'un tel luxe de communications fluviales, une population peu nombreuse, éparpillée sur une surface de cette étendue, tourmentée, absorbée par les exigences de son agriculture naissante, se serait pendant longtemps contentée des moyens de transport que lui procurait si largement la nature, sans recourir aux ressources de l'art.

Tel est, toutefois, le caractère de l'homme, et plus spécialement celui de l'Anglo-Saxon, qu'il ne demeure jamais satisfait tant qu'il n'a pas, par son industrie, par son savoir-faire, rendu dix fois plus productifs les présents de la nature, quels qu'ils soient. On va voir ici jusqu'à quel degré la population des États-Unis a porté le perfectionnement de ses voies de transport intérieures.

§ 1. — Navigation sur canaux.

II.

Le spectacle d'un ensemble de moyens commerciaux si imposant, si parfait, si singulièrement en rapport avec l'étendue, la fertilité et la richesse minérale du territoire dont ce peuple d'émigrants se trouva possesseur, lui suggéra l'ambition de rivaliser avec la mère patrie, et d'y introduire, d'y naturaliser ses conquêtes scientifiques et industrielles. Le nouveau continent tarda peu à présenter un système de communications artificielles qui, tout considéré, n'a pas de parallèle dans l'histoire de la civilisation.

Immédiatement après la reconnaissance de l'indépendance américaine par l'Angleterre, en 1783, plusieurs compagnies se formèrent dans les deux principaux États de l'Union, ceux de New-York et de Pensylvanie. Leur but était la construction d'un système de canaux. Les travaux furent commencés, mais sur une échelle trop faible pour avoir de grands résultats. A mesure que la prospérité commerciale des États-Unis prit des proportions plus vastes, des plans plus complets furent proposés et adoptés. En 1807, le Sénat chargea le secrétaire d'État, M. Galatin, de préparer un projet de système général d'intercommunication au moyen de canaux, basé sur le caractère géographique du territoire de l'Union.

Le projet fut tracé, et, après quelques modifications, adopté et mis à exécution.

Le renouvellement de la guerre, en 1812, y apporta une interruption ; ce ne fut que cinq ans plus tard que l'on commença ces grands travaux, dont la conséquence finale a été de donner à l'Union un système de navigation intérieure sans rival dans le reste du monde.

III.

Le jour anniversaire de la déclaration d'indépendance, célébré le 4 juillet 1817, le commencement de la grande ligne de canaux qui relie l'Hudson au lac Érié fut inauguré. De gros bâtiments pouvaient parcourir l'Hudson depuis New-York jusqu'à Albany. L'objet de cette ligne fut d'ouvrir une communication par eau entre Albany et les lacs du Nord, de manière à relier, par un canal continu, les États du Nord-Ouest à l'Atlantique.

En moins de huit années, l'État de New-York put, avec ses seules ressources, mener à bien une entreprise si vaste.

Cet État seul a exécuté le plus grand canal du monde. Tel qu'il était d'abord, le canal Érié, avec ses branches, coûtait 2,600 000 *livres sterling* (65 millions de francs) ; mais sa grandeur et ses proportions ne répondant pas encore aux exigences d'un commerce toujours croissant, son agrandissement fut résolu en 1835, et finalement terminé, moyennant une dépense supérieure à 5 000 000 livres sterling (125 millions). La longueur totale de ce canal est de 363 *miles* (145 lieues environ), et le prix de construction par *mile* est par conséquent d'environ 13 700 livres sterling (342 500 francs).

Cependant les autres États de l'Union ne demeuraient pas inactifs. La Pensylvanie spécialement rivalisait avec New-York et se couvrait de canaux dans toutes les directions. En un mot, les États de l'Ouest, et surtout ceux de l'Atlantique, se canalisaient à l'envi sur une étendue plus ou moins considérable, et aujourd'hui l'Union américaine possède un système de voies de communication intérieures par eau qui forment un total d'environ 4 500 *miles* (1 800 lieues), d'un fini, d'une perfection rarement surpassée dans les travaux analogues exécutés par les États d'Europe.

IV.

Suivant M. Michel Chevalier, dont l'ouvrage sur la matière qui nous occupe est rempli de détails importants et nombreux (*), l'étendue des canaux de l'Union s'élevait, au 1ᵉʳ janvier 1843, à 4 333 *miles* (1 733 lieues). On projetait d'en exécuter encore une étendue de 2 359 *miles* (plus de 943 lieues).

V.

Le prix de revient des canaux achevés s'élevait, d'après M. Chevalier, à une somme totale de 27 870 964 livres sterling (706 774 100 francs). Chaque mille revenait donc, en moyenne, à 6 432 livres sterling (160 800 francs).

Depuis la date de ces relevés, le système de canalisation a reçu un accroissement considérable. On a ouvert de nouvelles lignes, augmenté la longueur des anciennes, et probablement aujourd'hui l'étendue des voies de communication par canaux excède, aux États-Unis, 5 000 *miles* (2 000 lieues). Le prix moyen de ce prodigieux système de voies par eau était de 6 432 livres sterling par *mile;* de sorte que 5 000 *miles* ont dû absorber un capital de plus de 32 000 000 de livres sterling (800 000 000 de francs).

VI.

Cette étendue de voies de communication par canaux, mise en regard de la population, indique suffisamment l'esprit d'activité, d'initiative, qui caractérise le peuple américain. Aux États-Unis, on compte un *mile* de canal par chaque 5 000 habitants, tandis qu'en Angleterre la proportion est d'un *mile* par chaque 9 000 habitants, et en France d'un *mile* par chaque groupe de 13 000. Le rapport des voies d'intercommunication par canaux, aux États-Unis, est donc plus considérable que dans le Royaume-Uni, eu égard à la population : il est comme 9 à 5 ; il est aussi plus grand qu'en France, dans le rapport de 13 à 5.

§ 2. — Navigation fluviale.

VII.

L'étendue de la navigation fluviale, aux État-Unis, est proportionnée à l'étendue de leur territoire. La division du district Est des Alléghany,

---

(*) *Histoire et description des voies de communication aux États-Unis, et des travaux d'art qui en dépendent,* par Michel Chevalier. Paris, 1840-1843.

qui forme les États atlantiques, est sillonnée par un grand nombre de fleuves de premier et de deuxième ordre, tous navigables pour les gros vaisseaux. Les principaux de ces fleuves sont : l'Hudson, la Delaware, la Susquehannah, le Connecticut, le Potomac, le James, le Roanoke, la Savannah, et, vers le sud, l'Atamala et l'Alabama.

La division Ouest est sillonnée par le Mississipi et ses cent tributaires, navigables pour les vaisseaux de fort tonnage pendant plusieurs milliers de *miles*.

En outre de ces voies de communication intérieures par rivières proprement dites, il en existe une série d'autres, dérivant du caractère géographique de la côte immense qui s'étend, pendant plus de 4 000 *miles* (1 600 lieues), du golfe de Saint-Laurent au delta du Mississipi, accidentée sur tous les points par des havres naturels et des baies protectrices, frangée d'îles formant des détroits, des caps et des promontoires qui emprisonnent des bras de mer où les eaux sont affranchies des mouvements de l'Océan, et qui, dans la navigation intérieure, peuvent jouer le rôle de lacs et de rivières. Les lignes de communication formées par ces fleuves étendus et nombreux se complètent, à l'intérieur, par des chaînes de lacs qui présentent les plus grandes masses d'eau douce qui existent dans le monde connu.

VIII.

Quel que soit l'auteur de l'invention de la navigation à vapeur, il est incontestable que le premier *steam-boat* (bateau à vapeur) construit dans un but pratique fut lancé sur les eaux de l'Hudson, entre New-York et Albany, au commencement de l'année 1808. Depuis cette époque jusqu'à maintenant, ce fleuve a été le théâtre des expériences les plus remarquables sur la navigation par eau dont il soit fait mention dans l'histoire de l'homme.

L'Hudson prend sa source près du lac Champlain, le plus oriental des lacs ou mers intérieures qui s'étendent, de l'est à l'ouest, sur la limite septentrionale des États-Unis. Il se rend presque en ligne droite vers le sud, fait un trajet de 250 *miles,* et va se décharger dans la mer, à New-York. L'influence de la marée se fait sentir jusqu'à Albany; au-dessus, le cours de l'eau commence à se resserrer. — Quoique ce fleuve ne puisse être, pour sa grandeur et son étendue, comparé à plusieurs autres qui traversent les États, à raison, néanmoins, de l'importance de son commerce, il est digne d'un intérêt puissant. De nombreux vaisseaux sont constamment engagés dans ses eaux ; le steamer rapide n'en a pas encore chassé le lent, mais pittoresque navire à voiles. On dit que le courant de l'Hudson a une vitesse moyenne d'environ 3 *miles* (1 lieue ¹/₃) par heure ; mais comme le flux et le reflux de la marée sont ressentis jusqu'à Albany, on peut dire que les steamers entre cette ville et New-York sont également affectés par les courants dans l'une et l'autre direction. Le trajet, par conséquent, soit en montant, soit en descendant le fleuve, se fait dans le même temps.

Les steamers de grande classe peuvent naviguer sur l'Hudson jusqu'à Albany, près de 150 *miles* (60 lieues) au-dessus de New-York.

On a tenté, mais sans beaucoup de succès jusqu'ici, de pousser la navigation quelques milles plus loin, jusqu'à l'importante ville de Troy. Les obstacles procèdent du peu de profondeur du fleuve, et semblent tellement sérieux qu'Albany a continué et continuera probablement d'être le terme de la navigation à vapeur dans cette direction.

La navigation à vapeur sur l'Hudson captive l'attention, non pas seulement à cause du commerce immense qui se fait par son intermédiaire, mais parce que la navigation sur la plupart des autres rivières de l'Union est, en quelque sorte, modelée sur elle. Elle diffère tout à fait, comme on le verra, de celle qui règne sur le Mississipi et ses tributaires.

Dans les bateaux à vapeur qui circulent sur ces rivières, on n'exige que la force ou stabilité suffisante pour leur permettre de flotter et de supporter un mouvement progressif à travers l'eau. Comme ils n'ont pas à affronter la surface agitée d'une pleine mer, ils ne possèdent ni agrès ni voiles, et sont exclusivement construits en vue de la marche. Comparés aux steamers de mer, ils sont élancés et faibles dans leur structure; leur longueur est considérable proportionnellement à leur bau (largeur), et ils n'ont qu'un très-petit tirant d'eau.

Ces circonstances ont une influence sur la position et sur la forme des machines. Comme on n'a pas à les protéger contre une grosse mer, elles sont placées sur le pont, dans une position comparativement élevée. Les cylindres d'un grand diamètre et une course (de piston) peu étendue, presque invariablement en usage dans les navires de mer, sont rejetés dans ces navires de rivière. Les proportions sont renversées. Un diamètre comparativement petit, une course (de piston) considérable, sont adoptés. On fait rarement usage de deux machines. Une seule, placée au centre du pont, fait agir une manivelle placée sur le tourillon des immenses roues à aubes. La grandeur énorme de ces roues, la vitesse qui leur est imprimée, leur permettent de remplir l'office de volants et de mener la machine, à travers ses points morts, avec une inégalité de mouvement presque imperceptible. La longueur de course (du piston) adoptée dans ces machines procure les moyens de mettre considérablement à profit le principe de l'expansion (de la détente).

Les steamers qui naviguent sur l'Hudson sont des navires d'une grandeur remarquable; leur magnificence est inouïe, et, d'année en année, jusqu'au temps présent, cette grandeur et cette magnificence ont incessamment pris des proportions de plus en plus considérables. Les passagers n'ont vraiment rien à souhaiter.

IX.

Dans le tableau suivant, on donne les dimensions de neuf steamers qui sillonnaient l'Hudson antérieurement à 1838.

Depuis la date de ces relevés, des changements importants ont été apportés dans la proportion et dans les dimensions des navires de cette rivière. Toutes ces modifications ont pour but d'augmenter leur grandeur et leur puissance, de diminuer le tirant d'eau et d'élargir le rôle du principe expansif. La longueur et le bau ont reçu des augmentations heureuses. Les vaisseaux de premier ordre n'ont pas actuellement plus de tirant d'eau que les plus petits n'en avaient il y a quelques années : 4 *feet* 6 *inches* ($1^m,366$), tel est aujourd'hui le maximun.

TABLEAU DES STEAMERS DE L'UNION.

NOMS.	LONGUEUR du pont.	LARGEUR du bau.	TIRANT.	DIAMÈTRE de roue.	LONGUEUR des aubes.	ÉPAISSEUR des aubes.	NOMBRE des machines.	DIAMÈTRE du cylindre.	LONGUEUR du coup de piston.	NOMBRE de révolutions.	Partie du piston ou la vapeur est interceptée.
	Feet.	Feet.	Feet	Feet.	Feet.	Inches.		Inches.	Feet.		
Dewit-Clinton.	230	28	5.5	21	13.7	36	1	65	10	20	
Champlain...	180	27	5.5	22	15	34	2	44	10	27.5	
Érié........	180	27	5.5	22	15	34	2	44	10	27.5	
North-America	200	30	5	21	13	30	2	44.5	8	24	
Independence.	148	26	»	»	»	»	1	44	10	»	
Albany......	212	26	»	24.5	14	30	1	65	»	19	
Swallow.....	233	22.5	3.75	24	11	30	1	46	»	27	
Rochester....	200	25	3.75	23.5	10	24	1	43	10	28	
Utica.......	200	21	3.50	22	9.5	24	1	39	10	»	
Providence...	180	27	9	»	»	»	1	65	10	»	
Lexington....	207	21	»	23	9	30	1	48	11	24	
Narragansett..	210	26	5	25	11	30	1	60	12	»	
Massachusetts.	200	29.5	8.5	22	10	28	2	44	8	26	
Rhode-Island..	210	26	6.5	24	11	30	1	60	11	21	

Dans le tableau qui suit, on donne les dimensions et autres particularités de neuf des plus puissants steamers le plus récemment construits, qui voguent sur l'Hudson et ses affluents. En comparant ce tableau avec le précédent, on verra à quel degré les dimensions et la puissance de ces navires ont été portées.

NOM DU BATIMENT.	DIMENSIONS DU BATIMENT.				MACHINE.			ROUE A AUBES.		
	LONGUEUR.	BAU.	PROFONDEUR de cale.	TONNAGE.	DIAMÈTRE du cylindre.	LONGUEUR du coup de piston.	NOMBRE des coups de piston.	DIAMÈTRE.	LONGUEUR de l'auget.	PROFONDEUR de l'auget.
	Feet.	Feet. Inch.	Feet. Inch.	'	Inch.	Feet.		Feet. Inch.	Feet. Inch.	Inch.
Isaac-Newton...	333	40 4	10 0	»	81	12	18 $\frac{1}{2}$	39 0	12 4	32
Bay-State......	300	39 0	13 0	»	76	12	21 $\frac{1}{2}$	38 0	10 3	32
Empire-State...	304	39 0	13 6	»	76	12	21 $\frac{1}{2}$	38 0	10 3	32
Oregon........	305	35 0	» »	»	72	11	18	34 0	11 0	28
Hendrik-Hudson.	320	35 0	9 6	1050	72	11	22	33 0	11 0	33
C.-Vanderbilt...	300	35 0	11 0	1075	72	12	21	35 0	9 0	33
Connecticut....	300	37 0	11 0	»	72	13	21	35 0	11 6	36
Commodore....	280	33 0	10 0	»	65	11	22	31 6	9 0	33
New-World....	376	35 0	10 0	»	76	15	18	44 6	12 0	36
Alida.........	286	28 0	9 6	»	56	12	24 $\frac{1}{2}$	32 0	10 0	32

X.

Ce n'est pas seulement dans les dimensions que ces bâtiments ont reçu des améliorations. La vue des machines admirablement finies des steamers atlantiques de l'Angleterre n'a pas manqué d'exciter l'émulation des ingénieurs américains et des propriétaires de *steam-boats ;* ils n'ont plus voulu de leurs machines grossières, quelle que fût leur puissance. Tous les bâtiments récemment construits sont donc aussi parfaits que possible ; ils sont même décorés avec un luxe extraordinaire. Tout ce qui a trait au bien-être des passagers s'y trouve amplement, et, dans aucun pays du monde, il n'est pas de voie de communication par eau qui soit plus agréable que celle de l'Hudson. La splendeur, le luxe, l'ornementation des bateaux, ne sauraient être surpassés. Soie, velours, riches tapis, glaces immenses, dorures et sculptures, tout y est semé avec profusion. La chambre de la machine elle-même est, dans quelques-uns, couverte de glaces. Ainsi, dans l'*Alida*, l'extrémité de la chambre à la machine se compose d'une grande glace qui réfléchit ses mouvements et son jeu merveilleux.

XI.

Les nouveaux steamers peuvent faire de 20 à 22 *miles* (de 8 lieues à 8 lieues $\frac{4}{5}$) par heure, et, en moyenne, 18 *miles* à l'heure (7 lieues $\frac{1}{5}$). On obtient habituellement ces vitesses extraordinaires en rendant les chaudières capables de porter la vapeur d'une pression de 40 à 50 *livres avoirdupoids* au-dessus de l'atmosphère, et en pressant les feux au moyen de ventilateurs mus par une machine indépendante, qui peut donner aux foyers toute l'étendue qu'on veut.

Il convient d'observer ici que cette grande augmentation de vitesse ne s'obtient que par une dépense de combustible hors de proportion. Quand la vitesse est augmentée, l'espace que le bâtiment doit franchir par minute croît dans la même proportion, et, en même temps, la résistance que le pouvoir moteur a à vaincre est augmentée dans la proportion du carré de la vitesse. Il suit de là que l'effet que le pouvoir moteur doit produire par minute augmente pour deux motifs : 1° la résistance effective qu'il lui faut vaincre est augmentée en raison du carré de la vitesse ; et 2° l'espace dans lequel il lui faut agir contre cette résistance, à chaque minute, est augmenté en raison de la vitesse. Ainsi la dépense totale de force motrice par minute augmente dans la proportion du cube de la vitesse.

Supposons qu'on porte la vitesse, par exemple, de 18 à 21 *miles* par heure : la force motrice à dépenser par minute pour produire ce résultat doit être augmentée dans le rapport du cube de 18 au cube de 21 ; ou, ce qui revient au même, dans le rapport du cube de 6 au cube de 7, c'est-à-dire dans le rapport de 216 à 343, ou comme 3 à 5 à peu près.

Si donc l'action des foyers pouvait être dans ce rapport, il ne faudrait augmenter la dépense de combustible que dans la proportion de 3 à 5 ; mais la perte subie en pressant les souffleurs pour déterminer une combustion suffisante est telle que, en pratique, la consommation de combustible croît dans une proportion beaucoup plus considérable que celle résultant de l'augmentation de résistance. Dans quelques cas même, une augmentation de vitesse de 3 ou 4 *miles* par heure sur 18 *miles* élèvera presque au triple la dépense de combustible.

XII.

La puissance des machines dont il s'agit procède en grande partie de l'application du principe expansif ; mais elle a eu jusqu'ici une limite, due à l'inégalité d'action du piston mû par l'expansion de la vapeur sur la manivelle. Quand la vapeur est arrêtée à moins d'une demi-course, la force du piston est diminuée, avant la fin de sa course, de moins de moitié son total originel. Cette inégalité s'aggrave par la position relative de la manivelle et de la bielle, le *leverage* (pouvoir de levier) diminuant presque dans la même proportion que le pouvoir du piston diminue. On n'a pas trouvé généralement praticable de détendre la vapeur à moins de moitié course du piston.

XIII.

On doit faire observer que, sur les rivières de l'Est, il arrive très-rarement des explosions. Pendant les dix années qui viennent de s'écouler (1844-1854), aucune catastrophe de cette nature n'a eu lieu, quoique d'ordinaire on fasse usage de chaudières cylindriques de 10 *feet* de diamètre, dont l'épaisseur a $^3/_{16}$ d'*inch*, et que la vapeur exerce une pression de 50 *pounds* au-dessus de l'atmosphère.

XIV.

Les roues à aubes, on l'aura remarqué dans le tableau précédent, employées sur ces rivières ont une grandeur extraordinaire. Rien de particulier dans leur construction. L'aube divisée, qu'on avait adoptée depuis environ dix ans, a été mise de côté et remplacée par l'aube simple et continue. Les planches, toutefois, sont en général disposées alternativement, à des distances plus ou moins grandes du centre, en quelque sorte comme un *break-joint* (disposition des boutisses et des carreaux). On a généralement adopté des rais en bois, avec pièces centrales en fonte.

L'emploi de la détente (ou expansion) de la vapeur est universel; les soupapes, ou robinets d'admission et d'émission, fonctionnent indépendantes l'une de l'autre. Les souffleurs sont, en général, mus par une machine particulière, et chaque bouilleur possède un ventilateur cylindrique. Quelques-uns de ces souffleurs ont un diamètre de 10 *feet*, et sont mis en action par une manivelle placée sur leur axe, qui reçoit son mouvement d'une petite machine indépendante.

XV.

La puissance remarquable développée par ces machines n'a pas essentiellement pour cause la grandeur de leurs cylindres; c'est surtout à la pression de la vapeur qu'elles la doivent. Quelques-uns des bateaux les plus récemment construits ont des cylindres d'un diamètre de 76 *inches*, et la course du piston est de 15 *feet*. La vapeur subit une pression de 40 *pounds* dans la chaudière, et est détendue (interceptée) à moitié course du piston. Les roues, dont le diamètre est de 45 *feet*, font 16 révolutions par minute. La vitesse de la circonférence de la roue sera donc de 25 *miles* par heure; si la marche du bateau est de 20 *miles* à l'heure, on a la différence, 5 *miles*, qui donne le mouvement relatif de la tranche des aubes dans l'eau.

Pour déterminer la puissance des machines dont il s'agit, supposons que la moyenne pression réelle exercée sur le piston, — en tenant compte du degré de vide produit par le condenseur, et en supposant que la vapeur est détendue à moitié course du piston, — soit de 40 *livres* par *square inch* (6 centimètres carrés), que la surface du piston soit de 4 536 *square inches*, et sa course de 15 *feet;* le piston parcourt 30 *feet* pendant chaque révolution des roues, et, puisque 16 révolutions ont lieu par minute, on trouvera la force réelle développée par le piston en multipliant sa surface, 4 536, par deux fois la longueur du coup de piston, qui est 30, et par 16, qui représente le nombre de révolutions par minute. Si l'on multiplie le produit par 40 (c'est-à-dire par le chiffre de la pression réelle exercée sur chaque *square inch*), on obtient 87 091 200 *livres*, élevées à 1 *foot* de haut par minute, comme représentant la puissance développée par la machine. Cette force équivaut, suivant le mode ordinaire d'exprimer la puissance de la vapeur, à la force de 2 640 chevaux.

Donc, quelle que soit la réduction à faire pour le frottement, etc., il est évident que la force effective ainsi obtenue doit être plus grande que celle obtenue jusqu'ici sur l'eau.

L'augmentation des dimensions de ces navires et leur machinerie ont donné lieu à une économie de combustible très-considérable.

En comparant l'*Hendrik-Hudson*, par exemple, avec le *Troy*, navire autrefois bien connu, et faisant le service de New-York à Albany, on a trouvé que, quand la vitesse du premier est réduite à celle du second, le trajet de New-York à Albany s'effectuant dans le même temps, le premier consumait 13 *tons* de charbon, et le second 20 *tons*. Cependant, eu égard à ses dimensions augmentées, l'*Hendrik-Hudson* a une masse double de celle du *Troy* à mettre en marche.

La facilité avec laquelle ces navires d'une longueur et d'un bau si extraordinaire, d'un tirant si faible, se meuvent, est fort remarquable. Cela prouve que la résistance par *square foot* (ou pied carré) de section du milieu du navire immergé, n'est pas sensiblement augmentée par l'augmentation de longueur du vaisseau, et conséquemment par l'augmentation de surface et de frottement. On n'a pas expliqué cette anomalie, mais il est positif que l'augmentation dans la longueur ne diminue pas d'une manière sensible l'effet du pouvoir moteur.

XVI.

L'économie qui résulte de cet état de choses est parfaitement prouvée, puisque les propriétaires des bateaux de l'Hudson ont réduit leur tarif, pour les passagers et pour le fret, à mesure qu'ils ont augmenté la dimension de leurs bateaux.

Antérieurement à 1844, le plus bas prix de New-York à Albany (distance, 58 lieues) était de 4 *shillings* 4 *pence ;* aujourd'hui, le prix du trajet est de 2 *shillings* 2 *pence* (2 fr. 70 c.), et en ajoutant à cette somme une somme égale de 2 fr. 70 c., on peut se passer la fantaisie d'une chambre particulière. Si l'on envisage toutes les commodités, la magnificence de l'ameublement, l'abondance de la table, tout le comfortable, en un mot, dont les passagers sont entourés, on est forcé d'admettre que nulle part, sur le globe, on ne voyage à meilleur marché. Sur l'Hudson, on se trouve dans un palais flottant, environné de tout le luxe et de tous les agréments que peut offrir le plus riche hôtel, et l'on franchit 20 *miles*

(8 lieues) à l'heure, tout cela pour moins de $^1/_6$ de *penny* par *mile* (1 centime $^1/_2$ par 1 kilom. 609)!

Il n'est pas rare, pendant l'été, de rencontrer à bord de ces bateaux des personnes qui s'y sont établies à demeure, les préférant aux hôtels de la rive du fleuve. Leurs dépenses journalières sur le bateau sont comme il suit :

Prix de la course.	2 fr. 70 c.
Chambre à coucher séparée.	2 70
Déjeuner, dîner et souper.	8 10
Total par jour, pour nourriture, logement, service, et voyage de 58 lieues à raison de 1 kilom. 609 par heure.	13 fr. 50 c.

Au total, il est plus économique d'habiter le bateau qu'un hôtel. La chambre à coucher ne laisse rien à désirer ; elle est aussi élégante qu'une chambre d'hôtel ou de maison particulière, et beaucoup plus spacieuse que les chambres à coucher des plus grands *packet-ships* (paquebots).

Pour avoir une idée suffisante dé la forme et de la structure d'un des *steam-boats* (bateaux à vapeur) de première classe qui sillonnent l'Hudson, supposons que l'un de ces bateaux est construit sur le modèle d'un canot de la Tamise, mais avec une longueur de plus de 300 *feet* et une largeur de 30 *feet*. Qu'on y élève une plate-forme de charpenterie se projetant de plusieurs pieds sur les deux côtés du bateau, et à la proue (avant) et à la poupe (arrière). L'aspect offert à l'œil sera alors celui d'un immense radeau, d'une longueur de 250 à 350 *feet*, et d'une largeur de 40 à 50 *feet*. Sur ce plancher, imaginons qu'on a élevé une construction en bois, oblongue, rectangulaire, haute de deux étages. Dans la partie inférieure du bateau, et sous le plancher sus-mentionné, se voit un long espace étroit, qui a, de chaque côté, une série de logements à trois ou quatre rangs. Au centre du plancher, on remarque ordinairement, mais non toujours, un espace oblong, rectangulaire et enclos, où la machine à vapeur est placée ; cet espace enclos se prolonge par en haut, à travers la construction élevée sur la plate-forme, et se trouve coupé à une certaine hauteur au-dessus de la plate-forme par l'arbre ou tourillon des roues à aubes.

Ces roues, une machine, d'ordinaire (deux machines, à l'occasion, comme en Europe), les fait marcher. Les roues à aubes ont, le plus souvent, un grand diamètre variant de 30 à 40 *feet,* suivant la grandeur du bateau. Dans la construction en bois élevée sur la plate-forme, déjà mentionnée, se trouve un salon magnifique, à l'usage des dames et des *gentlemen* qui les accompagnent. Au-dessus, à l'étage supérieur, il y a un rang de petites chambres à coucher parfaitement meublées, que tout passager, désirant son particulier, peut prendre en payant un léger supplément.

L'appartement au-dessous sert ordinairement de salle à manger.

Dans quelques bateaux, les roues sont mues par deux machines placées sur la plate-forme, qui surplombe le bateau de chaque côté ; chaque roue est mue par une machine indépendante. Les roues, dans ce cas, agissent indépendamment l'une de l'autre, et n'ont pas d'arbre ou tourillon commun. Tout l'espace du bateau, de la proue à la poupe, demeure ainsi libre de machines. On ne saurait décrire le magnifique coup d'œil que présente cette immense étendue, quand elle est dégagée de tout obstacle. Quelques-uns des bateaux, comme on l'a vu, ont plus de 300 *feet* de long, et la longueur des salons correspond à ce chiffre.

La disposition susdite des machines offre plusieurs avantages pratiques. L'un d'eux est la facilité de tourner. Les roues, agissant indépendamment l'une de l'autre, peuvent être mues dans des sens opposés : l'une marche en avant, tandis que l'autre marche en arrière, de sorte que le bateau tourne sur son centre et le conserve. Cependant, encore que la largeur du lit de l'Hudson soit considérable et ne puisse être, par conséquent, un obstacle sérieux à l'exécution d'une telle manœuvre par le plus grand bateau, il est des cas où cette faculté de tourner présente de grands désavantages.

Un autre avantage de ce système, c'est que, quand il arrive un accident à l'une des machines, l'autre suffit pour faire marcher le bateau.

On a représenté, dans la gravure annexée de l'*Iron-Witch*, l'aspect général des steamers de l'Hudson.

<h2 style="text-align:center">XVII.</h2>

A quelques milles au-dessus de New-York, l'Hudson offre un spectacle des plus remarquables. L'habileté avec laquelle ces immenses steamers, mesurant de 300 à 400 *feet* de long, sont emportés à travers la forêt de vaisseaux de toutes sortes qui s'agitent sur la surface du fleuve, le petit nombre d'abordages qui résultent de tant de hardiesse, tout frappe d'étonnement. Au milieu d'une nuit profonde, ils se précipitent de toute leur vitesse à travers une armée de navires en marche. Les cloches qui transmettent les ordres du pilote au mécanicien cessent à peine de se faire entendre. Leurs tons sont différents. Tel ton indique telle manœuvre, tel ton en indique une autre ; il y en a pour s'arrêter, pour partir, pour retourner, pour ralentir, pour accélérer, etc. Au plus léger coup d'une de ces cloches, les machines géantes sont arrêtées, mises en marche, ou renversées par le mécanicien, comme si elles n'étaient que jouets d'enfant. Ces bâtiments, dont la marche est d'environ 8 lieues à l'heure, sont lancés au milieu des vaisseaux sans nombre qui les entourent avec tant de dextérité qu'ils en frôlent presque les flancs, les avants ou les arrières.

L'embarras qu'éprouve dans ses évolutions un bâtiment tel que le *New-World,* par exemple, qui a 25 *yards* (plus de 20 mètres) de long et 12 *yards* (près de 11 mètres) de large, doit être aisément compris ; et la rapidité, la précision, avec laquelle on gouverne une machine, dont les pistons ont un diamètre de 76 *inches,* et dont la course (des pistons) a une longueur de 5 *yards,* ne saurait que surprendre.

XVIII.

La navigation sur les autres fleuves des États atlantiques ne diffère en rien de la navigation sur l'Hudson et ses branches collatérales. L'étendue de leur commerce, la grandeur et la puissance des steamers, sont autres, voilà tout. Toutes les machines sont à condenseur ; et, quoique la vapeur soit fréquemment employée à 40 ou 50 *pounds* au-dessus de l'atmosphère, on la fait agir avec détente, et l'on maintient toujours un vide convenable derrière le piston au moyen du condenseur.

XIX.

La navigation à vapeur sur le Mississipi est complétement différente de la navigation sur l'Hudson et les fleuves de l'Est. Personne ne peut ignorer les accidents lamentables qui arrivent de temps en temps, et combien de victimes font incessamment les explosions dans cette contrée.

Loin de diminuer avec les progrès de la science, on dirait que ces accidents croissent plutôt en nombre. Les mécaniciens, dédaignant les récits navrants qui se publient continuellement, n'ont littéralement rien fait pour conjurer le mal, et l'on peut dire, en quelque sorte, que c'est une honte pour l'humanité qu'en présence d'une telle conduite, la législature de l'Union n'ait pas interposé son autorité pour refréner des abus qui causent tant de malheurs.

Dans un bateau à vapeur du Mississipi, les chambres et les salons pour

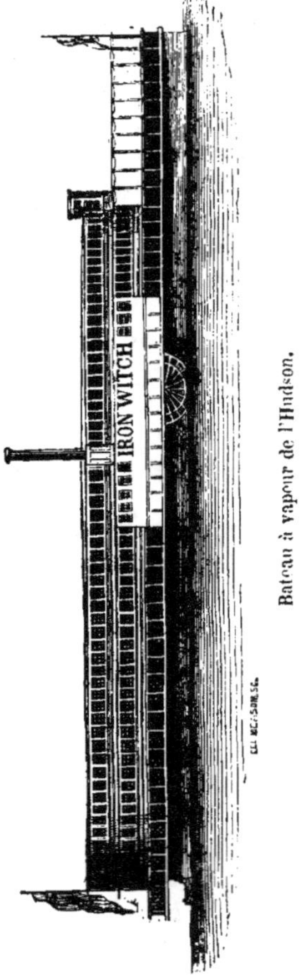

Bateau à vapeur de l'Hudson.

les passagers, quoique moins somptueusement meublés, sont aussi spacieux que les chambres et les salons des bâtiments de l'Hudson. Ils s'élèvent sur une plate-forme, à 6 ou 8 pieds au-dessus du pont. Sur ce pont, et dans l'espace au-dessous des chambres et des salons, se trouvent les machines, dont la construction est des plus grossières. La vapeur y est invariablement employée à haute pression et sans condensation ; pour obtenir cet effet, qui, dans les vapeurs de l'Hudson, est dû au vide, la vapeur est poussée à une pression extraordinaire. J'ai vu fréquemment, de

Bateau à vapeur du Mississipi.

mes propres yeux, des chaudières, de la construction la plus négligée, avoir à supporter une pression supérieure à 54 kilogrammes par chaque 6 centimètres carrés ; mais, plus récemment, cette pression s'est accrue ; elle est aujourd'hui d'environ 68 kilogrammes, et je tiens de personnes dignes de foi qu'on la porte assez souvent jusqu'à plus de 90 kilogrammes. Les chaudières sont cylindriques, d'un grand diamètre, et de l'espèce la plus grossière. Lorsqu'elles ont des tuyaux de retour, l'espace libre est si petit que la plus légère variation dans la quantité d'eau qu'elles contiennent, ou dans l'assiette du bateau, est cause que les tuyaux supérieurs restent découverts : l'intensité du fourneau, dans ce cas, les élève bientôt au rouge ; un malheur est presque inévitable. Le fer rougi, incapable de résister davantage à la pression qu'il supporte, cède, la chaudière fait explosion, et l'eau bouillante est lancée dans toutes les directions, produisant souvent des effets plus désastreux que les fragments mêmes de la chaudière, fragments qui sont projetés alentour avec une puissance de destruction épouvantable.

XX.

Une autre cause fréquente d'explosion dans ces chaudières est la vase que tiennent en suspension les eaux du Mississipi au-dessous de l'embouchure du Missouri. À mesure que s'évapore l'eau de la chaudière, la matière terreuse en suspension s'en sépare, demeure et s'accumule dans la chaudière, au fond de laquelle elle se rassemble enfin en une couche épaisse. C'est un effet analogue à ceux qui se produisent dans les chaudières marines après le dépôt du sel. Cette couche terreuse de la chaudière n'étant pas bon conducteur, la chaleur qui s'élève du fourneau est interrompue, et, au lieu d'être absorbée par l'eau, s'accumule dans les plaques de la chaudière, qu'elle finit par élever au rouge. Ces plaques se ramollissent, cèdent, et la chaudière éclate. Pour prévenir une telle catastrophe, il suffirait d'agiter de temps à autre l'eau de la chaudière ; mais les conducteurs et les capitaines sont trop préoccupés d'aller vite, et, comme ils disent, de *piquer une tête*. — Sur le Mississipi (comme, du reste, sur l'Ohio, le Missouri, et tous les tributaires du *père des fleuves*), la vie de l'homme semble chose indifférente.

XXI.

La grandeur et l'éclat de ces bateaux à vapeur sont peu inférieurs, s'ils le sont réellement, à ceux de l'Hudson. Ils sont, toutefois, construits plus spécialement en vue du transport des marchandises ; ils amènent au port de la Nouvelle-Orléans des quantités considérables de coton et d'autres produits, aussi bien que des passagers. Beaucoup de ces bateaux ont 300 feet de longueur et au delà, et peuvent recevoir mille *tons* (1 015 000 kilogrammes) de marchandises, avec 3 ou 400 passagers du pont en outre des passagers des chambres. Le transport des marchandises et des passagers dans l'immense vallée du Mississipi s'effectue ainsi, sauf une minime partie qui se fait par des espèces de radeaux nommés *flat-boats* (bateaux plats).

XXII.

Cette ligne de navigation se continue en montant le Mississipi, et se ramifie à l'est et à l'ouest, le long des grands tributaires de ce fleuve. L'Ohio la mène, à l'est, jusqu'à Pittsburg, en Pensylvanie. Un canal relie l'Ohio, à Cincinnati, avec le lac Érié. La navigation du Mississipi supérieur se prolonge par l'Illinois jusqu'à un port près du lac Michigan, avec lequel elle se relie par un canal qui s'étend jusqu'à Chicago, sur la rive occidentale de ce lac. Ici commence la grande chaîne de navigation par lacs, qui traverse la division septentrionale des États, en parcourant les lacs Michigan, Huron, Érié et Ontario, et en se prolongeant le long du Saint-Laurent jusqu'à Montréal et Québec. Les lacs sont reliés par des canaux. — Par le canal Érié, qui rattache le lac de ce nom à la tête de la navigation de l'Hudson à Albany, l'enceinte de navigation autour des États-Unis est complétée.

CHAPITRE II.

I. Navigation intérieure. — II. Tableau des bâtiments à vapeur marins. — III. Bâtiments remorqueurs sur les fleuves. — IV. Train de marchandises par eau. — V. Origine des chemins de fer aux États-Unis. — VI. Prix moyen de construction jusqu'en 1849. — VII. Tableau des chemins de fer en 1851. — VIII. Leur distribution et leur direction. — IX. Lignes de la Nouvelle-Angleterre. — X. Lignes de New-York. — XI. New-York et Philadelphie. — XII. Lignes de la Pensylvanie. — XIII. Rapidité de la construction; tableau. — XIV. Étendue des lignes ouvertes et à ouvrir en 1853. — XV. Leur distribution entre les États. — XVI. Prix moyen de construction. — XVII. Chemins de fer dans les États du centre. — XVIII. Résumé général. — XIX. Causes de la vileté relative du prix de construction. — XX. Comment on passe un fleuve. — XXI. Modes de construction; rails et courbes. — XXII. Machines. — XXIII. Améliorations récemment apportées dans la construction. — XXIV. Des wagons. — XXV. Comment on franchit les courbes.

I

Malgré les facilités que trouve la navigation côtière sur les rivages atlantiques, depuis New-York jusque vers le Sud, on a tenté avec succès d'établir une communication méditerranéenne parallèle par le Potomac et l'Hudson. Une ligne de steamers méditerranéens est établie entre le

I.   11

Potomac et New-York, par la baie de Chesapeake, la Delaware, le Chesapeake et le canal de la Delaware, la Delaware, le canal du Rariton, et le Rariton. Par ce moyen, la ligne de communication s'étend jusqu'aux rives de New-England et Long-Island-Sound.

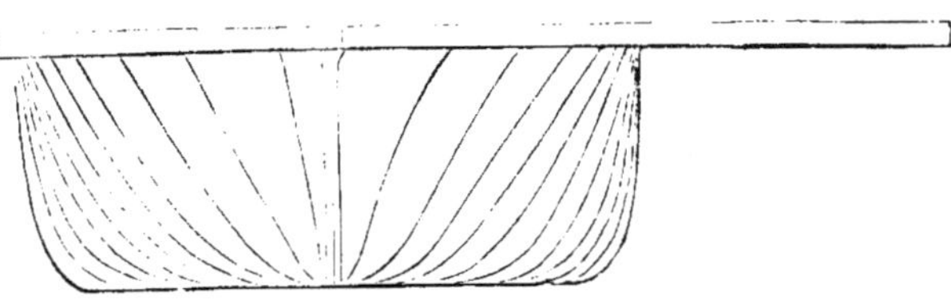

FIG. 1.

On a formé le projet (et probablement il sera mis à exécution) d'élargir le canal du Grand-Érié pour qu'il puisse recevoir des steamers. Quand ce projet sera exécuté, toute l'étendue des États-Unis, depuis Washington (par New-York, Albany, les grands lacs du Nord et le Mississipi) jusqu'à la Nouvelle-Orléans, sera environnée d'une chaîne de navigation à vapeur méditerranéenne (ou intérieure). L'importance, en cas de guerre, de cette voie de communication intérieure, est palpable.

La forme et la structure des *river-steamers* (bateaux à vapeur de fleuves), décrites en termes généraux dans le précédent chapitre, seront plus facilement saisies, si l'on se reporte à la figure 1.

Cette figure représente une section transversale du corps du bateau, avec une moitié de la plate-forme qui se trouve au-dessus et

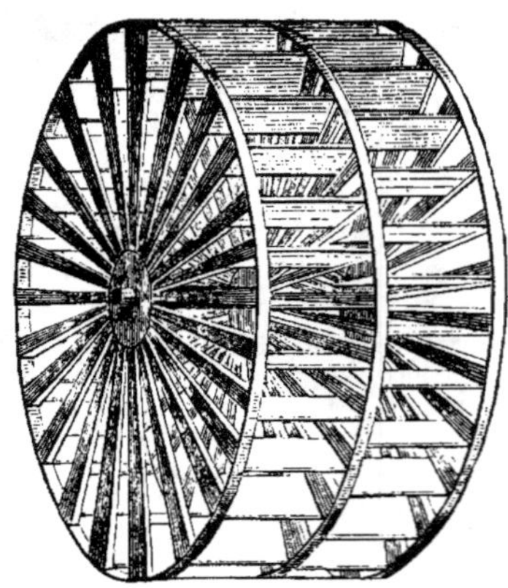

FIG. 2.

supporte les chambres et les salons supérieurs. Le fond de ce corps du bateau est tout à fait plat, a ses côtés perpendiculaires et ses angles arrondis. Ceux-ci, à l'avant, sont complétement tranchants.

La roue à aubes divisée, qui, jusque dans ces derniers temps, était exclusivement en usage dans les bateaux dont il s'agit, se voit figure 2.

Elle est formée comme par la réunion de deux roues à aubes ordinaires ou davantage, placées en dehors l'une de l'autre, sur le même tourillon, mais de façon que les aubes de l'une puissent avoir une position intermédiaire entre celles de la roue adjacente, comme l'indique la figure.

Les rais, chevillés à des bourrelets ou rebords de fonte, sont en bois. Ces bourrelets s'adaptent à l'arbre de palc. Les extrémités extérieures des rais sont attachées à des bandes circulaires ou jantes de fer qui entourent la roue ; et les aubes, formées de bois dur, sont chevillées aux rais. Les roues ainsi construites se composent quelquefois de trois et fréquemment de quatre cercles d'aubes indépendants, placés l'un à côté de l'autre, et disposés de manière que les aubes ne correspondent pas.

II.

Quoique ce traité soit limité aux voies de transport intérieures, il ne sera pas, toutefois, sans intérêt de jeter un coup d'œil sur les progrès accomplis par les États-Unis dans la navigation maritime. Dans ce but, on donne, dans le tableau suivant (voy. page suivante), les dimensions et la puissance de quelques-uns des principaux steamers de mer construits à la date des derniers relevés qui nous sont parvenus. Il est bon de rappeler, toutefois, que la marine des États-Unis fait des progrès si rapides qu'il est probable que, quand le lecteur aura ces pages sous les yeux, beaucoup d'autres bâtiments, plus beaux encore, auront été mis à la mer.

III.

L'autre classe de steamers employés au commerce des fleuves, correspond aux trains de marchandises sur les chemins de fer. Rien de plus remarquable que ces locomotives remorquant leur charge énorme en amont de l'Hudson. On les voit, au milieu de ce vaste fleuve, environnées d'un groupe de vingt à trente embarcations chargées et de grandeurs diverses. Trois ou quatre rangs y sont amarrés de chaque côté, et un plus grand nombre à l'avant et à l'arrière. On ne distingue plus, pour ainsi dire, le steamer au sein de cette foule de bâtiments qui se cramponnent à lui, et la masse mouvante s'avance sur le fleuve sans qu'on voie ses agents de propulsion, car le steamer et ses moteurs sont littéralement ensevelis dans la foule de bâtiments qui l'étreignent et flottent autour et auprès de lui.

IV.

A mesure que ce *train de marchandises aquatique* (car on peut l'appeler ainsi) remonte l'Hudson, il abandonne sa charge, vaisseau à vaisseau, aux villes qu'il traverse. Un ou deux sont laissés à Newburgh, un autre à Powkeepsie, deux ou trois à Hudson, un ou deux à Fishkill, et enfin le remorqueur arrive à Albany, n'ayant plus qu'une demi-douzaine de vaisseaux.

| NOM ET ROUTE DU BATIMENT | DIMENSIONS DU BATIMENT | | | | | | MACHINE | | | | ROUE A AUBES | | | | |
	LONGUEUR (Feet)	BAU (Feet)	BAU (Inch)	PROFONDEUR de cale (Feet)	PROFONDEUR de cale (Inch)	TONNAGE	DIAMÈTRE du cylindre (Inches)	LONGUEUR de la course (Feet)	LONGUEUR de la course (Inch)	NOMBRE de courses	DIAMÈTRE (Feet)	DIAMÈTRE (Inch)	LONGUEUR de l'auget (Feet)	LONGUEUR de l'auget (Inch)	PROFONDEUR de l'auget (Inches)
Le Panama (Panama et San-Francisco)	200	33	6	20	0	»	70	8	0	17	26	0	8	9	30
Le Pacifique (New-York et Liverpool)	280	45	6	24	0	»	95	9	0	16 ½	35	0	11	6	34
L'Antarctique (idem)	2·0	45	6	24	0	»	96	10	0	16 ½	35	6	12	0	32
Le Washington (New-York, Southampton et Brême)	230	39	0	32	0	1750	72	10	0	12	35	0	7	6	36
L'Hermann (idem)	235	40	0	32	0	1850	72	10	0	12	36	0	8	0	36
Le Southerner (New-York et Charleston)	196	32	0	22	0	850	67	8	0	14	31	0	7	6	30
Le Northerner (idem)	206	33	0	22	0	1000	70	8	0	14	31	0	7	6	30
Le Cherokee (New-York et Savannah)	212	35	0	22	0	1250	75	8	0	14	31	0	8	0	30
Le Tennessee (idem)	212	35	0	22	0	1250	75	8	0	14	31	0	8	6	30
L'Orégon (Panama et Orégon)	200	34	0	20	0	1100	70	8	0	15	26	0	9	0	30
La Californie (idem)	200	33	0	20	0	1050	70	8	0	15	26	0	9	0	30
Le Franklin (New-York et le Havre)	260	42	0	26	0	2309	94	8	0	»	34	0	12	0	30
L'Atlantique (New-York et Liverpool)	280	46	0	32	0	2800	95	9	0	»	35	0	12	0	32
Les Etats-Unis (New-York, Nouvelle-Orléans et Chagres)	259	40	0	34	0	»	80	9	0	16	35	0	9	0	36
Le Crescent-City (idem)	220	34	0	17	0	»	80	9	0	16	32	0	8	0	30
L'Empire-City (idem)	230	38	0	17	6	»	83	9	0	»	32	0	8	0	39
La Georgia (idem)	260	45	0	34	6	»	90	8	0	»	36	0	10	6	30
L'Ohio (idem)	260	47	0	34	6	»	90	8	0	»	36	0	10	6	30
Le Falcon (idem), touchant à la Havane	206	32	0	22	0	»	60	5	0	16	30	0	7	8	13
Le Powhatan	254	45	0	26	6	2419	70	10	0	»	31	0	10	0	30
La Susquehanna	252	45	0	26	6	2398	70	10	0	»	31	0	9	6	34
Le Saranac } bâtiments du gouvernement	215	38	0	23	6	1459	60	9	0	»	27	0	9	0	30
											Propulseurs à hélices.				Nombre de lames.
Le San-Jacinto	215	38	0	23	6	»	62 ½	4	2	»	14	0	5	0	6
Le Carolinian (Philadelphie et Charleston)	175	28	0	18	0	660	44	3	0	»	11	0	»	»	»
La Philadelphie (idem)	192	33	0	18	6	»	56	6	9	19	27	0	8	9	»
L'Isabelle (Charleston et la Havane)	222	33	0	21	6	1115	72	8	0	16	31	0	8	0	»
La République (Baltimore et Charleston)	200	30	0	18	6	800	54	6	0	»	25	6	8	9	»

§ 3. — Chemins de fer.

V.

A peine les Américains surent-ils les résultats superbes qu'on venait d'obtenir en Angleterre sur le chemin de fer de Liverpool et de Manchester, qu'avec leur enthousiasme accoutumé ils s'empressèrent d'introduire chez eux le nouveau système de locomotion.

Des projets de voies ferrées à l'usage des voyageurs, mais sur une échelle immense, comme tout ce que font les États-Unis, se produisirent immédiatement.

Déjà l'on s'y servait, comme en Angleterre, depuis plusieurs années, de quelques lignes de chemins de fer isolées, et voisines de houillères et de manufactures. Mais ce ne fut qu'après 1830 que ce système de voies revêtit en Amérique le caractère qu'il avait déjà en Angleterre. Peu d'années suffirent, et la Nouvelle-Angleterre, l'État de New-York, eurent des chemins de fer; une fois commencés, ils ne tardèrent pas à acquérir un développement remarquable.

Les États atlantiques, toutefois, ont été le principal théâtre des travaux, et cela se comprend sans difficulté. Le Mississipi et ses tributaires ont jusqu'à présent suffi au commerce comme au transport de la population relativement peu nombreuse et disséminée des États de l'Ouest. Aussi, malgré l'esprit d'entreprise qui règne là comme ailleurs, les chemins de fer sont-ils comparativement rares dans ces plaines aux vastes forêts et dans ces prairies immenses. Elles n'ont pas, pourtant, complétement échappé aux travaux des ingénieurs, et le voyageur éprouve déjà, même dans ces contrées isolées, les bienfaits du nouveau mode de transport. Mais les voies de fer qu'il y rencontre sont des lignes détachées et qui ne se relient pas au réseau grandiose dont on va parler.

Dans ces régions sauvages, on ressent, lorsqu'on réfléchit à ce mode de transport dû à l'art, importé dans une contrée dont une grande partie est encore à l'état de forêt vierge, une impression étrange; on devine que l'audace est le fond du caractère de la population. Non loin du Mississipi, en parcourant des forêts primitives, où le pied de l'homme, il y a peu d'années encore, n'avait jamais pénétré; en traversant des solitudes dont le silence n'avait jamais été rompu, même par les Peaux-Rouges, nous nous sommes plus d'une fois émerveillé de nous voir transporté par une machine construite à Newcastle-on-Tyne et mise en marche par un artisan de Liverpool, à raison de 20 *miles* (8 lieues) à l'heure. Il n'est pas facile de décrire ce que produit le rapprochement de ces raffinements de l'art et de la science avec la sauvagerie du pays, où l'on voit les bêtes fauves, effrayées, s'enfuir de leur repaire au bruit de la lourde machine et à la vue du train qui la suit en ondulant.

VI.

Le premier chemin de fer américain à l'usage des voyageurs fut ouvert le dernier jour de l'année 1829. En 1849, c'est-à-dire vingt ans après, les États-Unis possédaient 6 565 *miles* (2 626 lieues) de voies de fer. Les frais de construction et d'établissement de ce système de voies s'élevait, d'après les rapports officiels, à 53 386 885 livres sterling (66 733 606 fr. 25 cent.), ce qui donne une moyenne de 8 129 livres (10 161 fr. 25 cent.) par mille.

VII.

Nous possédons, toutefois, des documents qui fournissent des données plus récentes. Nous avons pu en extraire le tableau suivant, qui montre le nombre de milles de voies ferrées ouvertes aux États-Unis, le capital dépensé pour leur construction et leur établissement, et la longueur des lignes en cours d'exécution, mais non achevées en 1851.

	CHEMINS DE FER terminés.	FRAIS de construction et d'établissement.	CHEMINS DE FER projetés et commencés.	FRAIS par mille.
	Miles.	Liv. sterl.	Miles.	Liv. sterl.
États de l'Est, comprenant le Maine, le New-Hampshire, le Vermont, le Massachusetts, le Rhode-Island et le Connecticut.....	2 845	23 100 987	567	8 120
États atlantiques, comprenant celui de New-York, les Jerseys, la Pensylvanie, la Delaware et le Maryland..................	3 503	27 952 500	2 020	7 979
États du Sud (Virginie, les Carolines, Georgie, Floride et Alabama)..............	2 106	8 253 130	1 283	3 919
États de l'Ouest (Mississipi, Louisiane, Texas, Tennessee, Kentucky, Ohio, Michigan, Indiana, Illinois, Missouri, Jowa et Wisconsin................................	1 835	7 338 290	5 762	3 999
Totaux et moyennes..............	10 289	66 644 907	9 632	6 478

VIII.

Des chemins de fer qui sillonnent le territoire de l'Union, plus de la moitié sont construits dans les États de Pensylvanie, de New-York, et dans ceux de la Nouvelle-Angleterre. Les principaux centres, d'où divergent ces lignes de communication, sont Boston, New-York et Philadelphie.

Une étendue considérable, quoique de moindre importance, part de Baltimore; et, récemment, des lignes de communication d'une grande longueur ont été construites, qui partent de Charleston dans la Caroline du Sud, et de Savannah dans la Georgie.

IX.

De Boston partent trois grandes lignes. La principale traverse l'État de Massachusetts, à Albany, sur l'Hudson. Cette ligne a 200 *miles* de long et semble destinée à être le théâtre d'un commerce important. Ses ramifications au sud, à travers les États moins considérables de la Nouvelle-Angleterre, sont nombreuses; elles se dirigent surtout vers les ports de Long-Island-Sound, qui communiquent par des bateaux à vapeur avec New-York. La première branche est conduite de Worcester, dans le Massachusetts, à New-London sur le Sound, où elle rencontre un petit bac à vapeur qui communique avec Greenport, à l'extrémité orientale de Long-Island. De là, une autre voie de fer, longue d'environ 50 *miles*, se dirige vers Brooklyn, situé sur la rive de cette île, en face de New-York, et communique avec cette dernière ville par l'intermédiaire d'un bac à vapeur.

Ainsi, il existe un chemin de fer continu de Boston à New-York; il n'est interrompu que par deux bacs.

Une autre branche de la grande ligne de Massachusetts se dirige au sud de Springfield, par Hartford, à Newhaven; et une troisième, de Pittsfield à Bridgeport. Ces deux derniers endroits se trouvent sur le Sound et communiquent avec New-York par des bateaux à vapeur.

La seconde grande ligne quitte Boston et s'élance au sud vers Providence; de là, elle gagne Stonington, d'où elle communique par un bac avec le chemin de fer de Long-Island (l'île Longue). Elle jette une branche qui va de Foxburgh à New-Bedfort, où elle communique par des bacs avec le groupe d'îles et les promontoires agglomérés autour du cap Cod.

Une troisième grande ligne part de Boston et traverse l'État du Maine.

X.

Malgré la célérité et la perfection des bateaux à vapeur de l'Hudson, on a construit sur le côté est de ce fleuve un chemin de fer jusqu'à Albany.

D'Albany s'élance une grande ligne, longue de 323 *miles*, qui traverse tout l'État de New-York jusqu'à Buffalo, à l'entrée du lac Érié, avec des embranchements pour les places importantes sur un côté et sur l'autre. Cette ligne forme la continuation du chemin de fer occidental, mené de Boston à Albany; combinée avec ce dernier, elle complète la voie de communication par fer, depuis le havre de Boston jusqu'à celui de Buffalo sur le lac Érié, et possède une longueur de 523 *miles* (de Boston à Buffalo).

Les embranchements venant de cette grande ligne ne sont pas nombreux. Il y en a un qui va de Schenectady à Troy, sur l'Hudson, et un autre qui se rend de Schenectady à Saratoga; un autre, de Syracuse à

Oswego, sur le lac Ontario; enfin un quatrième, de Buffalo à la cataracte de Niagara, et de là à Lockport.

Non contents de cette belle ligne qui les met en communication avec les lacs de l'Ouest, les commerçants de New-York ont projeté et en partie mis à exécution une route nouvelle, plus directe, de New-York à Buffalo, indépendante de l'Hudson.

L'inconvénient de ce fleuve, comme voie exclusive de communication, est que, pendant une certaine portion de l'hiver, le commerce y est suspendu à cause des glaces. Dans ce cas, la ligne de voie de fer ouverte déjà de Bridgeport et Newhaven jusqu'à Albany a été très-utile aux voyageurs. Quoi qu'il en soit, on peut considérer comme certain que le commerce de l'État de New-York, sur la ligne directe qu'on établit de cette ville à Buffalo, sera bientôt assez considérable pour soutenir une ligne de chemin de fer indépendante.

Les environs de New-York sont desservis par plusieurs petits chemins de fer, comme il est d'usage dans toutes les grandes capitales où prévaut le système de transport par voies ferrées.

La ligne qui relie New-York à Haarlem est analogue, sous beaucoup de rapports, aux lignes de Greenwich et de Blackwall, à Londres, ou aux lignes de Versailles et de Saint-Germain, à Paris. C'est par le même trafic qu'elle se soutient. La ligne de New-York, toutefois, présente cette particularité qu'elle traverse les rues de la capitale, sur leur niveau naturel, sans déblai, tunnel ni remblai. Les wagons, en entrant dans la ville, sont tirés par des chevaux; chaque voiture en a quatre. Chacune transporte de 60 à 80 personnes, et ne diffère pas dans sa construction des voitures de chemins de fer généralement en usage aux États-Unis.

Les rails des rues sont disposés de la même façon que dans les endroits où, en Angleterre, des lignes de chemins de fer traversent des routes à barrières de niveau. La surface du rail est à fleur du pavé, et une cavité est ménagée pour que la saillie y pénètre.

D'autres petits chemins de fer, de New-York à Paterson, Morristown et Somerville, n'exigent pas de remarques particulières.

XI.

La grande ligne de chemin de fer déjà décrite, de Boston à New-York, se continue au sud depuis cette capitale jusqu'à Philadelphie. Là il y a deux lignes rivales : l'une, commençant à la cité de Jersey, sur l'Hudson, en face de la partie sud de New-York, va jusqu'à Bordentown, sur la rive gauche de la Delaware, d'où les marchandises sont transportées par des bateaux à vapeur quelques milles plus loin, à Philadelphie. L'autre ligne commence à South-Amboy, dans le New-Jersey, où les marchandises sont amenées de New-York par des vapeurs du fleuve Rariton, lequel sépare le New-Jersey de Staten-Island. D'Amboy, le chemin de fer se dirige sur Camden, sur la rive gauche de la Delaware, en face de Philadelphie.

Le transport entre New-York et Philadelphie se fait principalement par la première de ces deux lignes.

XII.

Philadelphie est aussi le grand centre d'où divergent des chemins de fer. Une ligne se dirige vers l'est par l'État de Pensylvanie en traversant Reading, et se termine à Pottsville, au milieu du grand terrain houiller pensylvanien. Là, elle se relie à un réseau de petits railways qui desservent les mines de charbon et de fer de cet endroit. Cette ligne va en descendant vers Philadelphie, et offre de plus grands avantages aux districts miniers qu'une surface unie. Les trains chargés descendent d'ordinaire sans qu'il soit besoin d'une force motrice considérable ; on les ramène à vide.

Le transport des passagers se fait surtout entre Reading et Philadelphie.

Une autre ligne de chemin de fer se rend à l'ouest par l'État de Pensylvanie, en traversant Lancastre, Harrisburgh, siége de la législature, Carlisle et Chambersburg, où elle gagne le chemin de fer de Baltimore et de l'Ohio. La longueur de cette voie, de Philadelphie à Chambersburg, est de 154 *miles*. La première ligne, jusqu'à Pottsville et Mount-Carbon, a 108 *miles;* la section jusqu'à Reading en a 64.

XIII.

On va voir par le tableau suivant en combien de temps tous ces travaux publics ont été exécutés. Le nombre de milles achevés était :

En 1830.	167	En 1845.	3 659	En 1849.	7 000
1832.	213	1846.	4 144	1850.	8 797
1835.	787	1847.	4 249	1851.	10 289
1840.	2 380	1848.	5 258		

XIV.

Des relevés encore plus récents portent que, au 1er janvier 1853, le nombre de milles de chemins de fer terminés était de 13 315, et le chiffre de milles en voie d'exécution de 12 029. Ainsi, dans les deux années qui ont précédé le 1er janvier 1853, une étendue de chemins de fer mesurant 3 026 milles a été livrée à la circulation, et l'on a entrepris d'ouvrir 2 397 milles de voies nouvelles.

XV.

Le tableau qui suit donne la proportion suivant laquelle se répartit cette immense étendue de voies de communication entre les États confédérés, et la proportion pour chaque État, en raison de la superficie et de la population de chacun.

Tableau *indiquant la surface, la population, la longueur de chemin de fer, et le rapport du chemin de fer à la surface et à la population de chacun des États de l'Union Américaine en 1855.*

ÉTATS.	MILLES CARRÉS de surface.	POPULATION.	MILLES DE CHEMIN DE FER.			MILLES DE CHEMIN par 100 milles carrés de surface.			MILLES DE CHEMIN par 1 000 habitants.		
			Terminés.	En exécution.	Total.	Terminés.	En exécution.	Total.	Terminés.	En exécution.	Total.
Maine	30 280	583 188	395	111	506	1.30	0.67	1.67	0.68	0.19	0.87
New-Hampshire	9 000	317 964	500	42	542	5.55	0.47	6.02	1.57	0.13	1.70
Vermont	10 212	314 120	439	»	439	4.30	» »	4.30	1.40	» »	1.40
Massachusetts	7 800	994 499	1 140	66	1 206	14.61	0.85	15.46	1.13	0.07	1.22
Rhode-Island	1 306	147 544	50	32	82	3.85	2.46	6.31	0.34	0.22	0.56
Connecticut	4 674	370 791	630	198	828	13.48	4.24	17.73	1.70	0.53	2.23
New-York	46 000	3 097 349	2 150	1 004	3 154	4.67	2.18	6.85	0.69	0.32	1.01
New-Jersey	8 320	480 553	254	85	339	3.06	1.00	4.06	0.53	0.18	0.71
Pensylvanie	46 000	2 311 786	1 211	914	2 125	2.63	2.00	4.63	0.52	0.40	0.92
Delaware	2 120	91 535	16	11	27	0.76	0.50	1.26	0.17	0.12	0.29
Maryland	9 356	583 035	521	»	521	0.56	» »	0.56	0.89	» »	0.89
Virginie	6 352	1 421 661	624	610	1 234	9.82	9.60	19.42	0.44	0.43	0.87
Caroline du Nord	45 000	868 903	249	248	497	0.55	0.55	1.10	0.29	0.29	0.58
Caroline du Sud	24 500	668 507	599	296	895	2.45	1.21	3.66	0.90	0.44	1.34
Georgie	58 000	905 999	857	203	1 060	1.48	0.35	1.83	0.95	0.22	1.17
Floride	59 268	87 401	23	»	23	0.04	» »	0.04	0.26	» »	0.26
Alabama	50 722	771 671	236	666 ¹/₂	902 ¹/₂	0.47	1.31	1.78	0.31	0.86	1.17
Mississipi	47 156	600 555	95	875	970	0.20	1.86	2.06	0.16	1.46	1.62
Louisiane	46 431	517 739	63	200	263	0.14	0.43	0.57	0.12	0.39	0.51
Texas	237 321	212 592	32	»	32	0.01	» »	0.01	0.15	» »	0.15
Tennessee	45 608	1 002 625	185	509 ¹/₂	694 ¹/₂	0.41	1.12	1.53	0.18	0.51	0.69
Kentucky	37 680	982 405	94	659	753	0.25	1.75	2.00	0.09	0.67	0.76
Ohio	39 964	1 980 408	1 418	1 736	3 154	3.54	4.34	7.88	0.72	0.88	1.60
Michigan	56 243	397 654	427	»	427	0.76	» »	0.76	1.07	» »	1.07
Indiana	33 869	988 415	755	979	1 734	2.23	2.89	5.12	0.76	0.99	1.75
Illinois	55 405	851 470	296	1 662	1 958	0.53	3.00	3.53	0.35	1.95	2.30
Missouri	67 380	682 033	»	515	515	» »	0.77	0.77	» »	0.76	0.76
Wisconsin	53 924	305 091	56	417	473	0.10	0.77	0.87	0.18	1.37	1.55
Total	1 139 891	22 537 493	13 315	12 039	25 354	77.75	44.02	121.77	16.57	13.38	29.95

On doit reconnaître que les résultats indiqués ici présentent un spectacle assez étonnant. On y voit qu'en 1853, il y avait aux États-Unis 13 315 *miles* de chemins de fer terminés, et qu'il y en avait 12 029 en projet et en voie d'exécution. Ainsi, que quelques années s'écoulent encore, et cette nation extraordinaire possédera plus de 25 000 *miles* de voies ferrées ouvertes à la circulation.

XVI.

Il résulte de ce qui précède que le moyen chiffre de construction a diminué à mesure que les voies ont pris plus d'extension. Le chiffre moyen de construction des 6 500 *miles* de chemins de fer terminés en 1849 était de 8 129 livres sterling par *mile;* et l'on voit par le tableau précédent que le chiffre réel de 10 289 *miles* terminés en 1851 a été en moyenne de 6 478 livres sterling par *mile.* Si l'on considère la distribution de ces chemins de fer entre les États, il semble que cette discordance est plus apparente que réelle, et procède de ce fait que les voies ferrées ouvertes depuis 1849, se trouvant surtout dans les États du Sud et de l'Ouest, sont des lignes construites à bon marché; les propriétaires ont fourni leur concours gratuit sur une grande étendue; les frais d'établissement et de main-d'œuvre ont été peu coûteux, de sorte que le moyen chiffre par mille a été un peu inférieur à 4 000 livres sterling. On doit remarquer aussi que la distribution de ce réseau de voies ferrées est fort inégale et par le nombre et par l'étendue. Ainsi, dans les populeux et riches États de Massachusetts, de New-Jersey, de New-York, le rapport des chemins de fer à la surface est considérable, tandis que dans les États du Sud et de l'ouest il est très-faible.

XVII.

Les États de l'Ohio, de l'Indiana et de l'Illinois, qui sont le grand chemin de l'émigration des peuples d'Occident, se sont, depuis quelques années, occupés d'établir un système de voies de communication par fer, et, avant dix ans, leur territoire immense sera littéralement couvert d'un réseau de chemins de fer et de canaux.

XVIII.

On est vraiment surpris des prodiges accomplis par le peuple des États-Unis, de son caractère entreprenant, lorsqu'on jette les yeux sur une carte récente des voies de communication intérieures qu'il a ouvertes. Une ligne de chemin de fer, qui a déjà 1 200 *miles* de longueur, et dont les proportions vont croissant incessamment, s'étend le long de la côte atlantique. En outre, il n'existe pas moins de huit grandes lignes partant du bord de la mer pour se rendre à l'intérieur :

1. Celle de Portland (Maine) à Montréal, communiquant avec
   le Saint-Laurent et l'Ottowa. . . . . 300 miles.
2. Celle de Boston à Ogdensburg, où le Saint-Laurent sort du
   lac Ontario. 400
3. Celle de Boston à Buffalo, sur le lac Érié 600
4. Celle de New-York au lac Érié. 400
5. Celle de Philadelphie à Pittsburgh sur l'Ohio. 400
6. Celle de Baltimore à l'Ohio 350
7. Celle de Charleston (Caroline du Sud) à Chatianoogy, dans
   le Tennessee. 350
8. Celle de Savannah (Georgie) à Decatur (Georgie), et Mont-
   gommery sur l'Alabama 500

Il y a encore, en voie de construction, plusieurs lignes détachées le long des rives méridionales des grands lacs; elles sont destinées à relier entre elles les nombreuses lignes transversales qui traversent cette région, et à former ainsi un système ininterrompu de chemins de fer en communication avec l'intérieur. Une ligne importante, commençant à Galena, sur le Mississipi supérieur, au cœur de la région des mines, traverse l'État de l'Illinois, et, franchissant Chicago, va border la rive méridionale du lac Michigan. Cette ligne est achevée et livrée à la circulation. De la ville de Michigan, elle se rend, après avoir traversé l'État de ce nom, sur la rive méridionale du lac Érié, à Sandusky. De là, elle gagne Dunkirk, où elle s'unit à plusieurs grandes lignes qui, après avoir traversé les États de New-York et de Pensylvanie, communiquent avec la mer à Baltimore, à Philadelphie et à New-York. L'étendue de cette ligne, qui se dirige, à l'est et à l'ouest, du Mississipi à l'Atlantique, n'est pas inférieure à 1 800 *miles.*

XIX.

Quand on réfléchit qu'aux États-Unis les chemins de fer ont coûté, en moyenne, 4 000 livres sterling par *mile,* ce prix de revient, comparativement bas, paraît sans doute extraordinaire.

Toutefois ceci s'explique en partie par le caractère général du pays, en partie par le mode de construction adopté, en partie par le mode d'exploitation des voies. Sauf quelques exceptions, peu nombreuses, l'étendue de pays par où passent les lignes est à peu près de niveau. De terrassements, il y en a peu; d'ouvrages d'art, tels que viaducs et tunnels, il n'y en a pour ainsi dire pas. Lorsque les voies ont à franchir un cours d'eau ou un fleuve, on construit des ponts de bois grossiers, mais solides; c'est la forêt voisine qui fournit ce bois, et il ne coûte guère que l'abattage. Les corps de garde, les bureaux et autres édifices, sont construits de la même façon, c'est-à-dire en bois. Sur quelques-unes des meilleures lignes, dans les États plus populeux, les ponts de bois sont construits avec piliers et culées de pierre; le prix de revient de ces ponts varie depuis 46 *shellings* par *foot* (30 centimètres), pour 60 *feet* d'ouverture, jusqu'à 6 *livres* 10 *shellings* par *foot*, pour 200 *feet* d'ouverture et pour une ligne simple. Le prix pour une ligne double est de 50 pour 100 de plus.

XX.

Lorsque les chemins de fer rencontrent le cours de fleuves tels que l'Hudson, la Delaware, la Susquehanna. trop larges pour être traversés par des ponts, le transport se fait par des bacs à vapeur. Le maniement de ces bacs mérite une mention. Généralement on fait en sorte que le moment où on les passe corresponde au temps d'un repas des passagers. Une plate-forme est élevée de niveau avec la ligne de chemin de fer, et conduite au bord de l'eau. Sur cette plate-forme se trouvent des rails, par l'intermédiaire desquels les wagons qui portent le bagage des voyageurs et autres objets de facile transport sont roulés directement sur le second pont du bateau-bac ; pendant ce temps, les passagers se rendent par un chemin couvert au premier pont. Cinq minutes suffisent pour que tout soit terminé. Tandis que le bateau traverse le fleuve, on sert aux passagers leur déjeuner, leur dîner ou leur souper, suivant l'heure. En arrivant sur la rive opposée, on fait approcher le second pont d'une plate-forme semblable à la première, et portant un chemin de fer sur lequel on roule les wagons aux bagages ; les passagers montent, comme ils ont descendu. par un chemin couvert, et, quand ils ont repris leurs places dans les voitures du chemin de fer, le convoi se met en marche.

XXI.

Les Américains ont sagement mis à profit d'autres sources d'économie. Ils ont adopté un mode de construction approprié aux besoins présumés du commerce. Les railways se composent souvent de lignes uniques, avec gares d'évitement dans les lieux convenables. Les collisions sont impossibles, car le premier train qui arrive à la gare doit y entrer et rester là jusqu'à ce que le train suivant soit arrivé. Cet arrangement ne serait pas sans inconvénient, en Angleterre, sur beaucoup de lignes où la circulation est énorme ; mais sur les principales lignes américaines mêmes, les trains vont rarement dans les deux directions plus de deux fois par jour, et le moment comme le lieu de leur rencontre sont parfaitement réglés. On a aussi, dans la construction des routes, adopté des principes fort économiques. Ainsi, les ingénieurs ne s'imposent pas la tâche difficile et coûteuse d'exclure toute espèce de courbes (sauf celles d'un grand rayon) et toutes les pentes qui excèdent une certaine et faible limite de roideur. Les courbes d'un rayon de 500 *feet*, et même moins, sont fréquentes, et les montées de 1 *foot* sur 100 sont considérées comme peu importantes. On ne compte pas moins de cinquante lignes dont les pentes varient de 1 sur 100 à 1 sur 75.

Néanmoins ces lignes sont franchies aisément par les locomotives, sans le secours de machines supplémentaires. La conséquence de cet état de choses a été de réduire immensément les dépenses de terrassement, de ponts et de viaducs, même sur les points du pays où le caractère de la surface est le moins favorable.

Mais la principale source d'économie réside dans la construction de la ligne elle-même. Là où la circulation a des proportions restreintes, les rails se composent de barres de fer plates, larges de 2 *inches* ¹/₂ et épaisses de ⁶/₁₀ d'*inch*, clouées à des planches de bois posées longitudinalement sur la voie en lignes parallèles, de manière à former des supports continus. Quelques-uns des chemins de fer américains les plus lucratifs, et ceux dont l'établissement a le moins coûté, ont été construits sur ce modèle. La construction de la voie, cependant, varie suivant la circulation. Il existe des rails qui ne pèsent pas plus de 25 à 30 *livres* par *yard* (91 centimètres). Où la circulation est considérable, ces rails sont supportés par des traverses de bois, comme les chemins de fer européens ; mais, en conséquence du bon marché relatif du bois et du haut prix du fer, on donne le plus souvent à la voie la force de résistance dont elle a besoin en réduisant la distance entre les traverses. On supplée ainsi à la nécessité de donner aux rails un poids plus grand.

XXII.

Les Américains observent les mêmes principes d'économie vis-à-vis du matériel de la locomotion. Leurs machines sont bien construites, sûres, puissantes ; mais elles sont loin d'avoir cette élégance, ce fini qui ont causé tant d'étonnement dans les machines exposées au Palais de cristal. Le combustible employé est presque toujours le bois ; mais sur certaines lignes, voisines des districts houillers, on fait usage de charbon. Nulle part on n'emploie le coke ; sa cherté le rend inadmissible, et le pays est, d'ailleurs, si clair-semé d'habitants que la fumée dégagée par le charbon n'est pas une objection à l'emploi de ce dernier. La vitesse ordinaire, y compris les temps d'arrêt, est de 14 à 16 milles à l'heure. Indépendamment d'autres considérations, la structure légère d'un grand nombre des voies ne permettrait pas une marche plus rapide sans danger. Néanmoins, nous avons voyagé souvent sur quelques-unes des lignes construites avec le plus de soin, avec la vitesse ordinaire des chemins de fer anglais, c'est-à-dire avec une vitesse de 30 milles (12 lieues) à l'heure et au delà.

Depuis quelques années, cependant, ce parti pris de constructions économiques a subi un certain nombre d'échecs. Le transport des marchandises, qui est venu s'ajouter au transport des voyageurs depuis que les chemins de fer ont pris de l'extension, a porté les compagnies à renfermer dans des bornes plus restreintes les montées et les courbes, et il faut souvent que l'ingénieur veille à ne pas établir de montées excédant 40 *feet* par mille, et de courbes ayant moins de 2 000 *feet* de rayon.

XXIII.

Maintenant aussi, on construit généralement les lignes avec plus de solidité. Le rail à barre plate est souvent remplacé par des rails plus durables, pesant de 40 à 60 livres par *yard*. Sur les rails de Camden et d'Amboy, on a dernièrement posé des rails dont la profondeur n'a pas moins de 7 *inches*, et dont le poids est de 90 livres par *yard*.

On a pareillement, dans ces dernières années, donné plus d'attention à la façon des machines. En général, si on les compare aux locomotives anglaises, elles sont légères, mais la beauté de leur travail rivalise avec celui des bateaux de fleuves, et fréquemment la machine est même chargée d'une profusion d'ornements superflus.

Sur les chemins de fer des États du nord et de l'est, la plate-forme sur laquelle se tient le conducteur est maintenant invariablement entourée et couverte de manière à le protéger contre l'inclémence du temps, contre le froid et les vents, contre la neige en hiver et les rayons d'un soleil brûlant en été. Cet abri est vitré de front et sur les côtés, en sorte que le conducteur peut voir la ligne devant lui et de chaque côté; et, en même temps, il n'est point aveuglé par la pluie, la neige ou le grésil. Il lui est facile d'agir promptement et énergiquement en cas d'accident et de besoin.

XXIV.

Les voitures à voyageurs sur ces lignes, qui font un trajet de plus de douze heures, possèdent à une extrémité un salon pour les dames seulement; ce salon a des sofas, des fauteuils, et toutes les commodités désirables.

La forme et la structure des voitures est la source d'une économie considérable. Les voitures à voyageurs ne se distinguent pas, comme en Europe, par le plus ou le moins d'aise et comfort qu'elles présentent. On ne connaît ni premières, ni secondes, ni troisièmes classes. Toutes les voitures sont de première classe, ou plutôt toutes de même classe. Chacune se compose d'un long corps analogue à celui d'un omnibus, mais beaucoup plus large, et deux ou trois fois plus long. Les portes d'entrée et de sortie se trouvent à chaque extrémité; une ligne de fenêtres est placée de chaque côté, exactement semblables à celles d'un omnibus. Au milieu de cette sorte de caravane, il existe une allée ou passage, assez large pour permettre à une personne de se promener d'un bout à l'autre de la voiture. De chaque côté de l'allée sont des siéges pour les voyageurs. Chaque siége reçoit deux personnes; il y a quatre personnes par rayon, c'est-à-dire deux de chaque côté de l'allée. Ces siéges sont au nombre de quinze à vingt ; la voiture peut donc recevoir de soixante à quatre-vingts personnes. Quand il fait froid, on place un petit poêle près du centre de la voiture ; le tuyau traverse l'impériale. Pendant la nuit, une lampe, placée à chaque bout, éclaire l'intérieur. La voiture est ainsi parfaitement éclairée et chauffée. Les siéges ont des coussins ; leurs fonds, consistant en une simple planche ouatée d'environ 6 *inches* de large, sont disposés de façon que le voyageur peut les tourner comme il lui plaît et présenter le visage ou le dos à la machine. Pour la convenance des dames qui voyagent sans être accompagnées de *gentlemen*, ou qui souhaitent d'être à part, une petite pièce convenablement meublée se trouve parfois à l'extrémité de la voiture ; l'accès en est interdit aux hommes.

XXV.

Si quelque ingénieur lit ce qui précède, il lui viendra de suite à l'esprit que des véhicules d'une longueur si peu ordinaire doivent exiger une voie absolument droite, et qu'il n'est pas possible de les conduire sur une ligne qui a quelque courbure sensible. Néanmoins, des courbes qui, sur une ligne européenne, seraient complétement inadmissibles, sont admises dans la construction des chemins de fer américains sans hésitation aucune, et les véhicules dont on vient de parler s'y meuvent avec une facilité des plus complètes. Ce résultat est dû à une disposition toute simple. Chaque extrémité de la caravane oblongue est supportée par un petit truck à quatre roues, où elle repose sur un pivot ; c'est le même procédé que celui par lequel les roues de devant d'une voiture soutiennent la flèche. Les voitures dont il s'agit ont, en réalité, deux flèches, une à chaque bout ; mais au lieu de reposer sur deux roues, chacune repose sur quatre. Le véhicule a, par suite, la faculté de changer la direction de son mouvement à chaque extrémité ; et, lorsqu'il parcourt une courbe, l'un des trucks se trouve sur un point de la courbe, tandis que l'autre truck se trouve sur un autre point : la longueur du corps de la voiture forme la *corde* de l'arc intermédiaire.

Pour le but auquel elles doivent répondre, ces voitures offrent de nombreux avantages. La simplicité de leur structure les rend incomparablement moins chères que celles d'une classe quelconque de voitures qui circulent sur les chemins de fer européens. Mais elles sont la source d'une économie plus grande encore. La proportion du poids mort au poids utile est beaucoup moindre que dans les voitures de troisième classe sur les chemins de fer anglais. A la vérité, les voitures américaines n'offrent pas au voyageur riche toutes les superfluités qu'il trouve dans les voitures anglaises de première classe ; mais on y trouve le nécessaire et même davantage.

Intérieur d'un wagon américain.

CHAPITRE III.

I. Chemins de fer au centre des villes; procédé pour tourner les coins de rues. — II. Les accidents sont rares. — III. Lignes de Philadelphie et de Pittsburg. — IV. Étendue et comptes rendus des chemins de fer. — V. Produits. — VI. Lignes de l'Ouest; transport des produits agricoles. — VII. Progrès rapides. — VIII. Étendue des routes et chemins. — IX. Les chemins de fer des États-Unis n'ont le plus souvent qu'une seule ligne. — X. Organisation des compagnies et constitution. — XI. Étendue des chemins de fer en raison de la population. — XII. Facilité du transport intérieur aux États-Unis; avantages. — XIII. Voyageurs non classés. — XIV. Comptes rendus récents sur la condition financière des chemins de fer des États-Unis. — XV. Tableau des produits des lignes de la Nouvelle-Angleterre. — XVI. Chemins de fer de Cuba. — XVII. Récapitulation.

I.

Dans plusieurs des principales villes américaines, les chemins de fer se prolongent jusqu'au centre de la ville, en suivant les sinuosités des rues et en tournant sans difficulté leurs angles les plus saillants. La locomotive, cependant, reste toujours dans les faubourgs; on l'y détache du train, et des chevaux sont attelés aux voitures, qu'ils mènent au dépôt des voyageurs, établi d'ordinaire dans quelque point central. Chaque voiture est traînée par quatre chevaux. On franchit les courbes saillantes, aux coins

I.

des rues, en faisant glisser les roues extérieures des trucks sur leurs saillies, de sorte que ces roues, lorsqu'elles passent autour de la courbe, s'étendent virtuellement plus que les roues intérieures. J'ai vu, de cette façon, les plus longues voitures de chemin de fer gagner les dépôts de voyageurs à Philadelphie, à Baltimore, à New-York, avec autant de facilité, autant de précision qu'en peuvent montrer les diligences employées au service de Golden-Cross ou de Saracen's-Head.

II.

Malgré le peu de solidité apparente de beaucoup de lignes américaines, les trains de voyageurs éprouvent rarement des accidents. Les relevés que nous avons en ce moment sous les yeux constatent que, sur 9 355 474 voyageurs enregistrés en 1850 sur les railways de Massachusetts (le trajet de chacun étant en moyenne de 18 milles), quinze voyageurs seulement perdirent la vie ou furent blessés. Il suit de là que, pour le voyageur qui fait un mille sur les chemins de fer, les chances contre un accident quelconque sont dans le rapport de 11 226 568 à 1, et pour celui qui fait un voyage de 100 milles, dans le rapport de 112 266 à 1. Comme on le verra plus tard dans le traité des *Accidents sur les chemins de fer*, les chances d'accident sur les chemins de fer anglais sont, les circonstances étant les mêmes, dans le rapport de 1 à 40 000. Les chemins de fer américains présentent moins de dangers que les chemins anglais dans le rapport de 112 à 40.

III.

On a établi une grande ligne de communication, d'une longueur de 400 milles, entre Philadelphie et Pittsburg, sur la rive gauche de l'Ohio. Elle se compose en partie de chemin de fer et en partie de canal. La section de Philadelphie à Colombie (22 milles) est un chemin de fer; la ligne alors se poursuit, au moyen d'un canal, pendant 172 milles, jusqu'à Holidaysburg, puis elle se continue, par un chemin de fer de 37 milles, jusqu'à Johnston, et par un canal de 104 milles jusqu'à Pittsburg. Sur cette ligne mixte de transport, la circulation était établie de manière à éviter les frais et l'inconvénient d'un transbordement de marchandises et de voyageurs aux endroits où le chemin de fer et les canaux s'unissent. La marchandise était chargée et les voyageurs reçus dans des bateaux appropriés aux canaux, au dépôt de Market-Street, à Philadelphie. Ces bateaux, d'une grandeur et d'une longueur considérables, se divisaient en deux parties par des cloisons transversales et à angles droits avec leur longueur. Chaque bateau pouvait ainsi se séparer en trois morceaux ou davantage. Ces différentes pièces étaient placées chacune sur deux trucks qui la supportaient à ses extrémités, et s'adaptaient à la forme du fond et de la carène du bateau. De cette façon, le bateau se transportait par pièces, avec sa charge, sur le chemin de fer. En arrivant au canal, les pièces étaient réunies de manière à former un bateau continu ; on le lançait à l'eau, et la marche recommençait. En arrivant à la seconde portion de chemin de fer, on mettait de nouveau le bateau en morceaux qui, comme devant, étaient charriés sur des trucks et transportés au canal prochain par des machines à vapeur. Entre le dépôt de Market-Street et la station du convoi, située dans les faubourgs de Philadelphie, les fragments du bateau étaient emmenés par des chevaux sur des voies ferrées qui sillonnaient les rues. A la station, on réunissait les trucks pour en former un seul train, et on les confiait à la locomotive. Comme le corps du truck repose sur un pivot, au-dessous duquel il est supporté par des roues, il a la faculté de tourner. Il s'ensuit qu'on n'éprouve aucune difficulté à franchir les courbes les plus brusques. Aussi voyait-on chaque jour les immenses véhicules dont il s'agit sortir du dépôt de Market-Street et tourner, comme en se jouant, les angles des rues de la ville.

Plus récemment, on a ouvert une ligne continue de chemin de fer entre Philadelphie et Pittsburg. Telle est la rapidité avec laquelle se font les améliorations, aux États-Unis, qu'un compte rendu de la situation des voies de communication intérieures, il y a un an ou deux, doit aujourd'hui se trouver rempli d'inexactitudes et ne saurait s'appliquer au moment présent.

IV.

En comparant les relevés publiés dans mon ouvrage *Railway Economy)* avec les relevés plus récents dont il a été parlé, on verra que, dans ces quatre dernières années, il n'a pas été livré à la circulation, aux États-Unis, moins de 6 750 milles de chemins de fer. Dans ce chiffre sont comprises plusieurs des lignes les plus importantes, entre autres la grande artère de communication qui s'étend depuis l'État de New-York, qu'elle traverse, jusqu'aux rives du lac Érié, et qui est la plus longue ligne qu'une seule compagnie ait encore construite aux États-Unis, sa longueur étant de 467 milles. Le prix total de cette ligne, en y comprenant le matériel d'exploitation, s'est élevé à 4 500 000 livres sterling ; ce qui donne la moyenne de 9 636 livres sterling par mille. La ligne a donc coûté environ 50 pour 100 au-dessus de la moyenne des chemins de fer américains pris collectivement. Cela s'explique par ce fait que la ligne est construite en vue d'une circulation énorme entre New-York et l'intérieur, et qu'elle a exigé des travaux en conséquence. Aussitôt après qu'elle a été ouverte, les recettes sont montées, en moyenne, à 11 000 livres sterling par semaine ; ce qui procure un bénéfice de 6 $\frac{1}{2}$ pour 100 sur le capital, les frais d'exploitation étant faits à 50 pour 100 des recettes brutes. —

Une des plus grandes lignes relie New-York à Albany, en suivant la vallée de l'Hudson. On sera surpris sans doute, en réfléchissant aux facilités de transport que présente le fleuve, de ce qu'un chemin de fer ait été établi sur sa rive; mais on doit se rappeler que, pendant un laps de temps considérable, en hiver, la glace suspend la navigation de l'Hudson.

V.

Il est difficile de se procurer des relevés authentiques qui permettent de déterminer l'étendue de la circulation et le mouvement du commerce sur les chemins de fer américains. J'ai obtenu, cependant, les données statistiques nécessaires concernant 1 200 milles de chemins de fer dans les États de New-England et de New-York : ce qui m'a permis de grouper tout ce qui a trait à l'exploitation de ces lignes.

Il résulte des calculs dont on trouvera les détails dans mon ouvrage intitulé : *Railway Economy*, au chapitre XVI, que, sur ces voies, la moyenne totale des recettes s'élevait, par mille et par an, à 4 694 livres sterling, et que le bénéfice s'élevait à 8.6 pour 100.

VI.

D'après des relevés récents et d'une authenticité parfaite, les lignes de l'Ouest, dont la plupart sont nouvelles, et qui tirent leur revenu presque exclusivement du transport des productions de la terre, ont rapporté plus que les chemins de fer de l'Est, consacrés surtout au transport des voyageurs. Une grande partie de ces lignes de l'Ouest payaient de 7 à 10 pour 100, même avant d'être terminées, d'après un compte rendu obtenu par le *Times* (numéro du 3 septembre 1853). Cet heureux résultat, c'étaient même les lignes traversant des districts sauvages encore et des forêts épaisses qui le procuraient. Sa source repose dans le transport des produits agricoles. — Dans ces districts, pas de marchés. Le cultivateur est obligé d'envoyer ses produits soit à la côte de la mer, soit à la rive d'un des grands fleuves, où il se trouve des marchés seulement. Là seulement sont établis les industriels, là seulement les marchands pour l'exportation. Il a été prouvé que les produits agricoles peuvent, du moins aux États-Unis, être transportés par chemins de fer avec un bénéfice d'un dixième sur le prix de transport par routes ordinaires. Dans le tableau suivant, on donne la valeur comparative d'un *ton* (1 015 kil. 649) de froment et de maïs à des distances différentes de la ferme, en déduisant le prix du transport par routes et par chemin de fer du prix courant sur place.

On voit par ce tableau que la valeur totale du froment est absorbée par les frais du transport à une distance de 330 milles sur les routes ordinaires, tandis que son transport à la même distance, sur chemins de fer, n'absorbe que 10 pour 100 de sa valeur. De même, tandis que la valeur totale du maïs est absorbée par son transport sur 160 milles de route ordinaire, il n'y a que 9 $^3/_4$ pour 100 de cette valeur absorbés par le transport à la même distance sur chemins de fer.

	TRANSPORT par CHEMIN DE FER.				TRANSPORT par GRANDE ROUTE ORDINAIRE.			
	FROMENT.		MAÏS.		FROMENT.		MAÏS.	
	Doll.	Cent.	Doll.	Cent.	Doll.	Cent.	Doll.	Cent.
Valeur sur place	49	50	24	75	49	50	24	75
à 10 milles. . .	49	35	24	60	48	0	23	25
à 20	49	20	24	45	46	50	21	75
à 30	49	5	24	30	45	0	20	25
à 40	48	90	24	15	43	50	18	75
à 50	48	75	24	0	42	0	17	25
à 60	48	60	23	85	40	50	15	75
à 70	48	45	23	70	39	0	14	25
à 80	48	30	23	55	37	50	12	75
à 90	48	15	23	40	36	0	11	25
à 100	48	0	23	25	34	50	9	75
à 110	47	85	23	10	33	0	8	25
à 120	47	70	22	95	31	50	6	75
à 130	47	55	22	80	30	0	5	25
à 140	47	40	22	65	28	50	3	75
à 150	47	25	22	50	27	0	2	25
à 160	47	10	22	35	25	50	0	75
à 170	46	95	22	20	24	0		
à 180	46	80	22	5	22	50		
à 190	46	65	21	90	21	0		
à 200	46	50	21	75	19	50		
à 210	46	35	21	60	18	0		
à 220	46	20	21	45	16	50		
à 230	46	5	21	30	15	0		
à 240	45	90	21	15	13	50		
à 250	45	75	21	0	12	0		
à 260	45	60	20	85	10	50		
à 270	45	45	20	70	9	0		
à 280	45	30	20	55	7	50		
à 290	45	15	20	40	6	0		
à 300	45	0	20	25	4	50		
à 310	44	85	20	10	3	0		
à 320	44	20	19	95	1	50		
à 330	44	55	19	80	0	0		

Ces résultats sont d'une haute importance pour celui qui a des fonds placés sur ces lignes de l'Ouest ; ils démontrent que le revenu des chemins de fer sur ce point est certain et se doit maintenir. La grande majorité des populations de l'Ouest est livrée à l'agriculture ; il en sera longtemps ainsi, et la plus grande proportion des recettes des chemins de fer en cette contrée sera due au transport des marchandises. On voit par ces raisons et par d'autres que fourniront les faits qu'on a présentés, combien est assurée la prospérité des lignes de l'Ouest en général.

L'année 1852 a été la plus prospère pour les lignes américaines de l'Ouest ouvertes ou en voie d'exécution. Nous tenons de bonne source que

(*) Le *dollar* vaut 5 fr. 42 cent.

l'accroissement de bénéfices s'est élevé à une moyenne de 15 pour 100 par mille, et de 10 pour 100 sur le prix de revient. On attribue cela en partie à l'abondance des récoltes, en partie au mouvement ascensionnel qui s'est opéré dans toutes les affaires. Mais dans cette contrée plus qu'en aucune autre, l'extension du système des voies de fer semble exercer une influence heureuse pour chaque ligne en particulier. Hommes et marchandises ne voyagent plus guère qu'en chemins de fer ou par eau. On s'aperçoit qu'on a jusqu'ici attaché trop d'importance aux canaux, et il est actuellement difficile (si toutefois il ne devient pas finalement impossible) d'amener les citoyens de l'État de New-York à consacrer 10 000 000 de *dollars* (54 200 000 francs) à l'élargissement ou à l'achèvement des canaux établis déjà dans cet État seul. Les transports ou les voyages sur canaux sont trop lents : ils ne conviennent pas à la marche électrique du siècle. On peut, en conséquence, prédire qu'on ne fera pas pour les canaux au delà de ce qu'on a fait ; mais que tout le continent américain paraît destiné à se couvrir d'un vaste réseau de chemins de fer.

VII.

Les Américains eux-mêmes ont à peine l'idée des empiétements progressifs faits par les chemins de fer des États-Unis jusqu'à ce moment ; encore moins se rendent-ils compte de leurs progrès probables dans l'avenir. Ceux qui ont le plus réfléchi là-dessus ne doutent pas que l'établissement de chemins de fer dans les contrées du sud-ouest et de l'ouest, — cet immense grenier de l'univers, — ne se poursuive et n'aille en raison croissante jusque dans un temps fort reculé. Si ce vaste district était couvert de voies ferrées, comme le Massachusetts l'est actuellement, il n'en aurait pas moins de 100 000 milles ! Quel est l'économiste, soit en Angleterre, soit aux États-Unis, qui manquera de conclure ici en faveur du *free trade* (libre échange) ? En présence de la supériorité de l'Angleterre dans la fabrication du fer, et de la supériorité plus grande encore des États-Unis dans l'agriculture, qui ne voit pas, à moins d'être aveugle, que ceux-ci, en échange de notre fer, nous doivent donner du pain, et qu'une législation mauvaise, inintelligente, peut s'opposer seule à la mise en pratique de cette loi toute providentielle ?

VIII.

L'établissement d'un si grand nombre de voies ferrées dans une période si courte a été attribué par quelques auteurs à l'absence d'une étendue suffisante de voies de communication ordinaires. Certainement, dans quelques districts, cette raison a pu influer beaucoup, mais elle n'est pas aussi générale qu'on l'a supposé. En 1838, les malles-poste des États-Unis évoluaient sur une longueur de voies qui n'était pas inférieure à 136 218 milles ; les deux tiers du transport sur ces voies se faisait par terre, soit par voies de fer, soit par voies ordinaires. Celles-ci s'étendaient sur 80 000 milles environ. Le prix de transport dans les voitures publiques était, en moyenne, de 3.25 *pence* par voyageur et par mille, et la moyenne en chemins de fer était d'environ 1.47 *penny* (15 centimes) par mille.

On voit par là que la véritable cause de l'extension prise aux États-Unis par les chemins de fer repose dans l'économie immense et dans la vitesse de transport qu'ils offraient, mis en parallèle avec les routes ordinaires.

IX.

De tous les chemins de fer construits aux États-Unis, la plus grande partie, on l'a déjà dit, se compose de lignes simples, établies à bon marché et sans grande solidité. En Angleterre, où les chemins de fer se composent de doubles lignes, d'une solidité à toute épreuve et destinées à un immense trafic, on considérerait les lignes américaines comme provisoires. Si l'on avait à établir une comparaison complète entre les deux systèmes, il faudrait prendre pour base le capital déperse et le trafic qui se fait par eux ; dans ce cas, le résultat se trouverait un peu différent de celui obtenu par la simple considération de la longueur des lignes. Cependant il n'en est pas de même en ce qui regarde les canaux : sur ce point, on doit admettre que l'Amérique l'emporte de beaucoup sur tous les autres pays proportionnellement à sa population.

X.

Les chemins de fer américains ont, en général, été construits par des compagnies anonymes que l'État, cependant, contrôle avec beaucoup plus de sévérité qu'en Angleterre. Dans quelques cas, les dividendes ont, d'après les statuts, une limite qu'ils ne doivent pas franchir ; dans quelques cas, leur chiffre peut s'augmenter, mais lorsqu'ils excèdent une certaine limite, le surplus doit être partagé avec l'État ; quelquefois, le privilège concédé aux compagnies ne l'est que pour une période limitée ; quelquefois, une sorte de révision périodique et de restriction du tarif est réservée à l'État. Rien de plus simple, de plus expéditif et de moins coûteux que les moyens d'obtenir un acte pour l'établissement d'une compagnie de chemins de fer en Amérique. Un meeting (assemblée) public se tient, où le projet est discuté et adopté ; une députation est désignée pour le porter à la Législature, qui concède l'acte, sans frais, sans délai, sans embarras officiels. Pas de compétition comme en France, pas d'investigation sur les profits ou les pertes futurs comme en Angleterre. On n'exige de la compagnie d'autre garantie que le payement par les actionnaires d'une certaine somme, qui constitue le premier appel. Dans plusieurs États, le non-payement d'un appel est suivi de la confiscation des payements antérieurs ; dans d'autres, une amende est imposée aux actionnaires ; dans d'autres, les actions sont vendues, et si le produit est inférieur au prix moyennant lequel elles étaient émises, le surplus peut être réclamé à l'actionnaire en justice. Dans tous les cas, les actes qui créent les compagnies fixent un temps dans lequel les travaux doivent être achevés, à peine de forfaiture. Le trafic des actions avant la constitution définitive de la compagnie est prohibé.

Quoique l'État ait rarement entrepris lui-même d'exécuter des chemins de fer, il encourage le plus souvent, d'une manière ou de l'autre, les entreprises des compagnies. Dans certains cas, il prend un grand nombre d'actions, et fait à la compagnie un prêt qui consiste en rentes sur l'État délivrées au pair, rentes que la compagnie négocie à ses propres risques. Ce prêt se convertit souvent en une subvention.

XI.

L'étendue considérable des voies de communication intérieures, chemins de fer et canaux, en Amérique, par rapport à sa population, a été partout un sujet d'admiration. En 1840, la population des États-Unis s'élevait à 17 millions, et si l'augmentation pendant les dix années qui ont commencé à cette époque a été égale à celle de la période décennale antérieure, la population actuelle doit être d'environ 23 millions. Il y a, comme je l'ai dit, environ 6 500 milles de chemin de fer livrés à la circulation sur le territoire de l'Union ; ce qui fait, en nombres ronds, un mille de chemin de fer par chaque groupe de 3 200 habitants.

Dans le Royaume-Uni, il existe 5 000 milles de chemins de fer livrés à la circulation. La population est de 30 millions. Il y a donc un mille de chemin pour 6 000 habitants.

Il semblerait donc que, eu égard à la population, la longueur des chemins de fer aux États-Unis est plus considérable qu'en Angleterre dans le rapport de 6 à 3 $^1/_3$. Mais le résultat de ce calcul doit subir une modification considérable.

XII.

Il n'est pas de pays où des voies de communication faciles et promptes rendent plus de services qu'aux États-Unis. Formée de vingt-six républiques indépendantes, ayant des intérêts divers et, sur quelques points, opposés, la confédération américaine courrait risque de se dissoudre rapidement, si sa population, éparpillée sur un territoire si vaste, n'était pas, en quelque sorte, massée, groupée par des voies de communication suffisamment promptes pour déterminer une abréviation de distance. La nature, à cette fin, semble être venue au secours de l'art ; car certainement aucun pays n'offre un ensemble de voies de communication par eau aussi riche, aussi complet.

Sans parler des cours d'eau qui sillonnent les États atlantiques et qui sont le théâtre d'un mouvement de navigation inconnu sur les fleuves d'Europe, les États-Unis possèdent le Mississipi, ce fleuve géant qui sillonne l'immense vallée à laquelle il donne son nom, accompagné d'innombrables tributaires, navigables sur plusieurs milliers de milles par des bateaux à vapeur dont le tonnage n'est pas inférieur à celui des vaisseaux de premier ordre, et traversant tous des territoires immenses, dont la fertilité est complète et les richesses minérales presque sans bornes.

XIII.

Sur les chemins de fer américains, les voyageurs ne sont pas *classés* différemment, ni admis dans le convoi moyennant des prix différents, comme en Europe. Il n'y a qu'une seule classe de voyageurs, qu'un seul prix. Une ou deux fois, on a essayé d'établir des voitures de seconde et de troisième classe; mais le nombre des voyageurs qui profitaient de ces voitures était si faible que la tentative n'a pas eu de suite. La seule distinction qu'on observe parmi les voyageurs des chemins de fer est celle qui procède de la couleur. Les noirs, émancipés ou non, sont généralement exclus des voitures destinées aux blancs. On en voit fort peu, et d'ordinaire on les place soit avec les bagages, soit dans la voiture où se trouve le gardien ou conducteur.

XIV.

Les observations qui vont suivre, et qui ont trait à la condition financière des chemins de fer américains, sont extraites du *Times*. Quoiqu'elles émanent évidemment d'un *partisan*, c'est d'un partisan intelligent, bien informé, honorable; elles sont dignes d'attention.

« 1. Dans tous les cas, les chemins de fer des États-Unis ont reçu leurs *chartes* ou priviléges des divers États que les chemins traversent. Je ne sache pas un cas (à peu d'exceptions près) où la demande par une compagnie d'un privilége de chemin de fer ait été rejetée, lorsque la solvabilité des impétrants ou la somme des capitaux souscrits offraient une garantie satisfaisante. Les pouvoirs et priviléges conférés par ces *chartes d'État* sont fort semblables à ceux que confère le parlement anglais. La propriété de chemins de fer se trouve, vis-à-vis des gouvernements de l'État, dans la même position que la propriété individuelle. Les compagnies sont indépendantes dans leur action et responsables comme des citoyens privés.

» 2. Je m'arrêterai plus particulièrement sur les chemins de fer de l'Ouest; leur histoire, leur situation, etc., intéressent plus matériellement les lecteurs européens, car leurs obligations sont celles qui se trouvent aujourd'hui le plus fréquemment sur la place. Un très-grand nombre des chemins de fer de l'Ouest ont obtenu leurs chartes sous l'empire de ce qu'on appelle les lois générales des chemins de fer *(charters under general railroad laws)*, pour les distinguer de statuts spéciaux arrêtés pour la formation de compagnies nommées dans les *Actes*. Dans ces dernières années, la tendance a été plutôt vers la législation générale que vers la législation spéciale. Les grands États (New-York à leur tête) ont en grand nombre fait des lois générales pour autoriser la construction de chemins de fer et d'autres grandes institutions. Les lois générales de chemins de fer existent actuellement dans le New-York, l'Illinois, l'Ohio, l'Indiana et le Wisconsin; les chartes spéciales conférant des pouvoirs spéciaux y sont prohibées. Le même principe de législation sera sans doute adopté par d'autres États. Dans les *lois générales*, le public trouve de nombreux avantages, surtout en ce qui regarde les chemins de fer; car les monopoles sont par là rendus impossibles; le principe du *laisser faire* est adopté et se développe en atteignant le moins possible les droits privés. Sous l'empire de ces lois, une société a le droit de construire un chemin de fer comme de construire une factorerie ou un vaisseau, et l'expérience est là pour prouver que toute association sait parfaitement gérer ses propres affaires.

» 3. Les capitaux et obligations de chemins de fer sont regardés comme propriété personnelle et, comme tels, dans des limites particulières, soumis à l'impôt. Aucun impôt ne peut être mis sur le chemin même, son fer, ses chariots, etc.; mais sur les dépôts il en est autrement. Les actions et obligations ne peuvent être imposées qu'entre les mains du détenteur américain, et non entre les mains de l'étranger. A ce point de vue, les détenteurs européens d'actions et de rentes américaines ont un avantage sur nous.

» 4. Les compagnies soumises aux *lois générales* ne peuvent être dissoutes sans l'autorité spéciale de la législature d'un État; et s'il arrive qu'une compagnie demande sa dissolution, alors, et seulement alors, la propriété de la compagnie est distribuée au prorata entre les actionnaires. Je ne sache pas qu'une seule condition ou obligation onéreuse ait été imposée par aucun État à une compagnie de chemin de fer américaine, tandis que j'ignore si des compagnies qui se sont formées en Angleterre pour le même objet il en est une dont on puisse dire la même chose.

» 5. Aux États-Unis, aucun chemin de fer n'a le droit d'annoncer des dividendes avant d'avoir satisfait à toutes ses obligations. Tous ses engagements, toutes ses dettes, sans exception, passent avant tout, et on en peut poursuivre la libération avant que les actionnaires originels puissent toucher un dividende, un bénéfice, sous quelque forme que ce soit. Si les obligations ou les dettes hypothécaires ne sont pas payées, les détenteurs ou les créanciers hypothécaires peuvent, au moyen d'une procédure simple et rapide, être investis d'un plein contrôle sur la propriété et l'administrer à leur propre compte. En d'autres termes, les principes de la loi relative aux créanciers et aux débiteurs hypothécaires s'appliquent à nos chemins de fer, et une cour d'équité quelconque, dans les limites de sa juridiction, en autorisera l'application. Le payement des obligations de chemins de fer se fait généralement par une sorte de transport donné à des citoyens de New-York connus. On leur donne, dans l'acte, plein pouvoir pour prendre possession du chemin, de son revenu, de ses droits, de son matériel, etc., faute de payement, et pour les vendre au plus offrant, dans les soixante jours, sans l'intervention d'une Cour de chancellerie.

» 6. La plupart des obligations de chemins de fer américains ont le même caractère général. Elles sont garanties par une hypothèque sur les chemins mêmes, ou elles sont des obligations ou bons ordinaires pour toucher de l'argent. Mais elles se subdivisent en deux classes : les unes sont convertibles en rentes au choix du propriétaire, au montant de leur valeur, lorsque le détenteur le juge convenable; les autres ne sont pas convertibles. Les obligations convertibles ont un avantage sur celles qui ne le sont pas : on les peut convertir en rentes dès que la rente monte au-dessus du pair. Un grand nombre des détenteurs d'obligations des chemins de fer de l'Ouest se sont bien trouvés de cette faculté, car les rentes de la plupart de ces chemins se sont élevées au-dessus du pair aussitôt qu'ils ont été terminés.

» 7. La plupart des chemins de l'Ouest ont été projetés et construits pour la commodité spéciale des citoyens des districts qu'ils traversent. Leur objet unique était de rapprocher les produits de la contrée d'un marché, et beaucoup de corps municipaux prirent des rentes sans croire qu'elles leur rapporteraient jamais rien. Les capitaux étaient rares dans l'Ouest, comme dans les contrées nouvelles. On n'avait aucune communication avec New-York; pas de fleuves navigables. On entreprit donc d'établir des chemins de fer, dans l'espoir que la prospérité de la contrée en serait la conséquence. Mais les villes et comtés ne pouvaient constituer d'obligations, ni employer leur argent à la réalisation de ce but, sans l'autorisation spéciale des législatures de l'État. L'objet d'une telle mesure était de donner un caractère légal à leurs actes, afin qu'ils eussent force obligatoire, et en même temps de répartir également le fardeau des obligations entre les propriétaires du pays. Par suite, les chartes de presque tous les chemins de fer de l'Ouest autorisaient ces villes et comtés qu'ils traversaient à souscrire d'une manière uniforme et à s'obliger. Mais invariablement une condition excellente était attachée à cette permission : il fallait qu'un vote de la majorité des citoyens eux-mêmes autorisât cet acte. Ce *principe volontaire* a parfaitement réussi. Aucune ville ou comté n'eût eu le droit de souscrire pour des rentes sur chemins de fer tant que la majorité des votants ne l'aurait pas ainsi décidé. De cette façon, la plus haute sanction de la volonté des contribuables et de la loi était donnée à la souscription. A-t-on des exemples qu'une ville ou comté ait ainsi assumé une obligation de plus de 2 à 5 pour 100 sur la propriété imposable de ses citoyens? Le chiffre souscrit par les villes et comtés s'est élevé de 50 000 à 400 000 dollars, tandis que les imposables voulaient aller de 4 000 000 à 16 000 000 de dollars.

» 8. Ces dettes municipales ainsi créées ont été assurées par toutes les garanties dont les législatures de l'État pouvaient les entourer. Les villes et les comtés ont été requis de lever, en cas de besoin, des taxes (comme elles le sont toutes, y compris les taxes municipales) sur leurs propres citoyens, suffisantes pour payer l'intérêt, et d'établir une caisse d'amortissement pour s'acquitter de la dette quand finalement elle se trouverait exigible. Jamais, jusqu'à ce jour, aucune cité ou comté de l'Ouest n'a négligé cette mesure, et il n'est pas probable qu'on la néglige jamais.

» 9. Les engagements ou obligations ainsi pris envers les compagnies de chemins de fer par les villes et comtés sont garantis par les chemins et puis vendus sur place. Le remboursement en peut être poursuivi sur la propriété de ces villes ou comtés, soit réelle, soit personnelle, et si le payement des intérêts et du principal n'est pas effectué, un *mandamus*, ou une action ordinaire, peut être donné, au moyen duquel toutes les propriétés réelles et personnelles des citoyens de ces villes et comtés sont susceptibles d'être saisies et vendues. Il y a un certain nombre d'années, la ville de Bridgeport, dans le Connecticut, s'obligea (donna ses bons, *gave her bonds*) envers une compagnie de chemin de fer pour une somme de 100 000 dollars. Le payement, pour une raison quelconque, fut différé. Un porteur de bons actionna la ville devant la cour de l'État (*State Court*), et sur l'appel, la cour suprême (*Supreme Court*) décida que la propriété individuelle, réelle et personnelle de tout citoyen était responsable de la dette de la ville et pouvait être vendue en exécution de l'arrêt intervenu.

» 10. La mise en œuvre de ces lois et de ce système de souscription aux chemins de fer a été partout, je crois, avantageuse. Je ne puis apprendre qu'il existe une route achevée dans l'Ohio, par exemple, qui ait payé moins de 10 à 14 pour 100. Dans un grand nombre de cas, les cités et comtés qui ont *donné leurs bons* ont eu la faculté, soit en les convertissant en rentes, soit autrement, de les vendre, et souvent avec une belle prime, réalisant ainsi de gros bénéfices pour avoir prêté leur crédit. La ville de Cleveland, dans l'Ohio, souscrivit pour 400 000 dollars à deux ou trois chemins de fer; elle vend maintenant ses actions avec un bénéfice de 24 à 27 dollars. Sa propriété imposable, depuis 1849, s'est élevée de 3 000 000 à 7 000 000 de dollars; la population, comme la propriété imposable, s'est accrue presque dans la même proportion en ces villes et comtés de l'Ouest, où des voies de fer ont été construites. »

XV.

Il serait extrêmement intéressant, si c'était chose posssible, d'obtenir une évaluation, même approximative, du mouvement réel des passagers et des marchandises sur les chemins de fer américains ; mais c'est impossible. Dans mon ouvrage sur l'*Économie des chemins de fer : Railway Economy*, en l'absence de renseignements plus complets, j'ai fourni les données statistiques nécessaires pour déterminer le trafic sur environ 1 200 milles de chemin de fer dans les États de New-England (la Nouvelle-Angleterre ou État du Nord) et dans l'État de New-York ; j'ai pu par là calculer tout ce qui se rapporte aux opérations de ces lignes.

Tableau analytique *du mouvement moyen et quotidien du trafic sur 28 chemins de fer principaux, dans les États de New-England et dans l'État de New-York, pendant l'année 1817.*

	TRAFIC DE VOYAGEURS.				TRAFIC DE MARCHANDISES.			
	NOMBRE enregistré.	MILLAGE.	RECETTES.	MILLAGE des trains.	TONS enregistrés.	MILLAGE.	RECETTES.	MILLAGE des trains.
			Liv. st.				Liv. st.	
Albany et Schenectady......	630	9 787	65	136			32	62
Utica — Schenectady........	733	37 600	300	406			111	360
Syracuse — Utica...........	544	21 550	169	288			38	151
Auburn — Rochester........	518	24 200	197	400			37	212
Tonawanda...............	367	13 000	92	212			23	40
Attica — Buffalo...........	358	9 850	61	162	(*) 1 730	(*) 65 550	19	48
Saratoga — Schenectady....	146	2 068	22	54			4	4
Troy — Schenectady........	189	3 840	20	140			8	9
Ransaeller — Saratoga......	181	2 625	24	680			12	26
Troy and Greenbush........	545	3 090	21	131			25	19
New-York and Haarlem.....	4 336	17 000	133	450			80	170
New-York — Érié..........	326	12 400	60	246			102	191
Boston — Worcester........	1 640	39 672	180	580	775	29 450	221	459
Western	1 062	48 052	296	648	752	76 580	471	1 408
Norwich — Wor'ster........	434	8 158	67	326	249	7 858	64	204
Connecticut river..........	650	6 454	42	203	122	2 210	28	65
Pittsfield — N. Adam.......	98	11 048	9	45	29	469	6	31
Boston — Providence.......	1 338	19 680	133	464	240	5 310	69	143
Tarenton.................	297	3 234	20	60	83	910	10	19
New-Bedford.............	268	4 460	40	173	53	930	13	53
Stroughton Branch.........	46	482	3	11	22	238	3	4
Lowell..................	1 325	26 050	120	452	770	19 450	139	194
Nashua	618	8 540	41	81	414	6 130	49	55
Boston — Maine...........	1 995	34 500	189	625	330	9 880	106	200
Fichburgh...............	1 342	21 920	98	434	690	14 230	119	192
Eastern.................	2 240	34 910	203	557	112	3 190	30	93
Old Colony..............	1 068	13 420	73	288	117	2 048	24	77
Fall river...............	474	8 860	46	219	79	1 718	18	72
	23 771	447 350	2 724	8 471	6 547	246 151	1 861	4 560

(*) Les comptes rendus ne donnent pas le tonnage ni le millage de ces chemins séparément, et les chiffres ci-dessus ont été estimés par analogie avec les autres chemins de fer américains.

	Miles.
Longueur totale des chemins de fer ci-dessus dans l'État de New-York.	490
— — — dans les États de New-England.	670
Total.	1 160

	Livr. sterl.
Prix moyen de construction et de matériel par mille dans l'État de New-York.	7 010
— — — dans les États de New-England.	10 800
Moyenne générale.	9 200

	Recettes.	Dépenses.	Bénéfices.
Total des moyennes recettes, dépenses et profits par jour dans l'État de New-York.	4 644	684	970
— — — dans les États de New-England.	3 040	1 505	1 535
Totaux.	4 684	2 189	2 505

	Par mille de chemin de fer par jour.	Par mille franchi par les trains.	Par cent par an sur le capital.
Recettes	4.05	7 5	16.1
Dépenses	1.89	3 5 ½	7.5
Bénéfices	2.16	2 11 ½	8.6

Dépenses par cent des recettes.	46.8
Recettes moyennes par voyageur enregistré.	27 pence.
Distance moyenne franchie par le voyageur.	48.2 milles.
Recettes moyennes par voyageur pour 1 mille.	1.47 p.
Nombre moyen des voyageurs par train.	54
Total des moyennes recettes par train de voyageurs pour 1 mille.	7 shell.
Recettes moyennes par *ton* de marchandises enregistrées.	5 s. 8 ½ p.
Distance moyenne franchie par ton.	38 milles.
Recettes moyennes par ton et par mille.	1.8 p.
Nombre moyen de tons par train.	54.5
Total des recettes moyennes par train de marchandises par mille.	8.2 s.

Les chemins de fer du trafic desquels j'ai ici donné un aperçu, comprennent les entreprises de cette nature les plus actives et les plus prospères des États-Unis. On ne peut, en conséquence, inférer des résultats qu'ils fournissent le mouvement correspondant sur les autres lignes. Il paraît que les chemins de fer américains, sauf ceux dont on a parlé plus haut, donnent des dividendes en général faibles, et, dans beaucoup de cas, nuls. Il est donc probable qu'en somme les moyens bénéfices, émanant du capital total engagé dans les chemins de fer américains, n'excèdent pas, s'ils les égalent, les bénéfices moyens obtenus par les capitaux engagés dans les chemins anglais.

XVI.

Bien que l'île de Cuba ne soit pas encore *annexée* aux États-Unis, sa proximité du territoire de l'Union nous engage à parler d'une ligne de chemin de fer qui la traverse, et qui établit une communication entre la ville de la Havane et le centre de l'île. C'est une voie parfaitement faite ; tout en est anglais, machines, ingénieurs, et charbons. Les impressions qu'on éprouve en parcourant cette ligne, quoique différentes de celles signalées à propos des forêts de l'Ouest, ne sont pas moins remarquables. Le voyage s'accomplit à raison de 30 milles à l'heure ; la machine, qui vient de Newcastle, possède un mécanicien de Manchester, et son combustible vient de Liverpool. Les campagnes par lesquelles on passe sont jaunes d'ananas, couvertes de bosquets de bananiers et de cocotiers, et la voie est bordée d'orangers dont les fruits mûrs flattent singulièrement le regard.

XVII.

Jusqu'à quel point les rapides progrès faits par les États-Unis dans leurs voies de communication intérieures se sont-ils étendus aux autres départements ? On le verra dans le tableau suivant. Ce tableau offre un état comparatif de ces données, dérivées de sources officielles qui révèlent la condition sociale et commerciale d'un peuple dans une période de temps qui n'est qu'une courte phase de la vie d'une nation.

	1793.	1851.
Population	3 939 325	24 267 488
Importations	liv. sterl. 6 739 130	liv. sterl. 38 723 745
Exportations	liv. sterl. 5 675 869	liv. sterl. 32 367 000
Tonnage	520 204	3 535 451
Phares, fanaux, phares flottants	7	373
Coût de leur entretien	liv. sterl. 2 600	liv. sterl. 115 000
Revenu	liv. sterl. 1 230 000	liv. sterl. 9 516 000
Dépense nationale	liv. sterl. 1 637 000	liv. sterl. 8 555 000
Postes	209	21 551
Routes-poste (milles)	5 642	178 670
Revenus du post-office	liv. sterl. 22 800	liv. sterl. 1 207 000
Dépenses du post-office	liv. sterl. 15 650	liv. sterl. 1 130 000
Millage des malles-poste	»	46 541 423
Canaux (milles)	»	5 000
Chemins de fer (milles)	»	10 287
Télégraphes électriques (milles)	»	15 000
Bibliothèques publiques (volumes)	75 000	2 201 623
Bibliothèques d'école (volumes)	»	2 000 000

S'ils n'étaient fondés sur les données statistiques les plus incontestables, les résultats qui précèdent sembleraient appartenir à la fable plutôt qu'à l'histoire. Dans un intervalle d'un peu plus d'un demi-siècle, on voit que ce peuple extraordinaire des États-Unis a augmenté sa population de plus de 500 pour 100, ses revenus d'à peu près 700 pour 100, et ses dépenses publiques d'un peu plus de 400 pour 100. La prodigieuse extension de son commerce se manifeste par une augmentation d'environ 500 pour 100 dans les importations et les exportations, et de 600 pour 100 dans les forces navales. Le nombre des *post-offices* (bureaux de poste), qui ont été plus que centuplés; l'étendue des routes-poste, qui s'est accrue trente-deux fois, et les dépenses postales, qui se sont augmentées de soixante-deux fois, disent l'augmentation d'activité qui s'est opérée dans les communications intérieures. L'augmentation des moyens de s'instruire est indiquée par l'extension des bibliothèques publiques, qui s'est accrue de trente-deux fois, et par la création de bibliothèques d'écoles qui possèdent 2 millions de volumes. Les États-Unis ont achevé un système de navigation par canaux qui, s'il était mis sur une ligne continue, s'étendrait depuis Londres jusques à Calcutta, et un système de chemins de fer qui, mis en ligne continue, irait de Londres à la terre de Van-Diémen; ils possèdent des machines par l'intermédiaire desquelles une telle distance pourrait être franchie en trois semaines, au prix de 15 centimes par mille. Ils ont créé un système de navigation intérieure dont le tonnage collectif n'est probablement pas inférieur au tonnage collectif intérieur de tous les autres pays du monde ensemble; ils possèdent plusieurs centaines de steamers fluviaux qui donnent aux voies par eau la merveilleuse rapidité des voies par fer. Ils ont, enfin, un total de lignes de télégraphe électrique qui, disposées d'une manière continue, s'étendraient sur un espace de 3 000 milles plus long que la distance du pôle arctique au pôle antarctique, et leurs appareils de transmission leur permettraient d'expédier du pôle arctique un message de trois cents mots au pôle antarctique en une minute, et au pôle arctique on pourrait recevoir du pôle antarctique une réponse du même nombre de mots et dans un temps égal.

Tels sont les phénomènes sociaux et commerciaux dont il serait inutile de chercher un parallèle dans l'histoire passée de l'espèce humaine. (Lardner, *On the Great Exhibition*, p. 251.)

NOTES.

NOTE PRÉLIMINAIRE.

Coup d'œil sur l'histoire des États-Unis. — « Les premiers établissements formés par l'Angleterre sur la côte orientale d'Amérique ne furent point signalés par d'éclatantes conquêtes et par la destruction d'un empire : ils durent leur origine à quelques colonies dispersées sur des plages incultes, où se rendirent quelques hommes entreprenants, séduits par l'attrait des découvertes, zélés partisans de tous les projets qui avaient de l'utilité et de la grandeur. Il y vint des réfugiés fatigués de leur sort : la persécution leur faisait chercher une situation nouvelle, et ils ne voulaient s'expatrier que pour vivre en paix. Quand les dissensions de l'ancien monde eurent peuplé les rivages du nouveau ; quand les différents partis politiques ou religieux qui avaient tour à tour banni leurs adversaires, et qui se retrouvèrent encore aux prises dans cette terre d'exil, eurent perdu leurs animosités mutuelles ; lorsqu'ils eurent paisiblement fondé, dans le voisinage les uns des autres, des institutions analogues à la diversité de leurs croyances, et qu'ils se virent enfin rapprochés par de communs intérêts : leur association devint plus prospère, la liberté religieuse ramena l'esprit de tolérance, comme la liberté civile développa l'industrie ; de favorables institutions donnèrent un libre essor à la pensée ; une grande activité morale et intellectuelle devint la source de cette prospérité, de ces progrès qui devaient élever ces colonies au rang des nations, et qui constituent aujourd'hui la puissance des États-Unis. »

Ainsi s'exprime M. Roux de Rochelle, dans son livre sur les États-Unis d'Amérique.

De 1584 date le premier établissement fondé par l'Angleterre sur le continent américain. Insensiblement les possessions anglaises s'agrandirent, et en 1764, date des premiers mécontentements sérieux de la colonie contre la métropole, elles avaient acquis une importance considérable.

Ce fut le 10 mars de cette année que le gouvernement anglais fit présenter au Parlement la proposition d'établir un droit de timbre dans les colonies d'Amérique. Ce droit devait s'appliquer à tous les actes que l'on aurait à produire devant les cours de justice et de chancellerie, soit civile, soit ecclésiastique, ainsi que devant les universités et les cours d'amirauté ; il s'appliquait aux sentences des tribunaux, aux licences de commerce, aux assurances, aux lettres de marque, aux obligations de payement, à tous les contrats relatifs à la transmission des biens par héritage, par vente, par concession ; il s'étendait même aux pamphlets, aux almanachs, à toutes les publications quotidiennes. Le produit de ces taxes devait être versé en Angleterre, dans la caisse de l'Échiquier ; on l'y devait tenir en réserve et le Parlement en faire ensuite l'emploi, pour subvenir aux frais que la protection et la défense des colonies pourraient exiger.

Les colonies considérèrent ce projet comme attentatoire aux droits dont elles avaient joui jusque-là. Elles firent des représentations qui n'eurent aucun succès. Le 7 février 1765, le bill du timbre fut voté par la chambre des communes, approuvé ensuite par la chambre haute, et reçut bientôt la sanction du roi. Dans la chambre des communes, le bill ne trouva qu'un seul opposant, le général Conway, qui déclara que la mesure excédait les droits du Parlement, puisque les colonies n'y étaient pas représentées.

Lorsque parvint en Amérique la nouvelle de l'adoption du bill, le mécontentement éclata. L'assemblée législative de Virginie déclara que cette colonie n'était point tenue d'obéir à une loi qui lui imposait une taxe quelconque, à moins que cette loi n'eût été votée par ses autorités mêmes. Le gouverneur prononça la dissolution de l'assemblée et ordonna d'autres élections; mais tous les membres qui s'étaient prononcés contre la loi du timbre furent réélus, tous ceux qui lui étaient favorables furent remplacés, et la déclaration qu'on voulait empêcher devint unanime. La province de Massachusetts adopta la même résolution, et ses représentants convoquèrent, pour le 1er octobre 1765, un congrès où seraient admis des députés de toutes les colonies, afin de pourvoir aux mesures d'intérêt public qu'exigerait la gravité des circonstances. Cette assemblée se tint à New-York. Elle proclama le droit qu'avaient les colonies de n'être imposées que par elles-mêmes, et résolut d'adresser à la fois des réclamations au roi et aux deux chambres du Parlement, pour revendiquer ce droit et obtenir le libre exercice de la législation intérieure. Ces représentations produisirent en Angleterre une sensation profonde. William Pitt, qui faisait alors partie du ministère, se prononça avec énergie contre le droit de timbre, et en obtint la révocation. Mais bientôt un nouveau bill est présenté au Parlement pour établir des droits d'entrée sur le thé, sur le verre, le papier et les couleurs qui seraient portés d'Angleterre dans les colonies. A dater du 20 octobre 1767, cette loi devait être mise en vigueur. L'opposition qui s'était manifestée lors du bill du timbre, et qui s'était apaisée après sa révocation, se réveilla plus énergique. On résolut de ne plus faire usage des articles de la métropole, etc. Le 1er octobre 1768, le général Gage fait passer de New-York à Boston, principal foyer de l'insubordination, quelques régiments. Tous les esprits furent vivement exaspérés par cette occupation militaire : ils le furent encore plus lorsque le Parlement britannique, approuvant les mesures que le gouvernement avait prises pour faire exécuter la loi à main armée, déclara que les infracteurs pourraient être traduits en Angleterre pour y être jugés. Mais le Parlement ne tarda pas à revenir sur cette décision; il révoqua les droits sur le verre, le papier, les couleurs, et ne laissa subsister que les droits sur le thé. Le mécontentement des colonies n'en persista pas moins. Boston était à la tête du mouvement. On lui enleva ses priviléges (mars 1774), qui furent transférés au port de Salem. Le mécontentement n'y devint que plus vif. Un congrès général est nommé; on décide que sa session s'ouvrira le 4 septembre, à Philadelphie.

Le 26 février 1775, un engagement, — le premier, — a lieu entre les troupes anglaises et le peuple, à Salem. Quelque temps après, nouvel engagement entre des soldats anglais et des hommes de la milice nationale (18 avril 1775). Le signal de la guerre est donné. L'assemblée de Massachusetts ordonne une levée de treize mille hommes de milices. Bientôt une armée de trente mille hommes peut se réunir près de Boston et y bloquer la garnison anglaise. Après le sanglant combat du mois de juin, qui se livra sur les hauteurs de Breed's-Hill, et où fut tué le général américain Warren, on élut généralissime de l'armée Georges Washington, de Virginie, membre du congrès.

Le 17 mars 1776, le général anglais Howe, renfermé dans Boston, capitule et rend cette place à Washington.

Le 4 juillet 1776, la déclaration d'indépendance est unanimement adoptée par le congrès. On lit dans le préambule de cet acte : « Nous tenons pour évidentes ces vérités : que tous les hommes sont égaux ; qu'ils sont doués par le Créateur de certains droits inaliénables, au nombre desquels sont la vie, la propriété, la recherche du bonheur ; que, pour assurer ces droits, des gouvernements sont institués parmi les hommes, et qu'ils tirent leur légitime pouvoir du consentement des gouvernés ; que partout où une forme de gouvernement est contraire à ce but, le droit des peuples est de la changer ou de l'abolir, et d'instituer un nouveau gouvernement, dont les principes soient fondés et les pouvoirs organisés de la manière qui leur paraît la plus propre à garantir leur sûreté et leur bonheur, etc. »

Le 22 août 1776, victoire de l'armée anglaise sur les Américains, à Brooklyn.

Franklin, Henri Lee et Silas Deane sont envoyés en France, pour intéresser le gouvernement au succès de la cause des États-Unis (28 octobre 1776).

Le 6 février 1778, un traité de commerce et d'alliance est conclu entre la France et les États-Unis. Le 13 mars suivant, le marquis de Noailles, ambassadeur de France à Londres, donne connaissance de ce traité au gouvernement anglais. L'ambassadeur anglais est rappelé.

Le 17 mars, le roi d'Angleterre adresse un message au parlement pour obtenir les moyens de soutenir avec vigueur la guerre qui va s'engager. Dans la chambre des communes, on met en délibération s'il faut chercher à se réconcilier avec les États-Unis, en reconnaissant leur indépendance, où s'il faut soutenir à la fois la guerre contre la France et contre les insurgés. Ce dernier avis l'emporte. A la chambre des pairs, dans la délibération qui a lieu sur le même sujet, William Pitt (comte de Chatam), qui souvent avait proposé des moyens de rapprochement entre l'Angleterre et ses colonies, et qui s'était prononcé contre les mesures impolitiques d'où leur séparation était résultée, demande que l'on commence la guerre sans hésiter.

Le 17 juin 1778, les hostilités entre la France et l'Angleterre commencent par l'attaque de deux frégates françaises que rencontre la flotte de l'amiral Keppel.

De 1778 à 1782, alternatives de succès et de revers pour les États-Unis, l'Angleterre et la France.

Le 8 octobre 1782, traité de commerce et d'amitié conclu par la Hollande avec les États-Unis.

Le 30 novembre 1782, convention par laquelle l'Angleterre reconnaît l'indépendance et la souveraineté des États-Unis ; le 3 septembre 1783, traité de paix définitif.

Le 23 décembre 1784, Washington se rend à Annapolis, pour résigner, entre les mains du congrès, le commandement de l'armée. De 1775 au 13 décembre 1783, Washington, ainsi qu'on le constata, n'avait demandé au trésor que 15 000 dollars (environ 80 000 francs) ; ses revenus personnels, il les avait appliqués à la plupart des frais de son service. C'est bien là l'homme qui devait, plus tard, tant émerveiller le royaliste Chateaubriand par sa bonté, par sa noble simplicité ! (Voy. *Voyage en Amérique*, édit. ill., p. 42.)

Le 2 mai 1787, une convention est nommée pour rédiger un projet d'acte constitutionnel ; renvoyé à l'examen des treize États de la confédération, il est approuvé par onze.

Au mois de mars 1789, Washington est élu, à l'unanimité, président de la république des États-Unis.

Voici la liste des présidents de l'Union depuis Washington :

1. GEORGES WASHINGTON, de Virginie (du 30 avril 1789 au 3 mars 1797).
2. JOHN ADAMS, du Massachusetts (du 4 mars 1797 au 3 mars 1801).
3. THOMAS JEFFERSON, de Virginie (4 mars 1801 au 3 mars 1809).
4. JAMES MADISON, de Virginie (du 4 mars 1809 au 3 mars 1817).

5. James Monroe, de Virginie (du 4 mars 1817 au 3 mars 1825).

6. John Quincy Adams, du Massachusetts (du 4 mars 1825 au 3 mars 1829).

7. Andrew Jackson, du Tennessee (du 4 mars 1829 au 3 mars 1837).

8. Martin Van-Buren, de New-York (du 4 mars 1837 au 3 mars 1841).

9. William-Henry Harrison, de l'Ohio (du 4 mars 1841 au 4 avril 1841; — mort en exercice).

10. John Tyler, de Virginie (du 4 avril 1841 au 3 mars 1845).

11. James Knox Polk, du Tennessee (du 4 mars 1845 au 3 mars 1849).

12. Zachary Taylor, de la Louisiane (du 4 mars 1849 au 9 juillet 1850; — mort en exercice).

13. Millard Fillmore, de New-York (du 9 juillet 1850 au 3 mars 1853).

14. Franklin Pierce, du New-Hampshire (du 4 mars 1853 au 3 mars 1857).

15. Buchanan, du New-Hampshire (du 4 mars 1857).

Le 18 avril 1790, Franklin meurt dans la quatre-vingt-cinquième année de son âge. Tout le peuple de Philadelphie assista à ses funérailles, et sa perte fut profondément sentie dans tous les États de l'Union; on lui rendit, en France, un public hommage : l'Assemblée constituante arrêta que tous ses membres prendraient le deuil pendant trois jours. — Un des derniers actes de la vie politique de Franklin fut un mémoire présenté au Congrès, en 1789, au nom d'une société dont il était président, et qui s'était formée à Philadelphie, pour arriver, par la suppression de la traite des noirs, à l'abolition graduelle de l'esclavage. Cette pensée l'avait occupé depuis longtemps, et avant même les premiers symptômes de la révolution américaine. Le même sentiment l'anima jusqu'au dernier soupir, et lui dicta, trois semaines avant sa mort, quelques pages remarquables, où, sous le voile de l'allusion, il s'élevait contre la traite des noirs, en flétrissant celle qui était exercée contre les blancs par les régences barbaresques. (Roux de Rochelle.)

En 1790, premier recensement de la population. Elle s'élève à 3 921 329 habitants. Sur ce nombre, on comptait 3 164 148 personnes libres et blanches, 59 431 autres personnes libres, et 697 700 esclaves.

Le 22 avril 1793, les États-Unis déclarent qu'ils entendent demeurer neutres et ne pas s'immiscer dans le conflit qui s'élève entre la France et l'Europe.

Le 14 août 1794, Monroe, envoyé en France, est reçu par la Convention nationale.

4 mars 1797, fin de la seconde présidence de Washington. On veut le porter pour la troisième fois à la présidence, il refuse.

13 décembre 1798, mort de Washington.

30 septembre 1800, convention entre la France et les États-Unis; traité du 30 avril 1803.

Quelques mots, maintenant, sur l'état intérieur de l'Union.

L'administration des affaires est confiée à un Congrès, qui se compose d'un sénat et d'une chambre de représentants, et à un président. Chaque État nomme deux sénateurs pour six ans; le sénat se renouvelle par tiers, tous les deux ans; le vice-président en est le président.

La chambre des représentants se compose de membres élus par chacun des États, pour deux ans. Leur nombre est de 233; il y a, en outre, un délégué de chaque territoire.

Le président, choisi par des délégués de chaque État, reste en charge pendant quatre ans.

L'Union se compose aujourd'hui de 31 États, 7 territoires et 1 district.

Chacun des États administre comme il l'entend ses propres affaires intérieures, fait ou modifie les lois relatives à la propriété et aux droits des particuliers, à la police, à la justice, à l'impôt, etc., matières dont le gouvernement fédéral n'a pas à s'occuper.

La superficie des États-Unis est aujourd'hui de 3 260 073 milles carrés. La population est de 24 000 000 d'habitants, sur lesquels plus de 3 000 000 sont encore esclaves.

La population prend chaque jour des proportions plus considérables.

On doit à un membre du congrès américain, M. William Bromwell, un travail du plus haut intérêt sur l'immigration aux États-Unis, pendant une période de trente-six années (1819-1855).

Pendant cette période, les États-Unis n'ont pas recueilli moins de 4 millions d'émigrants (4 212 624).

Suivant l'auteur (voy. *History of immigration*), le mouvement ne s'est fait sentir que vers 1784. Depuis cette époque jusqu'en 1793, il n'y a eu qu'une moyenne annuelle de 4000 émigrants. En 1794, il y en eut 10 000, et en 1817, 22 240.

En 1819, la législature américaine, pour encourager le mouvement, adopta plusieurs lois favorables aux émigrants : aussi, depuis lors, vit-on le courant grossir de plus en plus.

<pre>
De 1819 à 1829, il y eut. . . . . . .   128 502 émigrants.
De 1830 à 1839 . . . .   538 381
De 1840 à 1849. . . . . 1 427 337
De 1850 à 1855 . . . .   2 118 404
              Total. . . . .   4 212 624 émigrants.
</pre>

L'année 1854 a seule fourni à l'immigration un chiffre de 427 833 personnes, et si ce chiffre est tombé, en 1855, à 240 746, il est probable qu'il ne tardera pas à se relever.

Sur les 4 212 624 étrangers qui, de 1819 à 1855, se sont rendus aux États-Unis, les documents officiels attribuent un chiffre de 2 485 080 au sexe masculin, et un chiffre de 1 679 136 au sexe féminin. Le sexe n'est pas désigné pour 48 408 individus. — L'âge prédominant est de vingt à trente ans. — Quant à la profession, on n'a de données que pour l'année 1854 : sur 226 298 individus dont la profession était connue, on comptait 169 561 laboureurs, 37 000 ouvriers de tout métier, 15 173 commerçants, 1 260 marins, 237 médecins, 135 avocats, 397 ecclésiastiques, 213 ingénieurs, 26 professeurs, 66 artistes, 13 acteurs. — La majorité des émigrants se compose, comme on voit, précisément d'hommes dont le besoin se fait le plus sentir sur le vaste territoire de l'Union.

Toutes les nations ont fourni leur contingent au chiffre de 4 212 624 émigrants dont les États-Unis ont profité depuis trente-six ans; mais le Royaume-Uni et l'Allemagne spécialement. Ainsi, pendant la période de trente-six ans,

<pre>
Le Royaume-Uni a donné aux États de l'Union. . . 2 343 445 émigrants.
L'Allemagne 1 242 082
La Hollande, la Belgique et la Suisse. 55 645
Le Danemark, la Suède et la Norvége 32 500
La Pologne et la Russie 2 256
L'Amérique anglaise 91 699
La Chine et les Indes orientales. 16 988
La France 188 725
L'Espagne, le Portugal, et les îles en dépendant. .   19 091
Les États d'Italie. 8 354
La Turquie et la Grèce   231
L'Amérique espagnole 57 366
</pre>

Que résultera-t-il, pour les États-Unis, du mouvement qui pousse un si grand grand nombre d'hommes sur leur territoire? C'est un problème dont la solution ne se fera sans doute pas longtemps attendre. Le personnel de l'émigration se compose, en général, d'hommes robustes, vigoureux, intelligents. Une telle conquête ne peut être qu'avantageuse aux États-Unis.

(Voy. Roux de Rochelle, *États-Unis d'Amérique*; Guizot, *Washington*; *The American Almanac and repository of useful knowledge*; J. Bancroft, *History of the United States, from the discovery of the american continent*; Rich. Hildreth, *the History of the United States of America*; A. de Tocqueville, *De la Démocratie en Amérique*; Michel Chevalier, *Lettres sur l'Amérique du Nord*, etc.)

---

1. NOTE SUR LE § VIII. CHAP. I. — Quelques jours après sa première expérience, Robert Fulton écrivit à l'un de ses amis, Joel Barlow, la lettre suivante :

« My steamboat voyage to Albany and back has turned out rather more favorably than I had calculated. The distance from New-York to Albany is one hundred and fifty miles... I had a breeze against me the whole day, both going and coming, and the voyage has been performed wholly by the power of the steam engine. . . . . . .
. . . .

» The morning I left New-York there were not, perhaps, thirty persons in the city who believed that the boat would ever move one mile per hour, or be off the least utility ; and while we were putting of from the wharf, which was crowed with spectators, *I heard a number of sarcastic remarks.* This is way in which ignorant men compliment what they call philosophers and projectors. . . . .
. . . .

. . . . Although the prospect of personal emolument has been some inducement to me, yet I feel infinitely more pleasure in reflecting on the immense advantages that my country will derive from the invention.»

« Mon voyage en bateau à vapeur pour Albany s'est, ainsi que mon retour, fait beaucoup mieux que je n'osais l'espérer. La distance de New-York à Albany est de 150 milles (60 lieues). Je l'ai franchie en trente-deux heures à l'aller, en trente au retour. J'ai eu le vent contre moi en allant et en revenant, sans relâche, et le voyage s'est effectué par la puissance de la vapeur exclusivement. Les sloops et les goélettes que j'ai rencontrés, je les ai devancés et m'en suis séparé comme s'ils avaient été à l'ancre. La puissance des bateaux mus par la vapeur est maintenant on ne peut plus évidente.

» Le matin du jour où je quittai New-York, peut-être n'y avait-il pas dans la ville trente personnes qui crussent que le bateau pût jamais faire un mille à l'heure, ou être jamais de la plus mince utilité ; au moment de pousser au large et de nous éloigner du quai, encombré de spectateurs, *j'ai entendu maintes remarques désobligeantes.* Tel est le procédé dont usent les ignorants à l'égard de ce qu'ils appellent des philosophes ou des hommes à système. J'ai donné à mon œuvre beaucoup de temps, beaucoup d'argent, beaucoup de soins ; vous comprendrez que je sois fort heureux de voir qu'elle répond entièrement à mes espérances. Le commerce du Mississipi, du Missouri, et autres grands fleuves, qui maintenant livrent leurs trésors à nos compatriotes, y trouvera un moyen de transport économique et rapide. Quoique la perspective d'un avantage personnel à tirer de la réalisation de mon œuvre ait été pour moi, jusqu'à certain point, un stimulant, cependant j'éprouve infiniment plus de plaisir en réfléchissant aux immenses avantages que mon pays tirera de l'invention. »

Colomb s'était vengé de ceux qui, pendant quinze ans, n'avaient voulu voir dans son projet qu'une chimère, et dans sa personne qu'un insensé, en donnant un nouveau monde à l'ancien. Robert Fulton a fait mieux : il s'est vengé de ceux qui

avaient baptisé son premier bateau du nom de *Folie-Fulton* en livrant à l'humanité
l'instrument civilisateur par excellence. — Telle est la vengeance ordinaire des
philosophes et des *hommes à systèmes.* C'est aussi celle des hommes de bien.

La lettre dont on donne ci-devant un extrait se trouve (ainsi qu'une autre de
R. Fulton, adressée au rédacteur de l'*American Citizen*) dans l'*United States Magazine,* vol. III, p. 390.

L'expérience de Fulton eut lieu le 11 août 1807, sur l'Hudson. Fulton avait
quarante-deux ans alors. — Il mourut le 24 février 1815, à l'âge de cinquante ans.

2. **Note sur le § XIX, chap. I.** — On a expliqué de différentes manières les
explosions des chaudières. L'année dernière, M. Péligot, dans l'un de ses cours
au Conservatoire des arts et métiers, a donné l'explication suivante de ce phénomène :

Si l'on chauffe fortement une plaque métallique et qu'on y projette une petite
quantité de liquide, celui-ci ne se vaporise pas immédiatement; il reste suspendu
à une petite distance du métal, en prenant une forme qui se rapproche d'autant
plus de celle de la sphère que la masse de liquide est plus petite. M. Boutigny
(d'Évreux), qui le premier a signalé ce fait, lui a donné le nom d'*état sphéroïdal*
ou *globulaire.*

D'après M. Péligot, c'est à la production de l'état sphéroïdal qu'on devrait, dans
la plupart des cas, attribuer les explosions des chaudières à vapeur. Voici les expériences sur lesquelles il s'appuie :

« On chauffe au rouge une petite chaudière de cuivre, on y verse un peu d'eau
qui prend l'état sphéroïdal, puis on la ferme avec un bouchon. Tant qu'on entretient le feu, on ne voit rien produire ; mais si on laisse la température s'abaisser,
l'eau se vaporise instantanément, et le bouchon est projeté avec force. Il est certain que si l'ouverture du goulot n'avait pas une grandeur suffisante, la chaudière
serait brisée et ses fragments projetés au loin, quelle que fût d'ailleurs sa résistance. C'est ce qui se produit en grand dans les explosions de machines à vapeur.
Que l'eau vienne à manquer, et que le chauffeur continue à pousser le feu, les
parois de la chaudière vont être surchauffées. Quand l'eau rentrera, elle prendra
l'état sphéroïdal, et, dès que la température baissera, l'eau se vaporisant instantanément, la chaudière volera en éclats, en dépit des soupapes de sûreté.

» Il ne faudrait pas croire qu'en faisant rentrer l'eau en abondance, on l'empêcherait de prendre l'état sphéroïdal; l'expérience suivante prouve le contraire. On
fait chauffer une boule de platine, ou d'or, ou d'argent, et, quand elle est rouge,
on la plonge dans un vase contenant autant d'eau qu'on voudra, même dans la
rivière, si l'on veut. La boule de platine restera quelque temps incandescente au
milieu du liquide à l'état sphéroïdal; mais quand elle se sera refroidie par l'effet
du rayonnement, le contact aura lieu; une grande masse d'eau, instantanément
vaporisée, se condensera presque au même moment, en produisant un fort ébranlement dans le vase et un bruit analogue à celui d'un coup de pistolet. Le même
effet se produit dans les chaudières surchauffées, quand l'eau y arrive en grande
abondance. Il n'y a qu'un moyen d'éviter ces accidents : c'est d'avoir une pompe
alimentaire qui fonctionne bien. En outre, il faut avoir soin d'empêcher la formation des incrustations calcaires dans les chaudières; car ces dépôts conduisent mal
la chaleur; la tôle de la chaudière se surchauffe quoique l'eau ne manque pas, et,
s'il se forme la moindre fente dans la croûte de carbonate, l'eau prend l'état sphéroïdal et l'explosion devient inévitable. Ce n'est pas une bien grande dépense
d'ajouter à l'eau des bouilleurs du sel ammoniac, que les usines à gaz produisent
aujourd'hui à bon compte, et l'on éviterait de la sorte bien des accidents. » (Péligot.

cours fait au Conservatoire des arts et métiers, en février 1856. — Voy. *la Science pour tous*, année 1856, p. 80.)

Au mois de mars dernier, M. Boutigny (d'Évreux) a communiqué à l'Académie des sciences de Paris un traité sur les corps à l'état sphéroïdal; il y résume ainsi la question :

1° La limite dernière de température à laquelle l'eau peut passer à l'état sphéroïdal en quantité notable est + 142 degrés centigrades.

2° La température du vase dans lequel on fait passer un corps quelconque à l'état sphéroïdal, doit être d'autant plus élevée que le point d'ébullition de ce corps l'est davantage.

3° L'eau à l'état sphéroïdal s'évapore d'autant plus vite que la température du vase qui la contient est plus élevée, et son évaporation est, sous cet état particulier, cinquante fois plus lente dans une capsule chauffée à + 200 degrés que par ébullition à l'état liquide ordinaire.

4° La température des corps à l'état sphéroïdal, quelle que soit d'ailleurs celle du vase qui les contient, est toujours inférieure à celle de l'ébullition ; elle est proportionnelle à celle-ci et de + 96°,5 pour l'eau. C'est en faisant l'application de cette loi que l'auteur a pu proposer la solution de ce singulier problème : Étant donné un espace chauffé à blanc, y congeler instantanément de l'eau.

5° La température de la vapeur des corps à l'état sphéroïdal est égale à celle des vases qui la contiennent; en d'autres termes, l'équilibre de chaleur s'établit toujours entre la vapeur d'un corps à l'état sphéroïdal et l'espace qui la renferme, et cet équilibre ne saurait s'établir entre cet espace et le corps à l'état sphéroïdal d'où naît la vapeur.

6° Les corps à l'état sphéroïdal jouissent d'un pouvoir réflecteur presque absolu à l'égard du calorique.

7° Tous les corps peuvent passer à l'état sphéroïdal.

8° Il n'y a pas de contact entre les corps à l'état sphéroïdal et les surfaces qui les font naître.

9° L'état sphéroïdal de l'eau est la cause principale des explosions dites fulminantes des chaudières à vapeur.

9° *bis*. Une étude approfondie de la cause des explosions fulminantes des chaudières à vapeur a permis de concevoir et d'exécuter un système de générateur de vapeur entièrement nouveau, système applicable aux plus petites forces (un demi-cheval) aussi bien qu'aux plus puissantes chaudières. Les petites chaudières de ce système comblent une lacune qui existait dans l'industrie en créant une force ouvrière, une force domestique; et l'étude de la matière à l'état sphéroïdal n'eût-elle produit d'autre résultat, qu'elle justifierait pleinement la persévérance de l'auteur dans la voie qu'il a suivie.

10° Les métaux n'ont été étudiés jusqu'à ce jour qu'à l'état solide, à l'état sphéroïdal et à l'état gazeux.

11° Les phénomènes observés et décrits dans tout le cours de ce travail se reproduisent, comme à l'air libre, dans le moufle d'un fourneau à coupelle, c'est-à-dire dans un espace chauffé à blanc de toutes parts, dans le vide de la machine pneumatique, et au foyer d'une lentille, par l'action des rayons solaires.

12° Enfin, un gaz permanent liquéfié, et qui, dans cet état, bout à — 11 degrés, ne bout plus et ne se volatilise qu'avec lenteur dans une capsule rouge de feu et maintenue dans le vide, s'il est sphéroïdalisé.

13° L'étude de l'état sphéroïdal dans ses rapports avec la chimie n'est ni moins intéressante, ni moins importante que dans ses rapports avec la physique.

14° En faisant passer certains corps à l'état sphéroïdal, on a un moyen puissant d'oxydation ou de combustion lente, d'action et de réaction, d'analyse, de synthèse et d'ozonisation.

15° La vapeur des corps à l'état sphéroïdal, étant très-rare, se trouve être à l'état naissant, c'est-à-dire dans les conditions les plus favorables aux décompositions et aux combinaisons.

16° C'est une nouvelle voie ouverte à l'infatigable activité des chimistes, quand ils y entreront sans craindre d'être arrêtés par les premiers obstacles qu'ils rencontreront.

17° Il suffit de relire la description de la première expérience qui commence la partie chimique de cet ouvrage, pour reconnaître tout d'abord ce que promet l'étude des corps à l'état sphéroïdal, au point de vue chimique : on trouvera dans cette expérience un exemple du phénomène qualifié de respiration de la matière inorganique.

18° Les corps à l'état sphéroïdal sont maintenus au delà du rayon de l'action chimique, non par leur propre valeur, mais par une force répulsive que la chaleur développe dans les corps.

19° Une force attractive s'exerce entre toutes les molécules d'un corps à l'état sphéroïdal, qui fait qu'il se comporte comme s'il était réduit à un point matériel isolé dans l'espace.

20° Jusqu'ici les mots *état sphéroïdal* n'ont été employés que pour éviter les périphrases ; maintenant on leur accorde et on leur accordera à l'avenir une valeur théorique analogue à celle des mots *état solide, état liquide, état gazeux*.

21° Parmi les propriétés nombreuses qui différencient les corps à l'état sphéroïdal des corps sous les trois autres états, se trouve celle-ci : la température des corps à l'état sphéroïdal est une et invariable, tandis que celle des corps à l'état solide, liquide et gazeux, est multiple et variable à l'infini. En d'autres termes, les corps à l'état sphéroïdal sont, par rapport à la chaleur, dans un état d'équilibre stable, tandis que, sous les trois autres états, les corps sont, par rapport au même dynamide, dans un état d'équilibre instable.

22° On a vu plus haut que les corps à l'état sphéroïdal restaient constamment à une température inférieure à celle de leur ébullition : c'est une propriété de la matière sous cet état, c'est-à-dire un effet dont la cause est inconnue.

23° Si l'on admettait les vues d'Ampère sur la cause de la chaleur (et quant à l'auteur, il les admet), on dirait que la température est au corps à l'état sphéroïdal ce que le ton est au corps qui vibre, et que la cause de l'état sphéroïdal peut être légitimement attribuée à des mouvements vibratoires.

24° Les volumes des sphères des corps à l'état sphéroïdal sont en raison inverse de leurs poids spécifiques, et leurs masses sont égales entre elles.

25° D'où il suit que le corps à l'état sphéroïdal est soumis à la loi de l'attraction, et constitue un satellite de la terre.

26° Les corps à l'état sphéroïdal ayant des propriétés des corps planétaires, on peut admettre, par analogie, que ceux-ci ont des propriétés de ceux-là, et l'on arrive ainsi à une cosmologie particulière.

27° C'est aux géomètres à décider si ce système, qui n'a besoin ni du choc de la comète de Buffon, ni des mouvements si compliqués de celui de Laplace, mérite d'être discuté et examiné à fond.

28° L'auteur donne les probabilités suivantes, en faveur de ce système, dans l'examen du globe terrestre : 1° il a une origine ignée ; 2° un fragment, qui équivaut au quarante-neuvième de son volume, en a été enlevé, et le vide formé par la projection de ce fragment constitue aujourd'hui le bassin des mers ; 3° c'est en se précipitant dans ce bassin que les eaux qui couvraient la terre ont creusé les vallées, transporté les blocs erratiques. roulé les galets, etc., etc.: 4° enfin, la formation des montagnes par voie de soulèvement n'a pas d'autre cause que celle qui a creusé le bassin des mers, en projetant la lune dans l'espace. Il en est de même des tremblements de terre et des éruptions volcaniques : tous ces phénomènes ont une origine commune; ils sont dus à la même cause, agissant avec plus ou moins d'intensité, et de l'intérieur à l'extérieur; ils sont dus au mouvement vibratoire de la masse en fusion qui constitue la presque totalité de la terre.

28° *bis*. Une seule force agit aujourd'hui dans la nature : c'est l'attraction, qui a pour antagoniste la répulsion, qui n'est que de l'attraction en moins.

29° Tous les corps se comportant de la même manière en présence des surfaces incandescentes, on peut en inférer que la matière est homogène.

30° L'éther constitue la molécule primitive de la matière.

31° L'hydrogène est le premier corps matériel que nous connaissions; c'est de l'éther condensé, tangible et pondérable.

32° Son poids atomique est un multiple de celui de l'éther ou de corps intermédiaires inconnus, mais qui seraient eux-mêmes des multiples de l'éther.

33° D'après cela, l'hypothèse du docteur Prout, reprise par Dumas et son école, serait nécessairement vraie.

34° Les molécules de tous les gaz sont sphériques, creuses et de même volume : elles ne diffèrent entre elles que par une plus grande épaisseur de leur paroi.

35° En se condensant et en tombant sur une surface chauffée à une certaine température, les corps passent à l'état sphéroïdal.

36° Ce phénomène s'est produit nécessairement à la surface du globe sur une échelle immense; probablement il se produit encore à la surface du noyau incandescent qui constitue la plus grande partie de notre planète.

37° Les corps à l'état sphéroïdal, ayant une température constante indépendante du milieu ambiant, sont propres à l'incubation.

38° Il est permis d'espérer que l'état sphéroïdal, qui comprend la nature entière, depuis les plus grands corps célestes jusqu'aux infiniment petits des corps organisés, sera tôt ou tard l'objet de l'attention universelle.

3. NOTE SUR LE § II. CHAP. II. — L'un des steamers transatlantiques américains les plus nouveaux est le *Vanderbilt*. Il a 540 pieds anglais de longueur, 49 pieds de bau, 53 pieds de profondeur, et jauge 2528 tonneaux. Avec un chargement complet et 650 tonneaux de charbon pour sa provision, il tire 20 pieds d'eau. Il est muni de deux machines à basse pression, mises en mouvement par la vapeur formée dans quatre chaudières tubulaires, longues chacune de 30 pieds et larges de 14, et chauffées par quatre foyers. Les cylindres de la machine ont chacun 90 pouces de diamètre, et la course des pistons est de 12 pieds. Le diamètre des roues est de 42 pieds, et les balanciers sont étalés sur le pont. Les soutes au charbon peuvent contenir 1400 tonneaux, et celles réservées pour les marchandises, 1200 tonneaux. Il y a 400 cabines de première, deuxième et troisième classe, à bord du *Vanderbilt*, qui est construit à compartiments étanches. (*Courrier du Havre*, 16 mai 1857; ou *Moniteur universel*, 18 mai 1857.)

4. Les expressions techniques dont on a dû se servir dans les trois chapitres précédents seront expliquées dans le traité sur *la Vapeur*.

VOIES DE COMMUNICATION EN FRANCE.

S'il est utile de connaître l'état des choses chez les peuples étrangers, il est indispensable de savoir l'état des choses chez soi. C'est pour cette raison qu'après avoir parlé des voies de communication aux États-Unis, on donne ici un aperçu des voies de communication en France.

Les voies de communication de la France sont nombreuses; elles se partagent en routes de terre, chemins de fer, rivières navigables, et canaux.

ROUTES DE TERRE. — Les premières grandes routes de terre qu'ait eues la France, dit Th. Lavallée, sont dues aux Romains; il n'en reste presque aucune trace; laissées à l'abandon et à la dégradation pendant plusieurs siècles, ce ne fut que sous Philippe-Auguste qu'on essaya de mettre quelque ordre dans le système de viabilité du domaine royal. Henri IV ordonna de planter des arbres sur les côtés des routes royales, et il attribua l'administration générale des chemins à un grand voyer, qui fut Sully. La viabilité fit de grands progrès, sous Louis XIV et Louis XV, par les soins des ministres Colbert et Trudaine. Mais ce n'est que de nos jours, et principalement dans les trente dernières années, que la France a été sillonnée par des routes en tous sens, et que leur système d'entretien a été complétement organisé. Leur ensemble couvre aujourd'hui plus de 15000 kilomètres carrés.

Les routes françaises se partagent en routes *nationales*, entretenues par l'État; en routes *départementales*, entretenues par le département; *chemins vicinaux* de grande et de petite communication, qui sont à la charge des communes. La largeur des routes nationales est de 12 à 13 mètres; celle des routes départementales, de 10 à 12 mètres, etc. La plupart sont ou pavées ou *ferrées*, bordées d'arbres et de fossés, pourvues de ponts, ponceaux, aqueducs, etc.

La France possède actuellement 36000 kilomètres de routes nationales, 44000 kilomètres de routes départementales, 70000 kilomètres de chemins de grande vicinalité, et 800000 kilomètres de petits chemins vicinaux. Toutes ces voies de communication sont très-inégalement réparties les départements du nord et de l'ouest sont mieux partagés que ceux du midi et de l'est.

Voici les principales routes de Paris aux frontières :

Frontière du nord-est.

		kilom.
1º De Paris à Dunkerque, par Amiens, Arras et Béthune.....		281
2º à Lille, par Amiens et Arras...................		211
3º à Lille, par Péronne et Douai...................		210
4º à Valenciennes, par Compiègne, Saint-Quentin et Cambrai....................................		210
5º à Maubeuge, par Soissons, Laon et Avesnes......		213
6º à Givet, par Soissons, Réthel et Mézières........		252
7º à Metz, par Meaux, Châlons et Verdun..........		316

Frontière de l'est.

1º De Paris à Strasbourg, par Meaux, Châlons, Bar-le-Duc, Nancy et Sarrebourg.......................		456
2º à Strasbourg, par Meaux, Châlons, Verdun, Metz et Sarrebourg.............................		464
3º à Bâle, par Troyes, Langres, Vesoul, Béfort......		485

```
                                                               kilom.
4° De Paris à Besançon, par Troyes, Langres et Gray........    403
5°              à Genève, par Besançon et les Rousses..........  505
6°              à Lyon, par Melun, Tonnerre, Chalon et Mâcon...  465
      (De Lyon à Genève, 185; à Chambéry, 119; à Grenoble, 114.)
```

Frontière du sud-est.

```
1° De Paris à Chambéry, par Lyon et les Échelles...........   614
2°              à Briançon, par Lyon et Grenoble..............  661
3°              à Antibes, par Lyon, Avignon et Aix...........  935
```

Frontière de la Méditerranée.

```
1° De Paris à Toulon, par Lyon, Aix et Marseille...........   884
2°              à Marseille, par Lyon et Aix..................  824
3°              à Montpellier, par Lyon et Nimes..............  750
```

Frontière du sud-ouest.

```
1° De Paris à Perpignan, par Lyon et Montpellier...........   846
2°              à Toulouse, par Orléans, Limoges et Cahors.....  692
3°              à Bayonne, par Bordeaux......................   815
```

Frontière du golfe de Gascogne.

```
1° De Paris à Bordeaux, par Tours, Poitiers et Angoulême....  564
2°              à Rochefort, par Poitiers et Niort.............  468
3°              à Nantes, par le Mans et Angers...............  391
4°              à Brest, par Alençon et Rennes................  597
```

Frontière de la Manche et de la mer du Nord.

```
1° De Paris à Cherbourg, par Evreux, Lisieux, Caen, Bayeux
              et Valognes..................................   343
2°              au Havre, par Rouen..........................   217
3°              à Boulogne, par Amiens.......................   237
```

CHEMINS DE FER. —Les chemins de fer existaient depuis environ deux siècles en Angleterre, lorsqu'on établit en France le chemin de fer de Saint-Étienne à Lyon. Ce fut le premier chemin français de cette espèce. Depuis la loi du 11 juin 1842, ces voies nouvelles ont pris en France, comme on va voir, un certain développement (*).

Le principal réseau des chemins de fer français a pour centre Paris, d'où partent six grandes voies, lesquelles vont se bifurquer sur tout le territoire.

1° *Chemin du Nord,* par Pontoise et Creil (67 kilom.), d'où part un embranchement sur Saint-Quentin (170 kilom.) qui doit aller à Mons; de Creil, il continue sur Amiens (147 kilom.), d'où part un embranchement sur Boulogne (272 kilom.). D'Amiens, il continue par Arras sur Douai (241 kilom.), d'où part un embranchement sur Valenciennes (277 kilom.), et de là sur Mons et Bruxelles (370 kilom.). De là il va à Lille (274 kilom.), d'où part un embranchement par Roubaix et Turcoing sur Mouscron (291 kilom.), et de là sur Gand. De Lille il va à Hazebrouck (315 kilom.), d'où part un embranchement sur Calais (377 kilom.), et va finir à Dunkerque (356 kilom.). Le développement total du chemin est de 707 kilomètres. Il communique avec tous les chemins de fer de la Belgique, avec ceux de la Prusse, et relie la France à tout le nord de l'Europe et aux îles Britanniques.

(*) Ce n'est qu'à partir de 1829 que les locomotives servirent au transport des voyageurs. Jusque-là (et depuis 1815) elles n'avaient servi qu'au transport des marchandises. Le premier essai en fut fait le 6 octobre 1829, en Angleterre. Ce fut *la Fusée* (locomotive dans la construction de laquelle Georges Stephenson avait adopté les chaudières tubulaires de M. Séguin) qui l'emporta.

2º *Chemin de fer de l'Est* ou *de Strasbourg,* par Meaux, Château-Thierry, Épernay (142 kilom.), d'où part un embranchement sur Reims (172 kilom.), Châlons, Blesmes (217 kilom.), d'où part un embranchement sur Saint-Dizier qui doit aller dans le bassin de la Saône. De Blesmes, il va par Bar-le-Duc et Toul sur Nancy (352 kilom.), d'où part un embranchement sur Metz (398 kilom.), lequel se bifurque en deux chemins : l'un va sur Thionville (431 kilom.) et doit aller sur Luxembourg; l'autre va sur Forbach (462 kilom.), et de là sur Manheim et toute l'Allemagne. De Nancy, le chemin principal continue par Lunéville, Sarrebourg, et arrive à Strasbourg (501 kilom), où il se joint par Kehl aux chemins de fer du grand-duché de Bade. De Strasbourg part un embranchement qui va par Colmar et Mulhouse à Bâle (612 kilom.).

3º *Chemin de la Méditerranée,* ou de *Lyon à Marseille,* par Melun, Montereau (79 kilom.), d'où part un embranchement sur Troyes (179 kilom.) qui doit aller, par Chaumont et Vesoul, à Bâle; de là il continue par Dijon (315 kilom.), Chalon (383 kilom.), Mâcon (441 kilom.), Lyon (507 kilom.), Valence, Avignon (720 kilom.), Tarascon (741 kilom.), d'où part un embranchement sur Nîmes (769 kilom.), Montpellier (818 kilom.), Cette (846 kilom.). De Tarascon, le chemin continue par Arles sur Marseille (840 kilom.).

Au chemin de la Méditerranée se rattache le *chemin Grand-Central,* qui va de Lyon, par Saint-Étienne, et doit relier tous les chemins du centre de la France, jusqu'à Bordeaux.

4º *Chemin d'Orléans,* avec ses prolongements, qui se subdivise ainsi : 1º de Paris à Orléans (121 kilom.), dont un embranchement sur Corbeil; 2º d'Orléans à Tours (236 kilom.), Angers (343 kilom.) et Nantes (431 kilom.); 3º de Tours à Poitiers (337 kilom.), à Angoulême (450 kilom.), à Bordeaux (583 kilom.), à Dax (631 kilom.), à Bayonne, et de là doit aller en Espagne; 4º d'Orléans à Vierzon (202 kilom.), où il y a bifurcation, d'une part sur Châteauroux (205 kilom.), qui doit aller par Limoges et Périgueux joindre le Grand-Central; d'autre part sur Bourges (233 kilom.), Nevers (302 kilom.), Moulins (342 kilom.), qui doit aller par Clermont joindre le Grand-Central.

5º *Chemin de l'Ouest,* par Versailles, Chartres (88 kilom.), le Mans (212 kilom.), et doit aller sur Rennes et Brest.

6º *Chemin de la Manche,* par Mantes (57 kilom.), Rouen (137 kilom.), où il se bifurque; un des embranchements va sur Dieppe (201 kilom.), et l'autre sur le Havre (229 kilom.)

Au 31 décembre 1854, le total des chemins de fer français exploités était de 4676 kilomètres, ou 1169 lieues. — On a vu au chapitre III (§ XI) des *Voies de transport aux États-Unis* que le total des voies ferrées sur le territoire de cette grande république était, vers 1854, de 6500 milles, ou 2600 lieues, et qu'en Angleterre il était de 5000 milles, ou 2000 lieues.

RIVIÈRES NAVIGABLES. — Le tableau des rivières navigables de la France qu'on met sous les yeux du lecteur est extrait (comme, du reste, la plupart des documents qui précèdent) du travail que publie en ce moment M. Lavallée sur Malte-Brun (*).

Bassins de l'Adour, Nivelle, etc.

Bidassoa	6	Bicouze (Came)	20
Nivelle (Ascain)	10	Lacan	15
ADOUR (Saint-Sever)	129	Nive (Cambo)	27
Midouze (Mont-de-Marsan)	43	Leyre	6
Gave de Pau (Peyrehorade)	10		

(*) Les noms entre parenthèses indiquent les lieux où les cours d'eau sont navigables; les chiffres indiquent la longueur navigable.

Bassin de la Garonne.

GARONNE (Cazères)	428	Lot (Entraigues)	303
Salat (la Cave)	17	Dropt (Eymet)	88
Ariége (Cintegabelle)	80	Dordogne (Mayronne)	292
Tarn (Alby)	140	Vézère (Montignac)	47
Baïse (Nérac)	57	Isle (Périgueux)	111
Gers (Auch)	92	Dronne (Coutras)	2

Bassins de la Charente, de la Sèvre niortaise, etc.

Seudre (Saujon)	52	Autise (Port-de-Souille)	9
CHARENTE (Montignac)	168	Vendée (Fontenay)	25
Boutonne (Saint-Jean-d'Angely)	35	Lay (Beaulieu)	33
Sèvre niortaise (Niort)	72	Vie (Pas aux Petons)	8
Mignon (Port-de-Jouet)	15		

Bassin de la Loire.

LOIRE (la Noirie)	819	Sarthe (Amage)	134
Arroux (Geugnon)	20	Loir (Château-du-Loir)	113
Allier (Fontanès)	241	Sèvre nantaise (Monnière)	20
Loiret (Pont-de-Saint-Mesmin)	3	Erdre (Nort)	29
Cher (Montluçon)	275	Acheneau (Port-Saint-Père)	19
Vienne (Châtellerault)	89	Ognon (Port-Saint-Martin)	6
Creuse (Lauvernière)	8	Boulogne (Besson)	8
Thoué (Montreuil-Bellay)	23	Tenu (Saint-Mesmes)	16
Mayenne (Laval)	94	Brivé (Pont-Château)	25
Oudon (Segré)	17		

Bassins de la Vilaine, du Blavet, etc.

VILAINE (Cesson)	136	Auray (Auray)	14
Cher	5	Blavet (Hennebon)	11
Don (Guéménée)	9	Scorf (Port-Scorf)	15
Oust (Malestroit)	37	Odet (Quimper)	17
Aff (la Gacily)	6	Aulne (Port-l'Aunay)	24
Isac (Guerrouet)	10	Elorn (Landerneau)	18

Bassins du Trieux, de la Rance, etc.

Aber-Wrach	7	Gouet (Port-de-Gouet)	5
Guer (Port-Lannion)	6	Arguenon (Plancoët)	12
Tréguier (Tréguier)	17	Rance (Dinan)	17
Trieux (Port-de-Trieux)	15	Sienne	6
Leff (Houel)	3	Couesnon (Antrain)	16

Bassins de la Vire, de l'Orne, etc.

Sélune (Ducey)	3	Vire	33
Douve (Saint-Sauveur-le-Vicomte)	38	Aure (Trevière)	17
Merderet (Chaussée-de-la-Fière)	6	Toucques (Lizieux)	32
Sèvre (Chaussée-de-Beaupte)	5	Dives	26
Taute (Périeux)	23	Orne (Caen)	17
Terette (Saint-Pierre d'Arthenay)	6		

Bassin de la Seine.

SEINE (Marcilly)	558	Grand-Morin (Tigeaux)	14
Aube (Arcis)	43	Oise (Chauny)	158
Yonne (Auxerre)	119	Aisne (Château-Porcien)	125
Marne (Saint-Dizier)	342	Eure (Saint-Georges)	87
Ourcq (la Ferté-Milon)	36	Rille (Pont-Audemer)	26

Bassins de la Somme, etc.

Bresle (Eu)	3	Canche (Montreuil)	16
SOMME	156	Aa (Saint-Omer)	29
Avre (Moreuil)	21		

Bassins du Rhin et de l'Escaut

Escaut (Cambrai)	62	Ill (Ladhoff)	84
Scarpe (Arras)	80	Moselle (Frouard)	118
Lys (Aire)	72	Meurthe (Nancy)	12
Deule	42	Meuse (Verdun)	262
Lawe	18	Chiers (Brevilly)	8
Rhin	178	Sambre (Landrecies)	56

Bassin du Rhône.

Hérault (Bessan)	9	Saône (Savoyeux)	365
Orb (Sérignan)	5	Doubs (Navilly)	14
Rhône (Fort-l'Écluse)	504	Seille (Louhans)	39
Ain (Chartreuse-de-Vaucluse)	86	Isère (Montmeillant)	161
Bienne (Dortan)	5	Ardèche (Saint-Martin)	8

En résumé, la France proprement dite renferme 5 grands fleuves, 90 fleuves secondaires, 5 000 rivières ou ruisseaux. 113 de ces cours d'eau sont navigables sur une étendue d'environ 9 600 kilomètres, 212 sont flottables. Sur ces 9 600 kilomètres, 5 000 appartiennent au nord de la France, 4 600 au midi.

Canaux. — Il existe, en France, trois systèmes de canaux : 1° Ceux qui joignent les deux grands versants de la France, ou le bassin du Rhône avec les bassins de la Garonne, de la Loire, de la Seine et du Rhin, et qui traversent par conséquent la ligne générale de partage des eaux; 2° ceux qui joignent entre eux les bassins du versant de l'océan Atlantique ; 3° ceux qui sont latéraux aux fleuves ou à la mer.

Les canaux qui traversent la ligne générale de partage des eaux sont :

1° *Canal du Midi,* qui va de l'étang de Thau, entre Agde et Cette, à Toulouse, sur la Garonne. Son seuil de passage est au col de Naurouze, et son développement est de 241 kilomètres, dont 53 pour le versant de l'Océan, et 188 pour le versant de la Méditerranée. Le complément de ce canal est le canal des Étangs, de Cette à Aigues-Mortes, et le canal de Beaucaire, d'Aigues-Mortes au Rhône.

2° *Canal du Centre,* qui va de Chalon, sur la Saône, à Digoin, sur la Loire. Son seuil de passage est aux sources de la Bourbince et de la Dheume, et son développement est de 118 kilomètres, dont 68 pour le versant de la Méditerranée, et 50 pour le versant de l'Océan.

3° *Canal de Bourgogne,* de Saint-Jean-de-Losne, sur la Saône, à la Roche, sur l'Yonne. Son point de partage est près de Châteauneuf, et son développement est de 242 kilomètres, dont 85 pour le versant de la Méditerranée, et 157 pour le versant de l'Océan.

4° *Canal du Rhône au Rhin,* de Saint-Symphorien, sur la Saône, à Strasbourg, sur l'Ill. Son point de partage est au col de Valdieu, et son développement est de 322 kilomètres, dont 181 pour le versant de la Méditerranée, et 144 pour le versant de l'Océan.

Les canaux qui joignent les bassins de l'océan Atlantique se bornent à ceux qui joignent la Seine à la Loire, à la Somme, à l'Escaut, au Rhin; car il n'y a pas de canaux entre la Loire et la Garonne.

1° *Canal du Loing,* de Saint-Mamert, sur la Seine, à Buges, sur le Loing, où il se bifurque : une des branches, *canal de Briare,* va à Briare, sur la Loire ; l'autre branche, *canal d'Orléans,* va à Combleux, sur la Loire. La longueur du canal du Loing est de 53 000 mètres, celle du canal de Briare de 55 000, et celle du canal d'Orléans de 63 000.

2° *Canal de Saint-Quentin,* de Chauny, sur l'Oise, à Saint-Quentin, sur la Somme, et de Saint-Quentin, sur la Somme, à Cambrai, sur l'Escaut. La première partie se nomme *canal Crozat* : elle a 44 000 mètres de longueur ; la deuxième a 31 000 mètres de longueur. Le canal Saint-Quentin fait communiquer Paris avec la mer du Nord au moyen de l'Oise, d'une part ; d'autre part, au moyen des canaux de la Sensée et de la Deule, qui communiquent avec la Lys, et des canaux de Neuf-Fossé, de la Colme, etc., qui communiquent avec Gravelines et Dunkerque.

3° *Canal de l'Oise à la Sambre*, de la Fère, sur l'Oise, à Landrecies, sur la Sambre ; longueur, 67 kilomètres.

4° *Canal des Ardennes*, de Neufchâtel, sur l'Aisne, à Donchery, sur la Meuse ; longueur, 93 kilomètres.

5° *Canal de la Marne au Rhin*, de Vitry, sur la Marne, à Strasbourg, par les bassins de l'Ornain, du Sarron et de la Zorn. Le versant de la Seine a de longueur 88 kilomètres ; celui de la Meuse, 54 ; celui de la Meurthe, 11 ; celui du Sarron, 43 ; celui de la Zorn, 59. Total, 318 kilomètres.

Parmi les *canaux latéraux* aux fleuves, on remarque : 1° le canal de la Garonne, de Toulouse à Castets ; 2° le canal de la Loire, de Roanne à Briare ; 3° le canal de la Somme, d'Abbeville à Saint-Valery, etc.

Quant aux canaux qui joignent les bassins côtiers ou ceux qui joignent des affluents des bassins, les plus remarquables se trouvent dans la Bretagne et dans la Flandre.

(Voy. Théophile Lavallée, *Géographie universelle de Malte-Brun*, mise au courant de la science, t. 1, p. 570-571 et 627-630 ; *Dictionnaire de l'industrie manufacturière, commerciale et agricole*, t. III, p. 10-18, 330-364 et 514-528 ; Perdonnet, *Traité élémentaire des chemins de fer*, passim ; Léon Lalanne, *Travaux publics et voies de communication*, dans l'Encyclopédie Garnier, p. 2785-2848 ; Laboulaye, *Dictionnaire des arts et manufactures*, v^{is} Chemin de fer, Canal, etc. ; *Répertoire du journal du Palais*, v^{is} Chemins, Chemins de fer, etc. ; Voltaire, *Dictionnaire philosophique*, v° Chemins, etc., etc.)

ERREURS DES SENS.

I.

Le témoignage des sens est partout invoqué : on le considère comme infaillible. C'est par eux, et par eux seulement, qu'on peut obtenir une notion des qualités des objets extérieurs, et de leurs effets réciproques lorsqu'ils sont amenés à agir l'un sur l'autre, soit mécaniquement, soit physiquement, soit chimiquement. En conséquence, on a pu, — non sans raison, — supposer que ce qu'on appelle l'évidence ou le témoignage des sens doit être admis comme concluant, décisif, en ce qui concerne les phénomènes que produisent les actions réciproques des corps.

Néanmoins, ceux qui admettent, sans leur faire subir le contrôle sévère de l'entendement, ce qu'ils considèrent comme les résultats immédiats des impressions des sens, tombent dans des erreurs sans nombre.

Ces erreurs viennent en partie de ce qu'on méconnaît le caractère vrai et les fonctions des organes des sens. Jamais ces organes n'ont été destinés par leur Créateur à jouer le rôle d'instruments dans l'investigation scientifique. S'ils avaient été faits dans cette intention, probablement ils n'eussent pu servir aux usages ordinaires de la vie. Un philosophe, — c'est Locke, je crois, — dit quelque part qu'un œil qui pourrait percevoir les atomes constituants des aiguilles d'une pendule serait incapable, à cause de sa structure même, d'informer son possesseur de l'heure du jour indiquée par ces aiguilles. On peut ajouter qu'une paire d'*yeux-télescopes* qui distingueraient les habitants d'une planète éloignée seraient une triste compensation, pour l'observateur, de la perte de cette mesquine, mais précieuse faculté, que procurent des yeux vulgaires, de se diriger par les rues de la ville qu'on habite et de reconnaître les amis qui vous entourent. La comparaison des instruments appropriés aux usages du commerce et de l'économie domestique avec ceux destinés à des fins plus particulières rend ce même fait non moins frappant. Ainsi, la balance si délicate, si impressionnable, du chimiste ou du physicien, balance qu'il emploie dans ses recherches sur les poids relatifs et les proportions des éléments constituants des corps, serait, à raison justement de sa précision et de sa sensibilité, sans utilité aucune aux mains du marchand ou de la maîtresse de maison. Chaque catégorie d'instruments a ses usages particuliers ; chacune est appropriée pour fournir des indications, avec le degré de précision nécessaire et suffisant pour le but auquel on la destine.

II.

Celui des organes qui semblerait le plus exact, le plus infaillible dans ses indications, c'est l'œil ; mais quoique en un certain sens ce soit vrai, il n'est pas d'impressions qui exigent plus impérieusement l'intervention du jugement, pour les régler et rectifier, que les impressions émanant de la vision. Ce sens nous fournit, sujette toutefois à de nombreuses conditions qualitatives, la perception de la forme, de la grandeur, de l'éclat et de la couleur. Il n'est aucune de ces qualités, cependant, sur laquelle on ne se méprenne souvent, ou qu'on n'apprécie d'une manière inexacte.

III.

Tout le monde connaît, par exemple, le phénomène du lever et du coucher du soleil et de la lune. L'orbe, volumineux en apparence, qu'ils offrent aux sens est un objet d'observation quotidienne. Chacun ne croit-il pas que la grandeur apparente du soleil, — au moment où il se lève embrasé d'une rougeur qu'il doit à la profondeur de l'air que ses rayons traversent alors, — est beaucoup plus considérable que la grandeur apparente de cet astre à midi ? Ne croit-on pas généralement aussi que la pleine lune est plus volumineuse à son lever ou à son coucher que lorsqu'elle est au méridien ? Cependant rien de plus facile que de prouver matériellement la fausseté de ces opinions. Qu'on adopte un procédé convenable pour mesurer la grandeur apparente du soleil à l'horizon, puis au méridien, et l'on trouvera que cette grandeur est la même dans les deux cas. On peut arriver à ce résultat en tendant deux fils de soie fine, parallèles entre eux, dans un cadre, puis en les plaçant dans une telle position et à une telle distance de l'œil que, présentés au soleil ou à la lune sur l'horizon, ils touchent exactement les limbes ou bords supérieur et inférieur de l'astre ; de cette façon, la distance apparente de ces deux fils l'un de l'autre sera égale au diamètre apparent du disque solaire ou lunaire. Si l'on maintient cette disposition des fils, et qu'on regarde de la même manière le soleil ou la lune au méridien, on trouvera que les fils touchent pareillement les bords supérieur et inférieur de l'astre, et que leur écartement mesure encore son diamètre apparent. En conséquence, il sera évident que, quelle que soit la cause de l'illusion, la grandeur apparente du soleil ou de la lune n'est pas plus considérable au lever ou au coucher de ces astres, c'est-à-dire quand ils sont à l'horizon, que lorsqu'ils sont au méridien. Mais alors, peut-on demander, pourquoi l'impression du fait contraire est-elle reçue par tous les yeux ?

L'explication de ce phénomène singulier, — explication que tous les astronomes ont voulu donner, — doit être cherchée dans l'esprit humain plutôt que dans l'optique ; absolument parlant, ce n'est pas là une illusion d'optique. L'erreur est commise par l'esprit, non par les sens. L'évaluation qu'on fait de la grandeur réelle d'un objet visible dépend d'une comparaison de la grandeur apparente que cet objet présente à l'œil avec la distance à laquelle on croit qu'il se trouve. Par exemple, voici deux objets, — deux édifices, — qui offrent à l'œil la même hauteur apparente, mais que nous savons ou croyons se trouver à des distances différentes de nous ; que se passera-t-il dans notre esprit ? Instinctivement, et sans aucun travail intellectuel dont nous ayons conscience, nous concevrons que l'édifice le plus éloigné est aussi le plus élevé.

Pour appliquer ce raisonnement au fait du soleil ou de la lune, il nous faut considérer que, quand l'un ou l'autre de ces astres est à l'horizon, une partie au moins de l'espace entre l'œil et cet astre est occupée par une série d'objets dont les grandeurs et les positions relatives nous sont connues. En conséquence, nous sommes à même d'estimer une portion de l'espace compris entre l'œil et l'astre. Mais lorsque l'astre s'élève davantage dans le firmament, aucune partie de la distance intermédiaire n'est espacée de la sorte, et nous avons accoutumé de considérer l'astre comme plus voisin de nos yeux.

Comment ceci explique-t-il l'impression et, par suite, l'opinion universelle de l'énormité du disque du soleil ou de la lune, à leur lever ou à leur coucher? Lorsqu'ils sont à l'horizon, l'esprit est saisi de cette idée, que la distance de ces objets est beaucoup plus grande que quand ils sont sur le méridien, et que, leur grandeur apparente étant la même, la grandeur réelle doit être plus considérable dans la même proportion que la distance est supposée l'être elle-même. Ainsi, si nous sommes persuadés que le soleil vu à l'horizon est deux fois plus distant que le soleil vu au méridien, nous en conclurons que son diamètre est deux fois plus grand, puisqu'il semble le même; et si son diamètre est deux fois plus grand, sa grandeur superficielle apparente sera quatre fois plus considérable.

Les opérations de l'esprit, dans ces sortes de circonstances, sont si rapides, et l'effet de l'habitude est tel, que nous n'en avons pas conscience. On pourrait citer des milliers d'exemples d'actions et de mouvements corporels accomplis par l'ordre de la volonté, dont on ne se rend pas compte. Il est difficile aux esprits qui n'ont pas l'habitude des enquêtes métaphysiques de se contenter des explications qu'on vient de donner et de les tenir pour valables. Cependant, si l'on prend la peine de se rappeler que l'illusion n'est nullement optique, et qu'en fait les grandeurs apparentes de la lune à l'horizon et au méridien ne sont pas différentes, on conclura facilement que cette illusion est toute mentale, et que l'explication présentée ci-dessus est la seule qui soit admissible.

Peut-être n'est-il pas un sens qui exige plus de vigilance de la part de l'entendement, pour rectifier ses impressions, que le sens de la vue. La susceptibilité de l'œil lui-même est sujette à de fréquents et rapides changements, et les mêmes objets produisent sur lui, en différents temps, des impressions extrêmement différentes. Que l'œil se trouve dans telles conditions, nous nous croirons dans l'obscurité la plus complète; qu'il se trouve dans telle autre, et nous verrons, sans changer de lieu, suffisamment pour distinguer les objets qui nous entourent. Si l'on nous prive brusquement de la clarté que projetait une lumière artificielle puissante, il nous semblera un instant qu'on nous plonge dans les plus sombres ténèbres; mais lorsque l'organe de la vision a eu le temps, en quelque sorte, de revenir à lui, on trouve qu'il existe assez de lumière pour se guider.

> « Thus when the lamp that lighted
>   » The traveller at first goes out,
> » He feels awhile benighted,
>   » And lingers on in fear and doubt.
>
> » But soon, the prospect clearing,
>   » In cloudless starlight on he treads,

» And finds no lamp so cheering
» As that light which heaven sheds. »

(Ainsi, lorsque la lumière qui éclairait le voyageur vient de s'éteindre, il lui semble un instant que tout est ténèbres autour de lui; il s'avance en hésitant, inquiet, incertain. — Mais bientôt la vue s'éclaircit; il marche à la lueur des étoiles sans nuages, et trouve qu'il n'est pas de lumière aussi gaie que celle du ciel. — MOORE, *Poésies*.)

IV.

Le mécanisme que l'auteur de l'œil a inventé pour faire face à ces éventualités, se distingue par la même perfection qui règne dans toutes ses œuvres. L'ouverture qui se voit au-devant de l'œil, qu'on nomme la *pupille,* et que traverse la lumière pour produire la vision, est entourée d'un anneau élastique nommé l'*iris,* lequel a la faculté de se contracter ou de se dilater par l'action de certains muscles auxquels il se relie. C'est la grandeur de cette ouverture qui détermine la quantité de lumière transmise à la rétine. Si donc nous sommes dans un appartement éclairé par une lampe éclatante, les muscles qui gouvernent l'ouverture de la pupille resserrent ses dimensions jusqu'à ce qu'elle ne laisse pénétrer que la quantité de lumière compatible avec le maintien de l'état sanitaire de l'œil. Si l'on éteint brusquement la lampe, et que la chambre ne reçoive plus que celle des fenêtres, il nous semblera d'abord que nous nous trouvons dans une obscurité profonde; mais immédiatement la pupille commencera à se dilater et s'agrandira bientôt, de manière que l'œil recevra assez de lumière pour que les objets environnants deviennent un peu visibles.

Si, dans cette position de l'organe, on rapporte soudainement la lampe dans la chambre, l'œil se trouvera péniblement affecté, et la paupière aussitôt s'abaissera pour lui procurer du soulagement; car la pupille, qui s'est dilatée pour accommoder l'œil à la légère lumière à laquelle il était exposé auparavant, recevra de la lampe une telle quantité de lumière que la rétine sera blessée; la contraction de la pupille ne peut se faire assez rapidement pour garantir l'organe de cette offense. Mais le bienfaisant auteur de l'œil a créé, dans ce but, la paupière, qui peut s'abaisser instantanément, et procurer à la pupille le temps de se contracter et de s'accommoder à la condition nouvelle où elle se trouve.

V.

La perception qu'on reçoit de la couleur d'un objet dépend souvent autant de la condition de l'œil au moment où il voit l'objet, que de l'objet lui-même. Sous l'action de lumières de couleurs différentes, la sensibilité de la rétine peut être modifiée au point que le même objet semblera, en des temps différents, posséder des couleurs différentes : souvent on percevra des objets chimériques, des spectres, des fantômes. Si l'on met sur une feuille de papier blanc un pain à cacheter rouge; si, après l'avoir éclairé fortement, on tient les yeux fixés dessus un instant, et qu'alors on regarde le papier tout auprès, on verra un pain à cacheter bleu de même volume. Cet objet est un *spectre optique*. Sa cause, on l'explique facilement. Par l'action de la lumière fortement rouge qui émane du pain à cacheter, la rétine est rendue pour le moment insensible à l'action d'une lumière plus faiblement rouge sur elle : c'est ainsi que l'oreille devient insensible au *ticking* ou tic-tac d'une pendule immédiatement après avoir été affectée par une décharge d'artillerie. En conséquence, lorsque l'œil, après avoir considéré le pain à cacheter rouge, se porte sur le papier blanc d'à côté, l'action de la partie rouge de la lumière blanche composée que réfléchit le papier ne produit aucune perception, et les autres constituants, qui présentent par suite une teinte bleuâtre, sont seuls perçus. Pour comprendre ceci, et d'autres illusions semblables, il faut absolument se rappeler que la lumière blanche est un composé d'éléments jaunes, rouges et bleus, et que si on la prive de l'un de ces éléments, elle prendra la teinte produite par les autres. Ainsi, si l'œil est insensible à la lumière rouge, tous les objets blancs lui paraîtront couverts d'une teinte composée de jaune et de bleu. S'il est insensible à la lumière bleue, alors les objets lui paraîtront couleur orange.

Il s'est plus d'une fois présenté des exemples (ils sont consignés dans les ouvrages sur l'optique) de personnes incapables, par un vice originel de vision, de percevoir des couleurs particulières. Feu le docteur Dalton, de Manchester, en était un spécimen remarquable.

Mais, comme on l'a établi précédemment, on peut rendre l'œil le mieux portant, le plus parfait, temporairement insensible à l'impression de certaines couleurs, en le soumettant quelques instants à l'action énergique de lumières colorées. Les feux d'artifice produisent de cette façon des illusions optiques. Quand on projette dans l'air des boules lumineuses, dont les unes sont blanches et les autres rouges, les blanches semblent bleues à côté des rouges, et, en général, on croit qu'elles sont véritablement bleues. C'est là, cependant, une illusion optique, dont la cause est la même que celle des précédentes.

Au coucher du soleil, lorsqu'il y a des ouvertures aux nuages rougeâtres qui s'étendent dans l'atmosphère, le ciel, vu par ces ouvertures, semble vert, quoiqu'il soit réellement bleu.

Les étoiles offrent un phénomène curieux; on n'a jamais dit s'il était réel ou illusoire. Beaucoup d'étoiles qui à l'œil paraissent des astres individuels, *uns,* se montrent doubles quand on les examine avec un télescope puissant. Les deux étoiles, qui forment ainsi une étoile double, sont souvent de couleurs différentes, et l'on trouve que, quand l'une est rouge, l'autre a une teinte bleuâtre. Nous savons maintenant qu'elle pourrait prendre cette teinte, quoiqu'elle fût blanche, à raison de la présence de l'étoile rouge. On n'a point encore décidé, dans l'espèce des étoiles doubles, si l'étoile bleue est réellement bleue, ou si elle doit cette apparence à l'effet optique déjà signalé ; pour s'en assurer, il faudrait qu'on pût les juxtaposer.

En portant les yeux vers le soleil pendant quelques secondes, et en fermant ensuite les paupières, on verra un spectre bleu du soleil, lequel spectre ne cessera d'être bleu que quand la rétine aura recouvré son état de repos.

Écrivons une page ou deux avec de l'encre rouge, puis mettons-nous à écrire avec de l'encre noire, l'écriture nous paraîtra bleue d'abord, et le paraîtra toujours tant que la rétine n'aura pas perdu l'impression produite sur elle par l'encre rouge. Cependant, quand on passe du noir au rouge, il n'y a pas d'illusion produite; le noir n'agit pas sur la rétine de manière à l'exciter.

Si l'on fait de petits trous dans un rideau rouge, de façon que les rayons du soleil puissent passer au travers, la lumière qui s'étendra sur une feuille de papier blanc aura la teinte rouge générale produite par la demi-transparence du rideau, avec les taches blanches produites par les rayons lumineux qui traversent les trous; mais, à l'œil, ces taches blanches paraîtront bleues.

Des observations ci-dessus, il résulte que la juxtaposition des couleurs dans les objets d'art produit des effets indépendants des propriétés particulières des couleurs elles-mêmes. Deux couleurs, vues juxtaposées, paraissent l'une et l'autre, à l'œil, différentes de ce qu'elles paraîtraient si on les voyait séparément.

VI.

Les sens de l'odorat, du goût, et même du toucher, sont sujets à d'innombrables causes d'erreur. Si, dans le temps où il reçoit une impression, l'organe se trouve dans quelque condition inaccoutumée, ou même hors de son état ordinaire, l'indication de l'impression sera fallacieuse.

Que l'on croise deux doigts de la même main, qu'on les pose sur une table et qu'on roule entre une bille ou un pois ; si l'on a fermé les yeux, on aura la sensation de deux billes ou de deux pois.

Si l'on se pince le nez et qu'on goûte à de la cannelle, le goût perçu sera celui du sapin. Cette bizarrerie n'est pas unique. Beaucoup de substances perdent leur saveur quand les narines sont bouchées. Aussi voit-on des nourrices presser le nez des enfants quand elles leur donnent quelque médecine désagréable. Elles font de la science, et de la vraie, sans le savoir.

Si l'on goûte alternativement à des substances de saveurs différentes ou opposées, sans donner aux nerfs du goût le temps de se reposer, on perdra un moment la faculté de distinguer les saveurs, et les substances, quelque différentes qu'elles soient, ne seront pas distinguées l'une de l'autre. Ainsi, qu'on bande les yeux à une personne, qu'on lui donne ensuite à goûter successivement du lait de beurre et du vin de Bordeaux, après plusieurs répétitions du procédé, cette personne sera incapable de trouver une différence entre les deux liquides.

Les goûts, comme les couleurs, doivent, afin de produire des effets agréables, se succéder l'un à l'autre dans un certain ordre. Le manger, considéré comme l'un des beaux arts à telle période de la civilisation, a des *principes*; et rien ne choque plus les us et coutumes de l'épicurisme que la violation de certaines règles touchant la succession et la combinaison des mets. La perfection de l'art culinaire et l'observance des préceptes sont le plus sûr indice, assure-t-on, du haut degré de civilisation d'une nation.

De tous les organes des sens, celui dont le mécanisme nerveux semble s'émousser le plus facilement est l'organe de l'odorat. Les plus suaves odeurs, on n'en peut jouir qu'à l'occasion, et pendant de courts intervalles. Le parfum de la rose, ou l'odeur plus délicate encore du magnolier, ne se perçoivent, en quelque sorte, qu'un instant. Quiconque reste longtemps dans un jardin ne sent plus la rose, et le bûcheron des forêts méridionales de l'Amérique ne s'aperçoit plus de l'odeur du magnolier.

Les personnes qui se livrent à l'usage des odeurs artificielles cessent bientôt d'avoir conscience de leur présence; elles ne peuvent plus stimuler leurs organes blasés qu'en changeant incessamment d'odeurs.

VII.

Une des plus curieuses et des plus incompréhensibles illusions des sens est celle qui regarde l'estimation qu'on fait du nombre des objets quelconques qui s'offrent à nous. L'impression que produit sur l'œil la vue du firmament, pendant une nuit brillante d'étoiles, présente un exemple frappant de ce genre d'illusion. Le chiffre des étoiles visibles est toujours immensément exagéré. Quoiqu'il soit bien vrai que les étoiles sont, strictement parlant, innombrables, cependant le nombre que l'œil nu, sans l'assistance du télescope, en voit distinctement à la fois, n'est pas grand. Chacun peut s'édifier à ce sujet en examinant une bonne carte stellaire. Toutefois, quand nous portons les regards vers le firmament pendant une nuit brillante, ces astres nous paraissent infiniment nombreux. C'est là une illusion. Pour la dissiper, il suffit d'examiner les cieux avec le télescope le plus vulgaire, ou même avec l'aide d'un long tube, qui réduira la perspective à une petite partie du firmament. Sur la totalité de la sphère céleste, il n'y a pas plus de vingt étoiles de première grandeur, et rarement l'on en peut voir cinq ou six à la fois. Le nombre des étoiles de deuxième grandeur n'excède pas cinquante, et l'on en voit rarement vingt à la fois. Le chiffre des étoiles de troisième grandeur peut s'élever à deux cents environ, et la moitié seulement peut se voir en même temps au-dessus de l'horizon. Les petites étoiles sont beaucoup plus nombreuses, mais on ne les distingue qu'à grand'peine, et elles ne produisent pas sur l'esprit cette impression de multitude que nous concevons.

VIII.

On a constaté que la membrane de l'œil qui est affectée par la lumière retient l'impression qu'elle a reçue environ un dixième de seconde après que la cause déterminante de l'impression a disparu. Quand on fait décrire un cercle à un bâton enflammé, en le faisant tourner rapidement, ce cercle semble une ligne ininterrompue de lumière, parce que l'œil retient l'impression que produit la lumière sur lui à chaque point du cercle, jusqu'à ce que le bâton revienne à chacun de ces points. En conséquence, la lumière est visible en même temps sur tous les points du cercle.

On a construit d'ingénieux joujoux optiques, dont les effets s'expliquent par ces principes. On a peint le même objet sur les différentes divisions de la circonférence d'un cercle et dans des attitudes diverses; tandis que l'œil se dirige vers le plus haut point du cercle, par une ouverture pratiquée à cette fin, on fait tourner le cercle, et l'objet passe devant l'œil, en offrant successivement des attitudes différentes. Si la rapidité avec laquelle tourne le cercle est telle que l'œil puisse retenir l'impression de l'objet dans une attitude jusqu'à ce que son image vienne en vue dans une autre attitude, il semblera que l'objet se meut réellement. On a peint sur des cartons circulaires des figures valsantes et autres inventions semblables, et, au moyen d'un mécanisme, on produit les effets ci-dessus.

IX.

Si l'œil n'a pas à sa disposition quelque moyen extérieur de savoir la distance d'un objet, il évalue cette distance d'après sa grandeur apparente, et si, par un procédé quelconque, on peut faire subir à la grandeur du même objet un changement graduel, l'impression produite sur le spectateur sera celle que produirait cet objet s'il avançait ou reculait. C'est sur ce principe que repose la fantasmagorie. L'image d'un objet est formée sur une surface préparée pour la recevoir; la salle, ailleurs, est plongée dans une obscurité complète, de sorte que l'observateur ne peut, par aucun moyen, savoir où l'image est placée. La lanterne magique a la faculté, quand on l'approche graduellement de la surface, de diminuer la grosseur de l'image indéfiniment, et, quand on l'en éloigne, de l'augmenter. Aussi les spectateurs, en voyant les images augmenter et diminuer graduellement, croient-ils qu'elles s'approchent d'eux ou s'en éloignent.

X.

Quoique l'œil, par les indications directes et indirectes qu'il donne, procure la plus grande variété d'impressions, dont un grand nombre sont susceptibles d'estimation numérique exacte, le témoignage du toucher, selon la plupart, est considéré comme plus certain que celui de la vue. L'apôtre incrédule, qui ne voulait pas en croire ses yeux, se rendit au témoignage de son toucher. Ce sens, néanmoins, donne des indications le plus souvent fort vagues et fort peu précises.

Prenons en main deux corps pesants; dans beaucoup de cas, il ne nous sera pas possible de dire lequel des deux est le plus pesant. Mais si nous voulons savoir si l'un est deux fois ou trois fois plus pesant que l'autre exactement, il nous sera complétement impossible de le décider. De même, si les poids sont à peu près égaux, nous ne pourrons déterminer s'ils le sont complétement ou non.

Si nous jetons les yeux sur deux objets différemment éclairés, il nous sera, dans quelques cas, possible de dire lequel l'est le plus; mais si leur éclat est à peu près le même, l'œil ne pourra décider si l'égalité d'éclat est exacte ou non. De même pour la chaleur. Si deux corps ont une température très-différente, le toucher dira quelquefois lequel est le plus chaud des deux; mais s'ils le sont à peu près également, on ne pourra savoir lequel a la plus haute température et lequel a la plus basse.

Le sens du toucher est tout à fait en défaut quand il s'agit des quantités comparatives de chaleur qui se trouvent dans les corps. Il n'est nullement affecté par cette partie de la chaleur d'un corps qui est à l'état latent. L'eau glacée, et la glace elle-même, paraîtront avoir la même température et renfermer la même quantité de chaleur; cependant il est prouvé que l'eau glacée contient plus de chaleur que la glace; qu'on peut la contraindre à se séparer de son excédant de chaleur et à devenir glace; qu'enfin cet excédant de chaleur, au moment de sa séparation, peut être employé à faire bouillir une certaine quantité d'eau. Différents corps sont élevés à la même température par des quantités de chaleur fort différentes. L'eau et le mercure, à la température de 30 degrés Fahrenheit, paraissent l'un et l'autre, au toucher, également froids; si on les élève tous deux à 190 degrés, et qu'on les touche, ils sembleront également chauds. La conclusion à tirer de là serait que des quantités égales de chaleur leur ont été communiquées dans l'intervalle. Mais, au contraire, il a été prouvé que, dans l'espèce, la quantité de chaleur communiquée à l'eau n'est pas moins de trente fois celle communiquée au mercure. Dans le fait, pour produire le même changement de température et, partant, la même sensation de chaleur dans différents corps, il faut qu'on leur communique des quantités de chaleur fort différentes. Il va de soi, par conséquent, que le sens du toucher fait complétement défaut lorsqu'il s'agit de découvrir les quantités de chaleur à ajouter à des corps différents, afin de produire en eux le même changement de température.

Le thermomètre, — c'est-à-dire la mesure scientifique de la température, — est ici, cependant, dans la même position que le sens du toucher, puisque les additions de chaleur inégales faites à l'eau et au mercure produisent justement les mêmes effets sur lui. Mais, même en ne faisant pas attention aux quantités de chaleur relatives qui produisent des changements égaux de température dans des corps différents, on trouvera encore que le sens du toucher est extrêmement faillible dans les indications qu'il donne de la température elle-même. Ici, vraiment, l'erreur et la confusion dans lesquelles il nous fait tomber quand la science ne vient pas à son aide, sont très-remarquables. L'air d'une cave, — si elle est suffisamment profonde, — paraîtra froid en été et chaud en hiver. Qu'on y établisse un thermomètre, et l'on acquerra la preuve que sa température est toujours la même. En été, cette température est au-dessous de celle de l'atmosphère générale : aussi la cave semble-t-elle froide. En hiver, elle est au-dessus : aussi la cave paraît-elle chaude. Un thermomètre a été tenu pendant soixante ans dans les caveaux de l'Observatoire de Paris, à une profondeur de 17 pieds au-dessous du sol ; il a indiqué, pendant ce temps, la température de 11°,82 centigrades (53° 1/4 Fahr.), sans varier de plus d'un demi-degré Fahrenheit ; et même cette variation, si faible qu'elle soit, l'a-t-on expliquée par l'effet de courants d'air qui se produisaient dans les carrières voisines de l'Observatoire.

Il suit de là que notre perception de la chaleur ou du froid dépend, non-seulement de l'état thermal des corps qui nous affectent, mais aussi de l'état de notre propre corps en ce moment-là. Ces perceptions sont, en effet, relatives, et non absolues. Un corps semble froid ou chaud, suivant qu'il est au-dessous ou au-dessus de la température de notre propre corps.

Si donc, par un moyen quelconque, nous donnons à certains de nos membres différents degrés de chaleur, tout objet extérieur, possédant une température intermédiaire, paraîtra chaud au membre plus froid, et froid au membre plus chaud. On peut sans peine faire cette expérience. Si l'on tient la main dans une eau dont la température est d'environ 90 degrés Fahrenheit, après que l'agitation du liquide a cessé, on devient insensible à sa présence, et l'on ne sait plus si la main est en contact avec un corps quelconque. Naturellement, on ne distingue pas davantage la température de l'eau. Après avoir tenu les deux mains dans cette eau, portons l'une d'elles dans une eau dont la température ait 200 degrés Fahrenheit, et l'autre dans une eau à la température de 32 degrés ; immédiatement nous éprouverons un sentiment de chaleur dans une main et de froid dans l'autre. Pour la main qui a été plongée dans l'eau froide, l'eau à 90 degrés paraîtra chaude, et pour la main qui a été plongée dans l'eau à 200 degrés, l'eau à 90 degrés semblera froide. Si donc on prend, dans ce cas, le toucher pour juge de la température, la même eau sera estimée froide et chaude en même temps.

Dans le traité sur *la Chaleur*, j'ai indiqué plusieurs exemples curieux d'illusions des sens par rapport à la température des corps.

Lorsque la température de notre corps est la même, ainsi que celle des objets extérieurs, différents objets nous paraîtront encore posséder des degrés de chaleur différents. Ainsi, quand on se plonge nu dans un bain d'eau à la température de 120 degrés Fahrenheit, et qu'après y être resté quelque temps, on passe dans un appartement où l'air et chaque objet sont élevés à la même température, on éprouve, en passant de l'eau à l'air, une sensation de froid. Si l'on touche aux objets différents de l'appartement, objets dont la température a cependant 120 degrés, on éprouvera des sensations de chaleur fort différentes. Quand le pied nu repose sur un paillasson ou sur un tapis, on ressent une douce chaleur; mais si on le porte sur les tuiles du plancher, la chaleur qu'on sent est assez forte pour incommoder. Si l'on pose la main sur le marbre d'une cheminée, on sent pareillement une chaleur forte, et une chaleur plus forte encore, si l'on pose la main sur quelque objet métallique de l'appartement. Les murs et la boiserie sembleront plus chauds que la natte ou les vêtements dont on se sera couvert. Et cependant tous ces objets ont la même température. De cette pièce, supposons qu'on passe dans une autre dont la température est basse, les degrés de chaleur relative des objets seront alors renversés : paillassons, tapis, objets en laine, paraîtront les plus chauds ; la boiserie et les meubles sembleront plus froids, le marbre plus froid encore, et les objets métalliques seront les plus froids de tous. Et cependant, ici encore, tous les objets sont exactement à la même température, comme on peut s'en assurer au moyen du thermomètre.

Dans l'état ordinaire d'un appartement, en toute saison de l'année, les objets qui s'y trouvent ont tous la même température, encore qu'au toucher ils paraissent chauds ou froids à des degrés différents : les objets métalliques seront les plus froids, la pierre et le marbre le seront moins, le bois encore moins, les tapis et les objets en laine paraîtront chauds.

Lorsque nous prenons un bain de mer ou un bain froid, nous avons accoutumé de considérer l'eau comme plus froide que l'air, et l'air plus froid que les vêtements qui nous couvrent. Au fond, cependant, tous ces objets sont à la même température. Un thermomètre, enveloppé dans le drap de notre habit, ou suspendu dans l'atmosphère, ou plongé dans la mer, indiquera toujours une température même.

Une chemise de toile, quand on la met, semble d'abord plus froide qu'une chemise de coton ; une chemise de flanelle paraît véritablement chaude. Cependant tous ces objets ont la même température.

Les draps du lit semblent froids et les couvertures chaudes ; draps et couvertures, cependant, sont également chauds.

En été, une atmosphère paisible et calme paraît chaude ; mais s'il s'élève du vent, la même atmosphère paraît froide. Cependant un thermomètre, suspendu à l'abri et dans un endroit calme, indiquera exactement la même température qu'un thermomètre sur lequel le vent souffle.

XI.

On peut expliquer ce fait d'une manière satisfaisante. Le corps humain possède presque invariablement, dans toutes les situations et sur tous les points du globe, une température de 96 degrés Fahrenheit (ou 36 degrés centigrades, ou 28 degrés Réaumur) ; une sensation de froid se produit quand la chaleur est soustraite d'une partie quelconque du corps en plus grande abondance qu'elle n'est engendrée dans le système animal ; et, d'un autre côté, une sensation de chaleur se produit lorsque le dégagement naturel de la chaleur engendrée est intercepté, ou lorsqu'un objet, se mettant en contact avec le corps, possède une température plus élevée que celle du corps, et conséquemment lui fournit de la chaleur.

La transmission de chaleur *du* corps à un objet, quand cet objet a une température plus basse, ou *de* l'objet *au* corps, quand il a une température plus haute, dépend, jusqu'à un certain point, du pouvoir conducteur des objets séparément, et la transmission sera lente ou rapide, selon que le degré de conductibilité sera fort ou faible. En conséquence, un objet qui est bon conducteur de la chaleur, s'il a une température inférieure à celle du corps, perd promptement la chaleur, et semble froid ; s'il a une température supérieure à celle du corps, il communique rapidement la chaleur, et semble chaud.

Un mauvais conducteur, d'un autre côté, perd et communique la chaleur très-lentement ; par suite, quoiqu'il ait une température inférieure à celle du corps, il ne paraît pas plus froid, et, quoiqu'il ait une température supérieure, il ne paraît pas chaud.

La plupart des contradictions apparentes qu'on a signalées déjà dans les résultats de la sensation, comparées avec les indications thermométriques, seront facilement comprises d'après ces principes.

Lorsqu'on sort d'un bain chaud et qu'on passe dans un appartement qui a la même température, l'air, quoiqu'il ait une température plus élevée que celle du corps, lui transmet de la chaleur plus lentement que l'eau. La raison, la voici. L'air est une substance plus rare, plus atténuée ; par conséquent, il y a moins de ses particules en contact avec le corps ;

en outre, ces particules, en contact avec le corps, prennent à peu près la
même température que le corps, y adhèrent, l'enveloppent et empêchent
l'approche de la portion plus chaude de l'atmosphère environnante. Un
tapis est un mauvais conducteur de la chaleur, ne transmet pas la chaleur
au pied qui le foule, et, par suite, quoique sa température soit supérieure
à celle du corps, il ne paraît pas plus chaud. Les tuiles et le marbre,
étant meilleurs conducteurs de la chaleur et à une température plus élevée
que le corps, transmettent promptement la chaleur, et les objets métalliques plus vite encore; par suite, ils paraissent chauds.

Si l'on passe dans une pièce froide, les effets contraires ont lieu. Ici
tous les objets ont une température inférieure à celle du corps. Les tapis
et les autres objets mauvais conducteurs, ne recevant pas de chaleur quand
on les touche, ne produisent aucune sensation de froid; le bois, étant
un meilleur conducteur, semble plus froid; le marbre, étant un conducteur meilleur encore, donne une sensation de froid plus prononcée que
le bois; et les objets métalliques, qui sont les meilleurs conducteurs, déterminent une sensation de froid plus considérable que tous les autres à
la température froide.

Ces particules de l'eau, qui enlèvent au corps sa chaleur, sont beaucoup
plus nombreuses que celles de l'air; par conséquent, elles soustraient la
chaleur plus rapidement. En outre, elles changent constamment de position; les particules échauffées par le corps s'élèvent immédiatement en
vertu de leur légèreté, et des particules froides se mettent en contact avec
la peau. Ainsi, l'eau, quoiqu'elle soit un mauvais conducteur de la chaleur, agit comme un bon conducteur par l'effet de ses courants.

Les draps paraissent plus froids que les couvertures, parce qu'ils sont
meilleurs conducteurs de la chaleur et la soustraient plus rapidement au
corps; mais lorsque, par le séjour du corps dans les draps, ils ont acquis
la même température que lui, ils semblent alors plus chauds que la cou-
verture elle-même. On doit comprendre par là pourquoi la flanelle, appliquée sur la peau, est un vêtement chaud dans les climats froids, et un
vêtement frais dans les climats chauds.

Un éventail produit une sensation de froid, cependant, l'air qu'il agite
n'est aucunement modifié dans sa température

Pour expliquer cette contradiction apparente, il faut considérer que
l'air qui nous environne a généralement une température inférieure à celle
du corps. Si l'air est calme et placide, les particules en contact immédiat
avec la peau acquièrent la température de la peau elle-même, et, par une
sorte d'attraction moléculaire, elles adhèrent à la peau de la même façon
que les particules de l'air adhèrent à la surface du verre dans les expériences physiques. En se tenant ainsi attachées à la peau, elles lui forment
une sorte d'enveloppe chaude et acquièrent promptement sa température.

Cependant l'éventail, par l'agitation qu'il produit dans l'air, chasse incessamment les particules ainsi en contact avec la peau, et en amène d'autres dans cette position. Chaque particule d'air, à mesure qu'elle touche la peau, lui dérobe de sa chaleur par le contact ; elle s'en va en emportant cette chaleur dérobée, et produit ainsi une sensation de froid qui rafraîchit.

Il suit de ce raisonnement que, si l'on se trouvait dans un appartement dont l'atmosphère aurait une température inférieure à 96 degrés Fahrenheit (environ 35 $\frac{1}{2}$ degrés centigrades), un éventail produirait des effets opposés, et, au lieu de rafraîchir, échaufferait. En effet, les particules chaudes de l'appartement seraient incessamment amenées au contact de la peau, et les particules refroidies par la peau elle-même en seraient incessamment éloignées.

XII.

On peut objecter à ce qui précède que le verre et la porcelaine, quoique rangés parmi les plus mauvais conducteurs de la chaleur, semblent généralement froids. Le fait est aisé à expliquer.

Lorsqu'on touche la surface du verre, par suite de sa densité, de son extrême poli, un grand nombre de particules se mettent en contact avec la peau. Chacune de ces particules tend à équilibrer sa température avec celle de la peau, et soustrait à celle-ci de la chaleur, jusqu'à ce que toutes les particules aient acquis la température du corps avec lequel elles sont en contact.

Lorsque la surface du verre (peut-être les particules qui se trouvent à une minime profondeur dans le verre) a acquis la température de la peau, le verre alors cesse de paraître froid, parce que son pouvoir mauvais conducteur ne lui permet pas de soustraire au corps une somme de chaleur plus forte. Aussi le verre ne semble-t-il froid que pendant un laps de temps peu considérable après qu'on l'a touché.

La même observation s'applique à la porcelaine comme aux autres corps mauvais conducteurs, mais qui, toutefois, sont denses et unis.

D'un autre côté, une masse métallique, quand on la touche, continue de paraître froide pendant un certain temps, et la main ne peut l'échauffer, comme dans l'espèce du verre.

Une théière d'argent ou d'un autre métal n'a jamais une poignée d'un métal pareil, tandis qu'une théière de porcelaine a toujours une poignée en porcelaine. La raison de ceci est que, les métaux étant de bons conducteurs de la chaleur, la poignée de la théière d'argent ou d'une autre substance métallique prendrait rapidement la température de l'eau que contient le vase; il serait impossible, sans beaucoup de difficulté, de mettre la main à cette poignée.

On a, au contraire, accoutumé de donner aux théières en métal une poignée de bois ou d'ivoire. Ces substances étant de mauvais conducteurs de la chaleur, la poignée s'emparera faiblement de la température du métal, et même, si elle s'en empare, elle ne produira pas sur la main la même sensation de chaleur. Une poignée, d'argent en apparence, se voit parfois ajustée à une théière d'argent ; mais, si l'on fait attention, on ne tarde pas à remarquer que l'enveloppe seule est en argent, et que, aux points où la poignée se joint au corps du vase, il existe une petite interruption entre l'enveloppe métallique et le métal de la théière elle-même ; cet espace est destiné à empêcher que la chaleur se communique à l'enveloppe d'argent de la poignée.

Dans une théière de porcelaine, la chaleur est faiblement transmise par le vase à sa poignée ; et même, quand elle se transmet, comme la poignée est un mauvais conducteur, on y peut toucher sans inconvénient.

On ne peut saisir une bouilloire qui possède une poignée métallique, lorsqu'elle est remplie d'eau bouillante, à moins d'entourer la poignée soit d'un linge, soit de papier, ou de tout autre corps mauvais conducteur ; au lieu qu'on peut prendre sans inconvénient une bouilloire dont la poignée est de bois.

XIII.

On voit souvent des saltimbanques soumettre leur corps à une température très-élevée. La foule s'en étonne. Cependant il n'y a là rien de merveilleux, ou, du moins, c'est un prodige, si c'en est un, à la portée de toutes les intelligences.

Lorsqu'un des individus en question pénètre dans un four dont la température est fort haute, il ne manque pas d'avoir aux pieds un épais paillasson de paille, ou de bois, ou de toute autre substance non conductrice, sur lequel il lui est possible de se tenir impunément à la température convenue. Son corps est entouré d'une atmosphère dont la température est, à la vérité, élevée, mais l'extrême ténuité de l'air qui compose cette atmosphère fait que toute la portion d'air en contact avec le corps ne produit jamais qu'un effet peu important, et communique peu de chaleur.

Le *sujet* a toujours soin de ne pas se trouver en contact avec un corps bon conducteur, quel qu'il soit ; et, lorsqu'il fait voir l'effet que produit le four où il est sur d'autres objets, il a bien soin aussi de placer ces objets dans une condition fort différente de la sienne ; il les met en rapport avec des métaux ou avec d'autres substances excellentes conductrices de la chaleur. On a vu de la viande apprêtée dans la pièce même où se tenait le *sujet* ; mais, dans ce cas, la viande était déposée sur une surface métallique que l'on avait, selon toute apparence, élevée à une température fort supérieure à celle de l'atmosphère qui environnait le *sujet*.

LATITUDES ET LONGITUDES.

Vue de l'Observatoire de Greenwich ; sa boule de signal au sommet du dôme.

I. Il est nécessaire de savoir la position qu'on occupe sur le globe. — II. Les pôles et l'équateur. — III. Parallèles de latitude. — IV. Méridien de Greenwich. — V. La latitude et la longitude. — VI. Méthodes pour déterminer la latitude. — VII. Au moyen du soleil. — VIII. Au moyen des étoiles. — IX. Sextant de Hadley. — X. Latitude en mer. — XI. Comment on trouve la longitude. — XII. Méthode lunaire. — XIII. La boule de Greenwich.

I.

On ne saurait acquérir une idée précise de la position ou des distances des corps de l'univers en dehors de la surface terrestre, si l'on ne sait, au pr alable, déterminer la position qu'on occupe par rapport à ces corps. Mais comme cette position est sujette à un changement incessant, soit à raison de la rotation diurne de la terre sur son axe, soit à raison du mou-

I.

vement annuel de la terre dans son orbite autour du soleil, il faut , — et c'est là un préliminaire obligé, — analyser soigneusement toutes les circonstances de ces mouvements. Mais avant même d'en pouvoir venir là, il est un autre préliminaire qu'il est indispensable d'aborder : il faut déterminer la position qu'on occupe à la surface du globe.

Ce n'est pas aussi facile qu'il le paraîtrait d'abord. La terre que nous habitons est un globe qui , comparé aux types de mesure qui nous sont familiers, est d'une grandeur prodigieuse. L'espace embrassé par nos yeux, dans quelque situation qu'on se trouve à la surface de la terre , est singulièrement petit. La vue la plus étendue, la plus dégagée, — celle qu'on a, par exemple, sur la pleine mer, lorsqu'on est loin de toute terre, par un beau jour, — ne dépasse pas un rayon de quelques milles. La parcelle de surface terrestre qu'on embrasse en même temps, à la fois, forme en réalité un si petit morceau du globe de la terre que c'est par un raisonnement indirect seulement qu'on y peut reconnaître un caractère quelconque, hors celui d'une surface plane. Comment donc peut-on savoir en quelle partie du globe terrestre cette parcelle de surface si petite est située ?

II.

Pour résoudre cette question, il faut évidemment, et avant toute chose, établir quelques points ou lignes fixes, auxquels on puisse rapporter différents lieux et par lesquels on puisse exprimer leurs positions. Les points qui ont été choisis dans ce but sont *les pôles* et l'*équateur*. — Les pôles sont ces points de la surface de la terre où se termine l'axe sur lequel elle accomplit sa rotation quotidienne ; on les distingue, comme on sait, par les noms de pôles *nord* ou *arctique* et *sud* ou *antarctique*.

Si l'on imagine une ligne circulaire menée autour du globe de façon à le partager en deux hémisphères, dont l'un aura à son centre le pôle nord et l'autre le pôle sud, on obtiendra ainsi le cercle qui a reçu le nom d'*équateur*, parce qu'il divise le globe en deux parties égales. Chaque point de ce cercle sera à la même distance des pôles, et si l'on se figure le globe coupé par un plan traversant les pôles, ce plan formera avec le cercle des angles droits. La section qu'il forme sera ce qu'on a appelé un *méridien terrestre*. L'arc de ce méridien entre chaque pôle et l'équateur égalera le quart de sa circonférence entière, et sera, par conséquent, de 90 degrés. Par conséquent encore, l'équateur se trouve partout à 90 degrés de l'un et de l'autre pôle.

Dans la figure 1, N représente le pôle nord et S le pôle sud ; EQ représente l'équateur.

Les deux hémisphères de la terre portent le nom d'hémisphères *septentrional* et *méridional*. — La position d'un lieu dans l'un ou dans l'autre

hémisphère par rapport à l'équateur s'exprime en énonçant le nombre de
degrés d'un méridien terrestre compris entre le lieu et l'équateur. C'est
là ce qu'on appelle la *latitude* du lieu ; c'est la distance de ce lieu à l'équa-

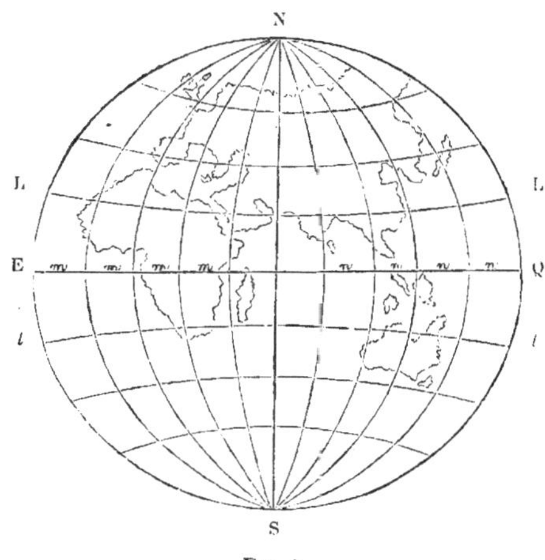

Fig. 1.

teur exprimée en degrés du méridien. Ainsi, un lieu qui se trouve exactement entre le pôle et l'équateur a une latitude de 45 degrés. S'il est
éloigné de l'équateur des deux tiers de la distance totale de l'équateur au
pôle, sa latitude sera 60 degrés, et ainsi de suite.

III.

On dit que la latitude est septentrionale ou méridionale, selon que le
lieu se trouve dans l'hémisphère nord ou dans l'hémisphère sud.

Mais, évidemment, la latitude seule sera insuffisante pour la détermination de la position d'un lieu. Si l'on dit qu'un certain lieu est à 45 degrés
au nord de l'équateur, il sera impossible de déterminer d'une manière
certaine le lieu en question, car il existe sur la terre un cercle de points
qui tous sont à 45 degrés au nord de l'équateur. En menant autour de la
surface de l'hémisphère nord un cercle parallèle à l'équateur, à une distance de celui-ci égale à 45 degrés, chaque point de ce cercle aura la latitude de 45 degrés nord.

Les cercles de ce genre ont reçu le nom de *parallèles de latitude* ; et
l'on voit sans doute que, partout où un parallèle semblable est mené autour de la terre, tous les lieux situés sur lui ont la même latitude.

Dans la figure ENQ se trouve l'hémisphère septentrional, et dans la
figure ESQ l'hémisphère sud. Les cercles LL sont des parallèles de lati-

tude septentrionale, et les cercles *ll* sont des parallèles de latitude méridionale. Tous les lieux situés sur l'un quelconque de ces cercles ont la même latitude. Les distances de N et S à EQ étant de 90 degrés, ce chiffre représente la latitude des pôles. Les cercles N*m*S et N*n*S, menés sur la terre d'un pôle à l'autre, coupent l'équateur EQ et tous les parallèles LL, *ll*, à angles droits. Ces cercles sont des *méridiens terrestres*.

La latitude seule ne peut donc permettre de déterminer la position d'un lieu quelconque. Que faut-il pour qu'on puisse l'exprimer?

IV.

Supposons qu'on choisisse arbitrairement un méridien passant par quelque lieu particulier, tel que l'Observatoire de Greenwich. On peut imaginer un autre méridien mené sur la terre à l'est ou à l'ouest de celui-là, de sorte que les deux méridiens comprendront entre eux un arc de l'équateur, lequel arc se composera d'un nombre défini de degrés. Supposons qu'il ait 20 degrés, on le définira alors en disant qu'il est 20 degrés à l'est ou à l'ouest du méridien de Greenwich. Par une telle énonciation, on établit la position du méridien sur lequel se trouve le lieu par rapport au méridien arbitrairement choisi de Greenwich. Cette position relative des deux méridiens est ce qu'on nomme la *longitude du lieu*. Comme le méridien à partir duquel on mesure la longitude est complétement arbitraire (car il n'y a aucune raison géographique ou physique pour qu'un méridien soit choisi de préférence à un autre), chaque nation a naturellement choisi pour zéro de longitude le méridien de quelque lieu remarquable situé sur son territoire. Ainsi, en France, on a pris pour zéro de longitude le méridien de Paris. En Angleterre, l'Observatoire royal de Greenwich a été le lieu choisi, et, par suite, dans tous les ouvrages anglais sur la géographie politique et physique, les longitudes sont toujours exprimées par rapport au méridien de Greenwich.

Ces explications bien comprises, on sera à même d'exprimer, distinctement et définitivement, la position d'un lieu à la surface du globe terrestre. En établissant sa latitude et sa longitude, on peut fixer de suite et sans équivoque la position d'un lieu. Ainsi, supposons que sa latitude soit 50 degrés nord et sa longitude 30 degrés est de Greenwich, on trouvera la position du lieu demandé en imaginant un cercle parallèle à l'équateur, décrit sur l'hémisphère nord à une distance de 50 degrés de l'équateur, puis en supposant un méridien mené par Greenwich coupant ce parallèle, et un autre méridien mené de façon à croiser l'équateur en un point situé à 30 degrés est du premier de ces deux méridiens. Le lieu qu'on cherche se trouvera sur la ligne parallèle à l'équateur tirée d'abord, si cette ligne est à 50 degrés nord de l'équateur, et il sera sur le méridien tiré ensuite, si ce méridien est à 30 degrés est de Greenwich. Or, puisque le lieu

cherché doit être à la fois sur les deux lignes tirées, on le trouvera nécessairement au point où elles se rencontrent à l'est du méridien-type de
Greenwich.

·V.

Ainsi donc, nous avons du moins réussi à établir des régulateurs de position et une nomenclature qui nous permettent d'exprimer la position
exacte d'un lieu à la surface du globe. Mais il est une question beaucoup
plus importante encore et beaucoup plus difficile à résoudre. Comment
découvrir dans quelle partie du globe se trouve tel lieu que nous puissions
occuper en un temps donné? En d'autres termes, comment découvrir sa
latitude et sa longitude? Ces questions, surtout la dernière, offrent une
certaine difficulté; on les a résolues par différentes méthodes, applicables
à différents cas, selon les circonstances dans lesquelles on cherche la position du lieu et le but pour lequel on a à déterminer cette position.

Sur la terre ferme, tout lieu dont la position a été une fois déterminée,
on le peut indiquer de manière que, pour connaître cette position à l'avenir, il soit inutile de recourir à nouveau aux procédés qui permettent de
la déterminer; mais sur mer il en est autrement. Sur la surface mobile de
l'abîme toute trace d'opérations s'oblitère, disparaît immédiatement; il
faut de nouvelles recherches, si l'on veut déterminer la position d'un lieu
quelconque. En conséquence, le marin doit posséder, non-seulement des
moyens de déterminer la position de son vaisseau à chaque moment, mais
des moyens dont l'application soit praticable dans les circonstances particulières où il se trouve placé. Ses instruments doivent être non-seulement
portatifs, mais il faut de plus qu'il les puisse manipuler, malgré les per-
turbations et les vicissitudes de la mer. Les objets de ses observations doivent être presque toujours sous ses yeux. Évidemment donc, le problème
se présente, quand il s'agit de la mer, dans des circonstances et dans des
conditions tout à fait différentes de celles où il se montre quand il s'agit de
la terre ferme. Mais même sur la terre ferme, le problème se produit sous
des circonstances et des conditions diverses. Dans les observatoires fixes,
où l'observateur a sous la main des instruments de la plus grande dimension, d'une exactitude parfaite, d'une stabilité absolue, on a, par des procédés on ne peut plus exacts, déterminé la position des points où ces observatoires sont élevés, et cette position est déterminée avec une précision
presque infinie. Les points dont il s'agit sont, en conséquence, comme une
sorte de marque (d'*amer*), par rapport à laquelle la position de tous les
lieux environnants peut être déterminée.

Les circonstances dans lesquelles le voyageur scientifique et le géographe
font leurs observations, dans le but de déterminer les points d'une contrée, permettent moins la précision que celles où se trouve l'astronome;

elles sont toutefois plus favorables que celles dont dispose le marin. Il est du devoir de ceux qui consacrent leur vie au progrès des sciences, de procurer aux observateurs sans exception ces instruments et ces méthodes d'investigation qui, selon le cas, fournissent les résultats les plus certains, les plus précis.

VI.

Comment trouve-t-on la latitude? — Supposons que le globe terrestre est représenté par O ; N est son pôle nord, et E son équateur. Soit P un lieu situé sur le globe, et dont on ait à déterminer la latitude, c'est la distance à laquelle il se trouve de l'équateur. Les lettres *nZe* représentent le firmament qui entoure le globe à une distance indéfinie. Le point *n*, immédiatement au-dessus du pôle nord, et qui est en réalité le prolongement de la ligne ON, sera la place du pôle nord dans le ciel, très-près de laquelle se trouve une étoile, nommée l'étoile polaire. Le point *e*, sur le prolongement de la ligne OE, sera la place qui est directement au-dessus de l'équateur, et représentera la position de l'équateur dans le ciel; le point Z, sur le prolongement de la ligne OP, point du ciel directement au-dessus de l'observateur qui se trouve dans le lieu P, sera le lieu qu'on nomme son zénith. Ce point est celui vers lequel tendrait un fil à plomb. — Maintenant les points *n*, Z et *e* sont les points du firmament qui correspondent aux points N, P et E sur la terre, et il est évident que, quels que soient les arcs du méridien NPE compris entre ces points, de pareils arcs du méridien céleste doivent être compris entre les points *nZe*. Si donc PE a 40 degrés, Z*e* doit pareillement avoir 40 degrés; de même, si *ne* a 90 degrés, NE a aussi 90 degrés. — En un mot, le zénith d'un lieu quelconque dans le ciel est le point du firmament qui correspond à la position du lieu sur le globe, et la distance du zénith céleste d'un lieu au zénith d'un autre lieu doit nécessairement être la même en degrés que la distance entre deux lieux sur la terre. Ainsi Z est le zénith de P, *e* est le zénith d'E; le nombre de degrés qui sépare Z de *e* est aussi celui qui sépare P de E. Ceci bien compris, il est évident que si l'on peut déterminer la distance de Z à *n*, on pourra en même temps inférer la distance de P à E, et par suite trouver la latitude du lieu cherché. — Si donc l'on peut savoir la distance d'un lieu au pôle céleste (distance qui donnera la distance en degrés du lieu lui-même au pôle terrestre), en soustrayant ce nombre de 90 degrés, on obtiendra la distance du lieu à l'équateur, ou, ce qui est la même chose, sa latitude. Supposons, par exemple, qu'en mesurant la distance de Z à *n*, on trouve qu'elle est de 50 degrés, on en conclura que, puisque la distance du zénith au pôle est 50 degrés, la distance du lieu au pôle terrestre est également 50 degrés. — Mais comme le pôle terrestre est à 90 degrés de l'équateur, il s'ensuit que la distance du lieu à l'équateur doit être 40 degrés, et nord ou sud, selon que le zénith du lieu se trouve dans l'hémisphère nord ou dans l'hémisphère sud du ciel. — Ainsi donc, on voit que la latitude d'un lieu peut toujours se trouver, si l'on a soin de mesurer la distance du zénith de ce lieu au pôle céleste ; et

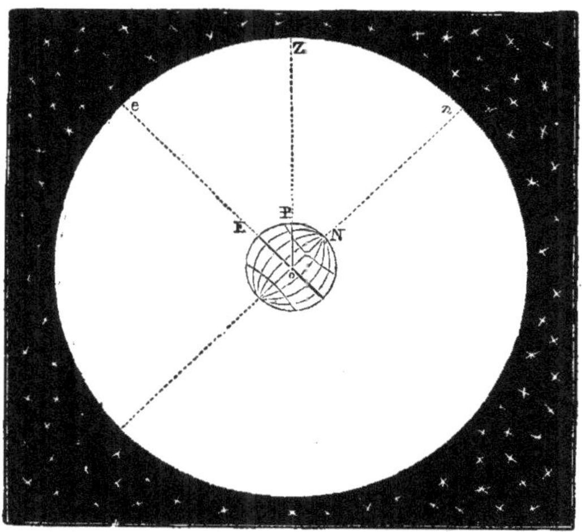

Fig. 2.

l'on peut toujours y parvenir, si l'on a des instruments convenables et que le zénith et le pôle soient vus distinctement. — La direction du zénith peut toujours se déterminer au moyen du fil à plomb ; mais quoique l'étoile polaire soit très-voisine du pôle, elle n'est pas exactement au pôle même ; en réalité, il n'existe pas d'étoile au pôle, et, puisqu'il n'y a là aucun objet visible, il n'est pas possible de mesurer directement sa distance au zénith. On élude la difficulté en mesurant la distance du zénith à une étoile ou à un autre objet céleste, dont la distance au pôle vient à être connue ; supposons, par exemple, qu'il se trouve une étoile entre le zénith et le pôle, à une distance de ce dernier égale à 10 degrés. Alors, si l'on constate que la distance du zénith à cette étoile est 40 degrés, on en conclura de suite que la distance du zénith au pôle est de 50 degrés. — C'est par ce moyen qu'on détermine toujours la latitude. Grâce aux observations des astronomes, on sait et on a enregistré la position de la plupart des étoiles et autres objets célestes par rapport aux pôles ; et lorsque l'on veut déterminer la latitude d'un lieu, on mesure la distance du zénith de ce lieu à quelque objet céleste dont la position par rapport au pôle est connue, et l'on en conclut ensuite la position du lieu par rapport au pôle terrestre. c'est-à-dire la latitude.

VII.

Mais on arriverait au même résultat, si l'on savait la position, par rapport à l'équateur, d'un objet céleste quelconque. Ainsi, en connaissant la distance du centre du soleil à l'équateur céleste, on pourrait promptement trouver la latitude; car il suffira, lorsque le soleil sera au méridien ou très-près du méridien, c'est-à-dire à midi ou à peu près, de mesurer la distance du zénith du lieu au centre du soleil. Ce qui se fera en mesurant la distance du zénith, d'abord au limbe supérieur, puis au limbe inférieur du soleil. La distance au centre solaire sera la moyenne entre ces limbes.

Supposons, par exemple, que, le soleil étant entre le zénith et l'équateur, on trouve que la distance entre le zénith et le centre du soleil est 20 degrés, et que, d'après la table de la position du soleil, la distance du centre de cet astre à l'équateur est pareillement 20 degrés, on en conclura immédiatement que la distance du zénith à l'équateur doit être 40 degrés, et que, par conséquent, telle doit être la latitude du lieu.

Ce procédé pour reconnaître la latitude est peut-être le plus facile, le plus praticable. On peut faire les observations journellement, à midi, quand le soleil est visible, et dans tous les almanachs la distance du centre du soleil à l'équateur (ce qu'on appelle la déclinaison du soleil) est consignée. Sur la terre ferme, l'instrument au moyen duquel on fait les observations est d'ordinaire un octant muni d'un télescope qui se meut sur son centre. Un rayon de l'octant est placé dans la direction du fil à plomb, et par conséquent se tourne vers le zénith. Le télescope se meut autour du centre jusqu'à ce qu'il soit dans la direction de l'objet dont on veut savoir la distance au zénith. L'angle entre le télescope et le rayon vertical de l'octant sera donc le même que la distance de l'objet au zénith.

VIII.

Dans les observations astronomiques, on a eu recours à des méthodes d'observation susceptibles d'une précision beaucoup plus grande On s'y sert avantageusement des étoiles au méridien. Les distances de ces étoiles au pôle sont fort bien connues, et l'astronome fait choix, dans ses observations, de ces étoiles remarquables qui passent presque à son zénith. Il observe l'arc du méridien céleste entre son zénith et les étoiles en question, et, par la grandeur de l'arc et la distance de l'étoile du pôle céleste, il découvre la distance du zénith au pôle et, par suite, la latitude.

Ce procédé doit surtout sa précision à ce que, la distance entre le zénith et l'étoile étant très-faible, on la peut mesurer plus exactement, par des motifs qui ont trait à la structure de l'instrument astronomique, que s'il s'agissait d'angles plus grands.

IX.

Sur mer, on ne peut faire usage du fil à plomb ; le géographe ne peut pas non plus toujours s'en servir. Un instrument admirable a été inventé, dont l'usage est également applicable aux observations sur terre et sur mer ; c'est le sextant de Hadley. On n'a plus, grâce à cet instrument, à recourir au zénith ou, si l'on veut, au fil à plomb ; les observations se font *par rapport à l'horizon.*

Il n'entre pas dans notre plan de tracer ici la description des principes et de la nature de l'utile et célèbre instrument dont il s'agit. Il suffira de dire qu'on peut l'appliquer à la mesure des distances angulaires qui séparent deux objets visibles avec la plus grande précision, avec la plus grande facilité, même lorsque la position de l'observateur est sujette à toute l'instabilité inhérente à la condition de marin.

Quand on emploie le sextant de Hadley, au lieu d'observer la distance d'un objet visible au zénith, on observe sa distance à l'horizon ; ce qui revient au même, car toutes les fois que la distance d'un objet à l'horizon est connue, sa distance au zénith peut être trouvée. En effet, la distance du zénith à l'horizon est 90 degrés ; si l'on soustrait la distance de l'objet à l'horizon, le reste représentera la distance de l'objet au zénith.

En mer, on a généralement, et à vrai dire presque toujours, un horizon bien défini. Le marin qui veut prendre l'altitude d'un objet n'a qu'à mesurer la hauteur de l'objet à l'horizon, ce qui se fait avec une facilité, une précision admirables, au moyen du sextant de Hadley.

X.

Voyons comment le marin peut déterminer chaque jour la latitude de son vaisseau.

Vers midi, et lorsque le ciel est assez découvert pour laisser voir le disque du soleil, il applique l'instrument et trouve l'altitude du bord inférieur, qu'il continue d'observer jusqu'à ce que ce bord cesse de croître. Il y ajoute alors le demi-diamètre apparent du soleil, lequel est fourni par les tables, et il obtient ainsi l'altitude du centre du soleil. En soustrayant cette altitude de 90 degrés, il a un reste qui représente la distance du centre du soleil au zénith. Dans son almanach nautique, il trouve, pour ce jour-là, la distance du centre du soleil à l'équateur, et en même temps, comme on l'a expliqué, il obtient la distance de son zénith à l'équateur : c'est la latitude de son vaisseau.

Dans la pratique, on tient compte aussi de quelques autres circonstances. Mais voilà l'esprit général du problème ; cela suffit ici.

On voit donc que, soit en mer, soit sur terre, — dans l'observatoire de l'astronome comme dans les sables du désert, ou dans les forêts d'Amérique, ou sur la surface mobile de l'Océan, — la science fournit à l'homme des moyens pratiques, appropriés, qui lui permettent de savoir la distance du lieu où il se trouve, soit au nord, soit au sud, sur le globe terrestre.

XI.

Comment se détermine la longitude ? — En exprimant et en déterminant la latitude d'un lieu, on a fixé dans le firmament des points et des lignes auxquels on pût se référer, tels que le pôle et l'équateur célestes ; pour trouver la latitude, il ne faut que déterminer la position du zénith du lieu par rapport à ces points et lignes. Mais quand il s'agit de la longitude, c'est tout autre chose ; il est impossible même d'exprimer la longitude sans se référer à deux lieux au moins, celui dont on veut déterminer la longitude et celui qui est choisi comme le point de départ d'où toutes les longitudes doivent être mesurées. Si l'on pouvait observer dans le firmament les deux points qui forment en même temps les zéniths des deux lieux, la différence de leurs longitudes serait trouvée alors en remarquant les moments où ces deux points traverseraient le méridien du lieu dont on cherche la longitude.

Pour bien comprendre le grand problème de la détermination des longitudes, il faut qu'on se représente le globe terrestre tournant sur son axe, entouré par le ciel et ses étoiles. Supposons que la ligne ABC, *abc,* soit le parallèle de latitude du lieu P, dont on cherche la longitude ; que *p* soit le pôle et que MZN représentent le firmament. Le zénith est le point du firmament marqué par Z. Si l'on suppose que le globe tourne sur son axe dans la direction de ABC, *abc,* le lieu P sera, par suite de la rotation, porté à la droite de Z, et ce point Z deviendra successivement le zénith des points CB et A ; en réalité, chaque point situé sur le parallèle de latitude ABC, *abc,* se présentera à son tour sous le point Z, lequel, par conséquent, sera successivement le point-zénith de chacun de ces points. En 24 heures, ou plus exactement en 23 heures 56 minutes, le globe accomplira sa révolution ; par conséquent, dans ce laps de temps, 360 degrés du parallèle passeront successivement sous le même point du ciel.

Si l'on connaît exactement la durée de la rotation de la terre, et que l'on constate que son mouvement diurne est uniforme, on peut déterminer, par une simple opération arithmétique, quelle étendue de sa surface passera, dans un temps donné, sous tel point du ciel. Ainsi, si nous disons en nombres ronds que la circonférence totale du globe correspond à 24 heures, il s'ensuivra que 15 degrés passeront sous le point Z par heure, ou le quart d'un degré par minute.

Si l'on suppose que Z représente le lieu du soleil, il sera alors midi, ou douze heures, pour le lieu qui se trouve immédiatement au-dessous de Z, c'est-à-dire en P. Si C se trouve à 15 degrés à l'ouest de P, alors C arrivera sous Z une heure après P ; par conséquent, lorsqu'il est midi au point P, il est onze heures pour le lieu éloigné de 15 degrés à l'ouest de P ; par la même raison, il est dix heures pour le lieu situé à 30 degrés à l'ouest de P, et ainsi de suite.

De même, si a est un lieu situé à 15 degrés à l'est de P, a doit s'être trouvé sous Z une heure avant P. Il sera donc midi au lieu a une heure

FIG. 3.

avant qu'il soit midi au lieu P ; par conséquent, lorsqu'il est midi pour P, il est une heure pour a. Par la même raison, si b indique un lieu situé à 30 degrés à l'est de P, b passera sous Z deux heures avant P ; et par conséquent, lorsque P passe sous Z, il est deux heures pour b.

De ces explications, que résulte-t-il ? C'est qu'en général l'heure du jour pour les différents lieux de la terre en même temps, dépendra de leur position relative à l'est ou à l'ouest l'un de l'autre. Si tel lieu se trouve à l'est d'un autre, l'heure du premier sera plus avancée, par rapport à midi, que l'heure du second, et la différence dépendra de la distance dont un lieu se trouve à l'est d'un autre. Pour calculer cette différence de temps d'après la différence de position est ou ouest, on peut, comme on l'a dit, prendre 15 degrés pour équivalent d'une heure.

Mais cette distance d'un lieu est ou ouest d'un autre lieu, exprimée en degrés, représente, en réalité, la différence de leurs longitudes ; et si l'un des deux lieux en question est celui d'où l'on mesure les longitudes, la détermination de la longitude d'un lieu se résoudra sans difficulté, si l'on sait quelle est l'heure du jour pour le lieu dont on cherche la longitude et pour le lieu d'où les longitudes sont mesurées.

Supposons, par exemple, qu'on ait un moyen pour savoir l'heure à New-York et à Greenwich en même temps : à New-York, il est 2 heures de l'après-midi; à Greenwich, 6 heures 56 minutes. On sait donc qu'il est telle heure à New-York 4 heures 56 minutes après que Greenwich a eu cette heure, et l'on en infère que New-York doit être à l'ouest de Greenwich par une longitude correspondante à 4 heures 56 minutes. Or 4 heures correspondent à 60 degrés, et 56 minutes à 14 degrés; d'où il résulte que la longitude de New-York doit être 74 degrés ouest de Greenwich. On peut donc toujours découvrir la longitude d'un lieu quelconque, pourvu qu'on puisse déterminer, à tel ou tel moment, l'heure du jour en ce lieu, et, en même temps, savoir quelle est l'heure du jour au lieu d'où la longitude est mesurée.

Tels sont les procédés, — à part quelques détails dont l'exposé n'entre pas dans notre plan, — au moyen desquels on peut déterminer l'heure du jour dans le lieu où l'on est, avec plus ou moins de précision, selon les circonstances de la position. Si l'on est sur la terre ferme et muni d'une lunette méridienne convenable, on peut, avec le secours de cet instrument, observer le moment où le centre du disque solaire franchit le méridien. Ainsi, en observant le moment où arrive midi, on peut régler une bonne montre qui nous fera connaître chaque autre heure du jour. Mais même lorsqu'on n'a pas de montre, on peut savoir l'heure du jour à tout moment où le soleil est visible, en observant son altitude et après avoir préalablement déterminé la latitude du lieu où l'on se trouve. — Si l'on est en mer (où l'on n'a pas à sa disposition de lunette méridienne, et où, si l'on en possède une, on ne peut s'en servir), on détermine d'abord la latitude du lieu où se trouve le vaisseau, puis on trouve l'heure en observant l'altitude du soleil en tel moment propice, soit avant, soit après midi. L'heure une fois trouvée, le temps peut ensuite être indiqué par un bon chronomètre, pendant un nombre quelconque d'heures. Ainsi l'on voit que, dans toutes les circonstances, soit sur mer, soit sur terre, la détermination de l'heure dans le lieu où l'on est n'offre aucune difficulté pratique. Le problème de la longitude se trouve réduit à la découverte de l'heure du jour, à tel moment donné, dans le lieu à partir duquel on compte les longitudes.

Le procédé le plus simple, celui qui s'offrirait d'abord à l'esprit, pour résoudre la question, consisterait à emporter avec soi un bon chronomètre réglé sur le lieu d'où l'on compte la longitude. En supposant que ce chronomètre ne fût sujet à aucune erreur, il ne cesserait pas d'indiquer l'heure de ce lieu. Ainsi, supposons qu'en quittant Londres les marins prennent avec eux un chronomètre réglé sur le temps de Greenwich, et l'emportent à New-York ; le chronomètre continuera de les informer du temps, heure par heure, de Greenwich. Ils verront qu'à New-York, lorsque le chronomètre indique 12 heures, ou midi, on est encore au matin ; car, s'ils déterminent exactement l'heure, ils verront qu'il n'est que 7 heures 4 minutes. Ils reconnaîtront, en conséquence, que le temps, à New-York, est de 4 heures 56 minutes en retard sur Greenwich, et, par suite, que New-York doit être à 74 degrés ouest de Greenwich.

C'est pour ces motifs que la perfection des chronomètres a toujours été considérée comme si essentielle aux progrès de la navigation. Tout navire qui entreprend un long voyage doit posséder au moins un de ces instruments ; mais comme ils sont sujets aux accidents, et que les meilleurs mêmes ne sont pas parfaits, le plus souvent un navire possède plusieurs chronomètres. .

Encore que l'habileté des artistes modernes ait amené à un haut degré de perfection les instruments destinés à mesurer le temps, ils sont encore et probablement ils seront toujours trop imparfaits pour qu'on s'en rapporte complétement et exclusivement à leurs indications. Si l'on n'exigeait d'eux qu'un service de quelques jours, ou même de quelques semaines, peut-être pourrait-on faire fond sur eux, surtout si l'on en possédait plusieurs avec soi. Mais dans des voyages de quelques mois, ce n'est pas possible, en eût-on d'excellents et de nombreux à sa disposition.

Alors comment, sans chronomètre, déterminer la longitude d'un lieu ? C'est là sans doute une question que chacun se fait. Le procédé qui s'offre d'abord est celui qui consisterait en un signal parfaitement visible et qu'on apercevrait en même temps des deux endroits dont la différence de longitude serait cherchée. Deux observateurs seraient nécessaires, il est vrai ; mais c'est peut-être le procédé le plus sûr et le plus susceptible d'une précision parfaite.

Supposons que, sur une hauteur, entre deux endroits éloignés, comme Londres et Birmingham, on produise une lumière très-apparente, comme la lumière électrique, qui puisse se voir à la fois des deux endroits. Qu'on éteigne brusquement cette lumière-signal, et que les observateurs stationnés à Londres et à Birmingham notent le moment exact où ils ont vu la lumière disparaître. Alors, en comparant ensuite les temps qu'ils auront, la différence de longitude des deux endroits sera trouvée exactement.

XII.

Mais évidemment cette méthode ne saurait être appliquée sur une grande échelle. Elle exige des circonstances particulières. Le marin ne peut y recourir.

L'astronome lui vient en aide; il lui met aux mains un chronomètre d'une précision complète, un chronomètre qui ne peut errer, un chronomètre sur lequel les accidents de mer n'ont pas de prise, que l'agitation du navire ne trouble pas, qu'on voit en tout temps et en tout lieu sur les régions inexplorées de l'Océan. Un tel chronomètre a été trouvé, fait par un ouvrier qui ne peut faillir, et dans les ouvrages duquel l'imperfection n'entre jamais. Ce chronomètre, c'est le firmament lui-même qui le procure.

Les astronomes modernes, infatigables dans leurs travaux, ont converti la face du ciel en une horloge, et ont appris au marin à lire ses indications compliquées, mais infaillibles. On peut considérer le firmament comme le cadran d'un chronomètre sur une immense échelle. Les constellations et les étoiles fixes qu'on y remarque et qui, depuis un si grand nombre de siècles, n'ont éprouvé dans leur position aucun changement, indiquent l'heure et la minute. Le soleil, la lune et les planètes, qui se meuvent incessamment à la surface de ce mécanisme splendide, remplissent les fonctions d'aiguilles d'horloge. Les positions de ces corps de jour en jour et d'heure en heure, tout changement dans leurs positions, sont parfaitement connus et scrupuleusement enregistrés dans un livre publié quelque deux ou trois ans à l'avance, le *Nautical Almanac* (en France, la *Connaissance des temps*), livre destiné à l'usage des marins. Dans cet ouvrage, on indique au navigateur quelle est ou quelle sera l'heure à Greenwich pour chaque position que le soleil, la lune et les planètes auront d'une époque à l'autre dans le ciel.

Mais de tous les corps célestes, le plus propre à ce genre d'observation est la lune; c'est pourquoi cette méthode de détermination de la longitude en mer a reçu le nom distinctif de *méthode lunaire*. Au moyen du sextant de Hadley, dont il a déjà été question, il est facile, partout où le ciel est sans nuage, d'observer la distance angulaire de la lune au soleil ou aux étoiles et planètes les plus visibles. Le mouvement de la lune dans le ciel est si rapide que son changement de position est perceptible, même par les observations qui peuvent être faites à bord d'un vaisseau, d'heure en heure.

Comment ces observations donnent-elles la longitude d'un vaisseau? On le comprendra sans peine. Le navigateur n'a qu'à savoir quelle est l'heure à Greenwich au moment où il fait son observation. Pour le savoir, il procède ainsi : il observe avec le sextant la distance de la lune au soleil, ou à quelque astre très-apparent; puis, après certains calculs préliminaires dans le détail desquels il est inutile d'entrer ici, il examine le *Nautical Almanac* (ou la *Connaissance des temps*), qui lui donne l'heure de Greenwich ou celle de Paris, quand il a ces distances particulières de la lune au soleil, ou à quelque autre astre. Lorsqu'il connaît cela, et qu'il sait aussi quelle est l'heure là où il se trouve, la différence de la longitude du vaisseau et de l'observatoire de Greenwich ou de Paris lui est connue.

XIII

Afin de procurer aux bâtiments qui abandonnent la Tamise pour entreprendre de longs voyages, l'heure exacte de Greenwich, on a adopté le moyen suivant. L'Observatoire royal s'élève sur une hauteur et se voit parfaitement de la rivière. En conséquence, il a été décidé que chaque jour, à une heure précise, l'après-midi, un signal serait fait ; en observant ce signal, les navigateurs en vue de l'Observatoire sont à même de régler leurs chronomètres. Le signal adopté à cet effet est une grosse boule noire qu'on laisse brusquement tomber ; elle est placée sur un mât qui part du sommet de l'une des tours de l'Observatoire. — Avant d'élever la boule, à une heure moins cinq minutes, on donne un signal d'avertissement, en faisant monter la boule à moitié du mât. Les observateurs doivent alors préparer leurs chronomètres, et comme la boule met quelques secondes à descendre, toute leur attention doit se porter sur le moment précis où la boule quitte le sommet, car c'est ce départ du sommet seulement qui indique l'heure. — Ce signal a un autre usage que d'indiquer le temps moyen de Greenwich aux navigateurs qui descendent la rivière. En observant la chute de la boule, jour par jour, les marins qui se trouvent sur la Tamise peuvent s'assurer de la marche quotidienne de leurs chronomètres.

NOTES.

1. Sur l'histoire de l'application de l'astronomie à la navigation, *voy.* Alexandre de Humboldt, *Cosmos,* t. II, p. 314 et suiv., p. 557 et suiv.

2. MÉRIDIENS. — Par la déclaration du 25 avril 1634, notre premier méridien avait été fixé à l'extrémité de l'île de Fer, la plus occidentale des îles Canaries. « Mais, dit Arago, cet usage s'est perdu peu à peu, et non-seulement en France, mais partout : chaque peuple prend maintenant pour point de départ le méridien de son observatoire principal. » — Voici la position des premiers méridiens les plus généralement employés, et celle de quelques-uns des points qui le sont devenus momentanément ; toutes ces longitudes sont rapportées au méridien de l'Observatoire de Paris, c'est-à-dire à 0° 0′ 0″.

Alger	0°44′10″ E.	Greenwich ...... 2°20′24″ O.
Altona	7 36 18 E.	Madras (Indoustan) ...... 77 56 57 E.
Benarès (Indoustan)	80 35 28 E.	Milan ...... 6 50 56 E.
Berlin	11 3 34 E.	Munich ...... 9 16 18 E.
Berne	5 6 17 E.	Palerme ...... 11 1 0 E.
Bruxelles	2 1 46 E.	Pétersbourg ...... 27 59 52 E.
Cadix	8 37 37 O.	Rome ...... 10 8 28 E.
Cap de Bonne-Espérance	16 8 21 E.	Sainte-Hélène ...... 8 3 13 O.
Caracas	75 9 0 O.	Vienne ...... 14 2 36 E.
Copenhague	10 14 20 E.	Vilna (Russie) ...... 22 57 36 E.
Dorpat (Russie)	24 23 13 E.	Washington (États-Unis) ... 79 22 24 O.

Le méridien de l'île de Fer, dont on se servait autrefois, est à 20 degrés du méridien de Paris, ou, plus exactement, suivant Lalande, 19° 55′ 45″. (Voy. Lalande, *Astronomie,* p. 20 ; et Arago, *Leçons,* p. 389 et suiv.)

3. Le *degré* (qui s'écrit ainsi, 1°) se divise en 60 *minutes* (60′) : la minute se divise à son tour en 60 *secondes* (60″).

Le degré équivaut à 25 lieues de 4 444 mètres ou à 111 100 mètres.

DES ACCIDENTS

SUR LES CHEMINS DE FER.

I. Pas de voyage sans danger. — II. Catastrophes épouvantables dues aux voyages par chemins de fer. — III. Les voyages par chemins de fer sont-ils, toutefois, réellement plus dangereux que les autres ? — IV. La négative est généralement admise. — V. On peut calculer l'étendue réelle du danger. — VI. Utilité de ce calcul. — VII. Imperfections des comptes rendus officiels. — VIII. On doit comparer le nombre des accidents avec le nombre total des voyageurs. — IX. Exemples. — X. Données nécessaires fournies par les comptes rendus officiels. — XI. Comptes rendus de 1847-1848 et de 1850-1851. — XII. Total des milles franchis par les voyageurs dans cet intervalle. — XIII. Calcul du risque couru pendant un voyage d'une longueur donnée. — XIV. Tableau. — XV. Analyse de ses résultats. — XVI. Classification des accidents. — XVII. L'imprudence est la cause des malheurs les plus grands. — XVIII. Accidents qui arrivent aux employés. — XIX. La sûreté publique n'a fait aucun progrès sensible. — XX. Accidents sur les chemins de fer étrangers; risques sur les lignes belges. — XXI. Accidents sur les chemins de fer français. — XXII. Ces accidents ne sont pas en rapport avec ceux qui ont lieu dans les voitures ordinaires à Paris et aux environs. —XXIII. De fréquents départs, une vitesse considérable et de nombreux arrêts donnent naissance au danger de collision. — XXIV. Les trains *express* en sont aussi une con-

I.

Quel que soit le mode de transport auquel on ait recours, on a toujours, en voyage, plus ou moins à craindre, soit pour sa vie, soit pour ses membres. Si l'on compare telle époque à telle autre, ce pays-ci à ce pays-là, on reconnaîtra qu'il n'existe et n'a jamais existé, pour le voyageur, qu'une différence dans le degré de danger ou dans la gravité des catastrophes qu'un accident amène. Toujours et partout il en a été ainsi. On en trouve la preuve dans le formulaire de prières adopté par l'Église, formulaire où les voyageurs par terre et par eau sont spécialement, expressément recommandés aux prières des fidèles.

II.

Les progrès de la civilisation, le développement du commerce, l'accroissement de la population, enfin les découvertes de la science, ont stimulé et porté l'amour ou la nécessité des voyages au plus haut point. Les risques dont ils sont entourés, le caractère du péril auquel ils exposent, ont tour à tour changé avec les modifications apportées aux moyens physiques ou mécaniques par l'intermédiaire desquels ils se sont successivement accomplis. Certes, en lisant la description d'une de ces affreuses catastrophes dont les annales des chemins de fer offrent quelques exemples, nos bons aïeux eussent crié à l'extravagance, et n'eussent pas manqué de mettre sur le compte d'une imagination bizarre, désordonnée, un récit de cette nature : de gigantesques véhicules, pesant plusieurs milliers de kilogrammes, mis en pièces; des verges de fer assez épaisses, assez fortes pour supporter tout un vaste édifice, pliées, tordues, recourbées sur elles-mêmes comme des verges de cire; de massives barres métalliques rompues et brisées comme du verre; des cadavres dispersés de toutes parts, au milieu des débris des véhicules et des machines, et mutilés au point qu'on n'en peut établir l'identité; des membres, des têtes même, séparés de leurs troncs et lancés à droite et à gauche, qu'il n'est pas possible de rapprocher des corps dont ils faisaient partie; la physionomie des morts, — quand il leur reste encore une physionomie, — où demeure une expression navrante, lugubre, d'étonnement et d'horreur, expression qu'elle a revêtue dans le court intervalle de la catastrophe à la mort ; enfin les survivants, blessés, estropiés, gisant sous des monceaux de ruines, en proie à des angoisses mortelles, suppliant, implorant secours et délivrance! Non, nos aïeux n'eussent pas prêté foi à ces récits lamentables. Et cependant ne sont-ce pas là des épisodes que les progrès introduits par la science dans l'art de la locomotion nous ont rendu familiers? Peut-on les mettre en parallèle avec les accidents dont le règne des chariots, des diligences, etc., rendit nos pères témoins?

III.

Mais qu'est-ce à dire? Doit-on en conclure que les grandes inventions mécaniques, la gloire de notre temps, ont ce triste revers de médaille de nous exposer à de plus grands risques, à de plus terribles dangers que celles dont firent usage les hommes d'une époque moins avancée, moins éclairée que la nôtre? Le voyageur qui, au dix-neuvième siècle, fait 50 milles (environ 20 lieues) par heure en chemin de fer, court-il réellement de plus grands risques, a-t-il réellement plus besoin des prières de l'Église que le voyageur des commencements du dix-huitième siècle? Que des catastrophes arrivent aujourd'hui qu'on ne connut pas jadis, soit! c'est incontestable; mais que notre vie et nos membres soient en péril plus imminent, c'est là une de ces conclusions qu'on ne devrait admettre qu'après un examen beaucoup plus rigoureux de la question.

IV.

Cependant, on doit le dire à l'honneur de l'instinct public, malgré les frayeurs qui ont pu se répandre, malgré les craintes que des récits de catastrophes semblables à celui qui précède ont pu faire naître, on a généralement, et sans plus ample informé, sans même attendre les statistiques, résisté aux exagérations de la peur; et il est incontestable que les voyageurs par terre du temps passé éprouvaient, au moment de se mettre en voyage, des appréhensions plus grandes que les voyageurs d'aujourd'hui. Il n'y a pas un siècle, aucun homme sensé ne fût parti de chez lui, pour venir d'Exeter à Londres, sans avoir, au préalable, fait de solennels adieux à sa famille, et déposé dans des mains sûres son testament en bonne et due forme. Vers le même temps, en France, les voies et chemins publics n'étaient guère plus attrayants; mais, il y a deux siècles, ils l'étaient infiniment moins. Ne voit-on pas l'homme du monde le moins accessible à la peur, le plus indifférent aux petites misères de la vie, — la Fontaine, pour tout dire, — qui s'écrie, dans une lettre à sa femme : « Je ne songe point à cette vallée de Tréfou que je ne frémisse :

C'est un passage dangereux,
Un lieu, pour les voleurs, d'embûche et de retraite ;

A gauche un bois, une montagne à droite;
            Entre les deux,
    Un chemin creux? »

V.

Pour prévenir toute crainte exagérée du danger, pour confiner les terreurs des timides dans de justes bornes, il n'est besoin que d'examiner quelle est l'étendue du risque à courir, c'est-à-dire de comparer le chiffre des accidents avec le chiffre des voyageurs, et de tenir compte, en même temps, des distances parcourues. On arrivera ainsi à déterminer le risque réel couru par le voyageur, en chemin de fer, avec une précision arithmétique aussi rigoureuse que la durée moyenne de la vie, durée qu'on détermine à l'aide des tables de naissances et de décès. On n'ignore pas, sans doute, que la détermination de cette durée moyenne est si exacte, si certaine, qu'on en a pu faire la base d'institutions commerciales (les assurances sur la vie) qui fonctionnent sur des millions.

VI.

Lorsque, sur un chemin de fer, un accident survient, il suffit, pour décider équitablement entre les victimes de l'événement et l'administration du chemin, qu'on accuse presque toujours de négligence ou d'impéritie, il suffit, dis-je, de rechercher les causes déterminantes du fait. Procèdent-elles des imperfections inhérentes à toute machine, même la plus complète, même la mieux construite, on doit alors les ranger au nombre des causes inévitables. Observons toutefois que la proportion des accidents qui admettent une explication de ce genre est heureusement on ne peut plus faible. Procèdent-elles d'une mauvaise administration, ainsi, de surcharge, de surchauffement de machines ou, ce qui revient au même, d'un matériel de force locomotrice insuffisant, de la négligence ou de l'incapacité des employés, etc., alors l'administration du chemin de fer doit être considérée comme responsable, et, suivant le caractère, la nature de l'accident arrivé, on verra dans quel sens une réforme administrative peut et doit être faite. Enfin procèdent-elles de l'imprudence ou de la négligence du voyageur lui-même, — cas trop fréquent, — la responsabilité de la compagnie cesse alors, et le caractère de l'accident arrivé indiquera aux voyageurs le genre de précautions à prendre pour s'en garantir.

VII.

Pour calculer les chances d'accidents fatales à la vie ou à la santé, il ne suffit pas de comparer le chiffre des passagers tués ou blessés avec le chiffre total des passagers enregistrés aux stations. C'est là une erreur évidente, encore qu'elle ait été régulièrement commise chaque année par les commissaires du gouvernement (anglais) près les chemins de fer, dans leurs comptes rendus et rapports. Leurs calculs sont basés sur cette hypothèse, que tous les voyageurs courent le même risque, quelle que soit la distance parcourue. Ainsi ils supposent qu'un voyageur inscrit à Londres pour Aberdeen (distance, environ 130 lieues) ne court pas plus de risques que le voyageur qui va de Londres à Greenwich (distance, environ 2 lieues).

Évidemment, au contraire, le risque couru (les circonstances restant les mêmes) est dans la proportion stricte de la distance franchie : un voyageur qui fait 100 lieues court dix fois plus de risques que celui qui ne fait que 10 lieues. La prime d'assurance contre les chances d'accidents en chemin de fer devrait être de *tant par lieue,* c'est palpable.

VIII.

Donc, pour déterminer l'étendue des risques que l'on court en voyage, sur n'importe quel système de voies de fer, il serait besoin de comparer le nombre total des accidents arrivés en un temps donné, — en un an, par exemple, — avec le total exact des milles (ou kilomètres en France) parcourus dans le même temps. Ce compte des milles ou kilomètres parcourus peut toujours être dressé avec précision, puisqu'il est représenté par le total des distances franchies par les voyageurs inscrits dans l'intervalle. Maintenant, comme le prix des places payé par les voyageurs de chaque classe est en raison des distances parcourues, le total de ces distances sera trouvé avec toute la précision nécessaire, si l'on divise le total des recettes par le prix moyen exigé par chaque mille ou kilomètre franchi.

IX.

Afin de rendre cette méthode d'investigation plus sensible, supposons que, dans un temps donné, le nombre ces voyageurs qui ont pris place sur telle ligne soit représenté par 100 millions de milles (40 millions de lieues environ), c'est-à-dire que toutes les distances parcourues par les voyageurs inscrits produisent, additionnées, un total de 100 millions de milles. C'est, on le voit, comme si un million de voyageurs eussent été transportés sur une distance de 100 milles.

Supposons maintenant que, dans le même temps, 10 de ces voyageurs aient été tués et 100 autres blessés. Il suit de là que, sur 1 million de voyageurs parcourant une distance de 100 milles, 10 seraient tués et 100 blessés. Les chances de mort, en chemins de fer, seraient, par conséquent, 1 sur 100 000, et les risques d'être blessé sans que mort s'ensuivît seraient 1 contre 10 000. Ce qui signifie que, quand un voyageur entreprend par voie ferrée un trajet de 100 milles, les chances de n'être pas tué sont dans le rapport de 100 000 à 1, et les chances d'être simplement blessé dans le rapport de 10 000 à 1. Pour parler plus exactement.

il faut dire que les chances de n'être pas tué sont dans le rapport de 99.999 à 1, et celles d'être blessé dans celui de 9,999 à 1. On a préféré ici donner des nombres ronds pour simplifier, et d'ailleurs, en pratique, ils sont suffisants. — On doit voir facilement, d'après ces données, comment les risques courus pour d'autres distances pourraient être calculés, puisque les risques varient en raison des distances franchies. Ainsi, en admettant que les risques, en parcourant 100 milles, soient dans le rapport de 100 000 à 1, ces risques, pour 200 milles, sont dans le rapport de 100 000 à 2, ou de 50 000 à 1 ; pour 50 milles franchis, ils seront dans le rapport de 100 000 à $^{1}/_{2}$, ou de 200 000 à 1, et ainsi de suite.

X.

Les comptes rendus officiels que publie annuellement le *Board of Trade* (le Conseil du commerce) fournissent toutes les données nécessaires pour déterminer le total réel des risques courus sur les chemins de fer du Royaume-Uni. On se propose, dans ce Traité, d'appliquer aux données susdites les principes de calcul qui ont été précédemment exposés, de façon à déterminer quel est, dans le système et l'économie des chemins de fer existants, le risque réel que courent les voyageurs.

En appliquant les mêmes règles de calcul à différentes époques, aux différentes parties du monde, telles que l'Angletetre, la France, etc., nous verrons si les catastrophes qu'on a eu parfois à déplorer ont amené des améliorations, des modifications capables de diminuer le chiffre des risques dans une proportion sensible et satisfaisante ; nous verrons dans quels pays la sécurité, la sûreté des voyageurs, trouve le plus de garanties.

XI.

Le tableau qui suit présente le résumé sommaire des accidents dont les chemins de fer du Royaume-Uni ont été le théâtre en 1847 et 1848 :

DU 1er JANVIER 1847 AU 31 DÉCEMBRE 1848.	TUÉS.	BLESSÉS.
Voyageurs victimes d'accidents qu'ils ne pouvaient prévenir.....	28	215
Voyageurs victimes d'accidents qu'ils eussent pu prévenir.......	23	13
Employés victimes d'accidents qu'ils ne pouvaient prévenir.....	30	57
Employés victimes d'accidents qu'ils eussent pu prévenir.......	232	85
Personnes victimes de leur imprudence, soit en traversant la voie, soit en s'y tenant arrêtées....................	96	22
Personnes victimes de la négligence des employés..............	2	1
Suicides................................	2	»
	413	393

Le tableau suivant est le résumé des accidents en 1850 et 1851 :

DU 1ᵉʳ JANVIER 1850 AU 31 DÉCEMBRE 1851.	TUÉS.	BLESSÉS.
Voyageurs victimes d'accidents dont ils ne pouvaient se garantir.	31	526
Voyageurs victimes d'accidents dont ils se pouvaient garantir....	37	32
Employés victimes d'accidents qu'ils ne pouvaient prévenir......	129	69
Employés victimes d'accidents qu'ils pouvaient prévenir........	116	42
Personnes victimes de leur imprudence en traversant la voie, ou en s'y tenant arrêtées....................................	113	24
Personnes victimes de la négligence des employés..............	»	»
Suicides..	8	»
	434	693

XII.

Pour déduire de ces relevés quelques conclusions certaines, soit en ce qui concerne le danger couru par le voyageur, soit en ce qui touche la bonne gestion du chemin, il faudra déterminer dans chaque cas le chiffre total des milles parcourus par les voyageurs, et établir une comparaison entre ce chiffre et les accidents.

Au moyen des relevés du trafic des voyageurs, comparé à la moyenne des prix en proportion de la distance, on trouve que le *millage* ou chiffre total des passagers de toute classe, pendant chacun des intervalles auxquels se réfèrent les relevés qui précèdent, etait comme il suit :

Millage des voyageurs.

Durant les deux années finissant au 31 décembre 1848. . . 1 830 184 617
au 31 décembre 1851. . . 2 282 752 756

Ces chiffres signifient que le mouvement total de voyageurs sur les chemins de fer a été le même que si 1 830 184 617 voyageurs avaient franchi un mille en 1847-1848 et 2 282 752 756 un mille en 1850-1851. — En comparant à ces chiffres le chiffre des tués et des blessés, il sera facile de déterminer le nombre des personnes de chaque classe tuées et blessées dans le transport d'un nombre donné de voyageurs sur une longueur donnée de chemin de fer.

XIII.

Veut-on savoir le nombre des personnes de chaque classe tuées et blessées dans le transport d'un million de voyageurs sur cent milles de chemin de fer, pendant l'un ou l'autre des intervalles de deux années auxquels se rapportent les relevés précédents? On y arrive par une simple proportion, il n'y a qu'une règle de trois à faire : le chiffre total des milles, ou millage, divisé par cent, est au nombre d'accidents relevés comme un million est au nombre d'accidents arrivés dans le transport d'un million de voyageurs sur cent milles. — Voici les résultats de ce calcul :

XIV.

TABLEAU *présentant la moyenne du nombre de personnes tuées et blessées dans le transport d'un million de voyageurs sur cent milles de chemin de fer, dans le Royaume-Uni.*

	1847 — 1848				1850 — 1851			
	TUÉS.		BLESSÉS.		TUÉS.		BLESSÉS.	
Voyageurs victimes d'accidents auxquels ils ne pouvaient se soustraire...........	1.53		11.75		1.36		23.04	
Voyageurs victimes d'accidents auxquels ils pouvaient se soustraire.	1.26		0.71		1.62		1.40	
Total..........		2.79		12.46		2.98		24.44
Employés victimes de circonstances qu'ils ne pouvaient prévoir........	1.64		3.11		5.65		3.02	
Employés victimes de circonstances qu'ils pouvaient prévoir..........	12.68		4.64		5.08		1.84	
Total..........		14.32		7.75		10.73		4.86
Imprudents et étrangers........	5.25	5.25	1.20	1.20	4.95	4.95	1.05	1.05
Total général....		23.36		21.41		18.66		30.35

XV.

Les résultats numériques consignés dans le petit tableau ci-dessus ont un grand intérêt et une haute importance, non-seulement pour les voyageurs qui courent les risques d'accidents, mais pour les directeurs de chemins de fer ; ils fournissent la proportion réelle des accidents aux voyageurs et aux autorités, dont la mission est de veiller à ce que toutes les précautions possibles soient adoptées dans l'intérêt de la sécurité publique. — Pour les personnes moins familières avec les opérations arithmétiques, on examinera ici quelques-unes des conséquences à tirer de notre tableau.

On voit qu'en 1850-1851, 2.98 ou à peu près 3 voyageurs par million d'individus, parcourant 100 milles, ont été tués. Par conséquent, les chances de n'être pas tué ont été, pour chaque voyageur, dans le rapport de 1 000 000 à 3 ou de 333 333 à 1. — De même, 24.44 voyageurs sur 1 000 000 ont été blessés, estropiés, ont plus ou moins souffert. Les chances de n'être pas blessé ont été par conséquent, pour chaque individu, dans le rapport de 1 000 000 à 24.44 ou à peu près de 40 000 à 1.

Malgré la gravité de quelques-uns des accidents, on doit donc reconnaître qu'il n'y a pas, au fond, beaucoup de danger à courir en chemin de fer.

XVI.

Les accidents dont les voyageurs sont victimes et qui procèdent de causes qu'ils n'ont pu prévoir, ceux qui procèdent de leur imprudence et de leur manque de précautions, méritent une attention spéciale. On voit qu'en 1850-1851, plus de la moitié des accidents fatals à la vie viennent de ces causes. Mais le trait le plus saillant des accidents arrivés, c'est que la plus grande partie ont été mortels. Sur le chiffre des accidents procédant de causes indépendantes des voyageurs, il en est 1 sur 18 qui entraîne mort d'homme, tandis qu'il y en a plus de la moitié de fatals parmi les accidents résultant d'imprudence.

XVII.

Ces proportions remarquables se révèlent pareillement en 1847-1848, et, comme on les trouve également dans les autres périodes, on peut les considérer comme une *loi* fixe à laquelle sont soumis les voyageurs par voies ferrées. — Le voyageur fera donc bien de se rappeler que, sur le peu de risques qu'il a à courir, il y en a la moitié dont il peut s'affranchir, s'il est prudent ; il devra se rappeler aussi que le risque qu'il court par son imprudence est le plus souvent le *risque de la vie,* et non pas simplement le risque d'être blessé.

XVIII.

On voit encore par le tableau ci-dessus que le transport d'un million de voyageurs sur 100 milles de chemin donne lieu à la mort de 11 employés et de 5 étrangers qui se trouvent sur la voie, et que 5 employés et 1 étranger reçoivent des blessures plus ou moins graves. — Ce qu'il y a de plus remarquable dans la gravité des accidents qui arrivent à ces deux classes de victimes, c'est la grande proportion des accidents fatals à la vie et procédant d'imprudence personnelle à la victime. Ainsi, sur 15 employés victimes d'accidents, 11 ont été tués ; et sur ces 11, la moitié a dû la mort à des imprudences. Sur les 10 étrangers victimes d'accidents, 5 ont été tués.

XIX.

Enfin, il résulte de notre tableau que, dans les deux années 1847-1848, le transport d'un million de voyageurs, sur une longueur de 100 milles, a coûté la vie à 23 voyageurs de toutes classes et causé des blessures à 22 ; que, pendant les années 1850-1851, sur le même chiffre de voyageurs, 19 ont été tués, et 30 blessés. Ce qui donne, pour la première période, un total de 45 victimes, et pour la seconde un total de 49. — Si donc on prenait la totalité des personnes victimes d'accidents pour indice de la bonne administration des chemins de fer, il semblerait qu'aucune amélioration bien sensible ne se serait produite pendant les cinq années qu'embrassent les relevés ci-dessus.

XX.

Les accidents sur les chemins de fer étrangers sont moins nombreux, comme on pourrait s'y attendre, leur mouvement n'étant pas aussi important. Sur les chemins de fer belges, pendant les trois années qui ont fini au 1ᵉʳ décembre 1846, il n'y a eu que trois voyageurs tués par des causes indépendantes d'eux. Le millage total des voyageurs avait été de 239 629 541 ; d'où il suit que, dans le transport d'un million de voyageurs sur 100 milles, le nombre des personnes tuées pour des causes indépendantes d'elles a été de 1.25, c'est-à-dire très-peu inférieur à celui des personnes tuées sur les chemins de fer anglais.

XXI.

Sur les chemins de fer français, les accidents ont été plus rares encore. Une catastrophe horrible eut lieu, le 8 mai 1842, sur le chemin de fer de Paris à Versailles ; un train prit feu, et des conséquences épouvantables en résultèrent. Un autre accident sérieux eut lieu au remblai de Fampoux, sur le chemin de fer du Nord, en 1846. Il n'y en a, pour ainsi dire, pas d'autres à déplorer. — Dans les deux années finissant au 31 décembre 1848, il n'y eut d'accident sur aucun chemin de fer français.

XXII.

Peut-être n'est-il pas sans intérêt de mettre en regard de ce qui précède les relevés des accidents dus aux voitures circulant dans Paris et aux environs :

En 1834, il y eut. . . . . . 4 personnes tuées, et	134 blessées.
1835 . . . . 12	214
1836 . . . . 5	220
1837 . . . . 11	361
1838 . . . . 19	366
1839 . . . . 9	384
1840 . . . . 14	394
Total. . . . 74 personnes tuées, et	2 073 blessées.

XXIII.

Quelque insignifiante que soit la proportion des personnes blessées sur les voies de fer, par rapport au chiffre total des voyageurs, il est utile de connaître les causes auxquelles sont dus les accidents. — Ces causes, lorsqu'elles ne dépendent pas de l'imprudence des victimes, dépendent en général, soit de la rencontre d'un train de voyageurs avec un autre convoi, soit du déraillement partiel ou total du train.

Les chemins de fer anglais sont généralement à doubles lignes. Tout est disposé de façon à ce que tous les trains sur la même ligne suivent la même direction. Il en résulte que la collision de deux trains ne peut avoir lieu que dans deux cas : lorsqu'un train en avance en atteint un autre en retard, ou bien lorsqu'un train en marche en atteint un autre qui est arrêté. — Évidemment donc, si tous les trains marchaient avec la même vitesse et s'arrêtaient tous aux mêmes stations, il n'arriverait jamais de collisions, excepté quand un train se trouverait retardé ou arrêté par quelque accident, ou lorsqu'une voiture se trouverait intempestivement sur la voie.

Les probabilités de collision dépendent, par conséquent, des différences de vitesse des trains et des différences dans le chiffre des stations auxquelles ils s'arrêtent.

Mais, sur les voies actuelles, l'uniformité de vitesse n'est pas possible. Le trafic des voyageurs et des marchandises s'effectuant nécessairement sur les mêmes lignes, et les convois de marchandises allant moins vite que les autres, il en résulte une source de danger. Si, au moment de leur construction, on eût prévu le mouvement immense des chemins de fer actuels, on eût pu considérer s'il n'était pas avantageux de donner aux voies principales trois lignes de rails et d'en réserver une pour le trafic des marchandises exclusivement. C'eût été infiniment mieux que d'augmenter la capacité de la voie, en donnant aux rails plus de largeur, et, partant, plus de grandeur et de poids aux machines et aux voitures. Mais il est trop tard aujourd'hui pour revenir là-dessus ; il ne reste qu'à adopter les meilleures mesures possibles contre les collisions, dont la probabilité, comme on l'a vu, croît avec le nombre des trains et les différences de leur vitesse moyenne.

<h2 style="text-align:center">XXIV.</h2>

La commodité du public exige de fréquents départs, une grande célérité, de nombreuses stations intermédiaires. Ces exigences ne peuvent être satisfaites sans donner lieu à maintes causes de collision. — Pour répondre au besoin de célérité, on a établi des trains *express* d'une vitesse extraordinaire et ne s'arrêtant qu'aux stations principales. Pour répondre au besoin d'intercommunication avec les stations intermédiaires, on a établi des trains qui s'arrêtent à toutes les stations ; et comme les stations ne sont pas, en moyenne, à quatre milles l'une de l'autre, ces trains doivent avoir presque toujours soit un mouvement retardé, soit un mouvement accéléré. A peine ont-ils repris leur vitesse en quittant une station, qu'il leur faut ralentir leur marche, afin de s'arrêter à la prochaine. La vitesse moyenne de ces trains est, par suite, comparativement faible. — Entre ces trains et les trains express, qui présentent les extrêmes de vitesse, il en est d'autres dont la vitesse moyenne est intermédiaire ; ils s'arrêtent moins souvent que les premiers, plus fréquemment que les seconds, et leur pleine vitesse est inférieure à celle des trains express.

Quand on met en compte toutes ces circonstances, et quand on envisage que, sur plusieurs des grandes lignes principales, comme la ligne du Nord-Ouest, il ne passe pas moins de cinquante trains sur quelques rails en vingt-quatre heures (cinquante trains, dont plus de la moitié circulent pendant le jour, c'est-à-dire se succèdent dans des intervalles très-courts), on s'étonne, non pas de ce que des collisions arrivent quelquefois, mais de ce qu'un mouvement si compliqué s'effectue sans qu'il y ait danger complet et imminent.

La principale cause d'accidents par collisions procède de l'abandon de wagons ou de trucks sur les rails.

Lorsqu'un train express doit être arrêté, il faut qu'on arrête la vapeur et qu'on applique les freins à une distance considérable du lieu où l'arrêt doit se faire. De là résultent les plus grandes chances d'accidents par collision avec ces trains. Un obstacle observé sur la voie par le conducteur doit être signalé à une distance assez grande pour qu'on puisse arrêter le train, autrement un accident est inévitable.

Souvent un accident en amène un autre. Quand un accident arrive à un train, il demeure, tout ou partie, sur la ligne pendant un certain temps et dans un endroit où, suivant le règlement, il ne doit pas se trouver ; les trains qui suivent la même ligne de rails ne s'attendant pas à rencontrer un tel obstacle, un choc peut s'ensuivre. Dans ce cas, les gardiens ou conducteurs retournent sur la ligne, et, si l'accident est arrivé la nuit, ils font des signaux avec leurs lanternes pour avertir de l'obstacle les trains qui approchent.

Dans certaines classes d'accidents, les deux lignes sont obstruées à la fois, et des précautions analogues doivent être prises dans les deux directions. Ainsi, quand un train ou partie d'un train a déraillé, et que machine, voitures ou wagons sont renversés, ceux-ci sur une ligne, ceux-là sur l'autre, alors on envoie du monde sur les deux lignes, en amont et en aval, pour avertir les trains approchants de s'arrêter.

XXV.

Les accidents les plus fréquents, après ceux qui naissent de collision, sont ceux qui procèdent de la machine ou du déraillement des wagons. Les causes génératrices de cet ordre d'accidents sont très-nombreuses. — Les plus ordinaires sont des objets laissés sur la voie, tels que blocs de bois, barres de fer, traverses ou rails de réserve. La machine, rencontrant des obstacles de cette nature, dévie généralement et entraîne avec elle un ou plusieurs wagons. — Des animaux sortis des champs voisins ont franchi les clôtures de la voie ; la locomotive, les rencontrant, a déraillé. — Une roue, un essieu de la locomotive, le tender, une voiture, se sont brisés ; il n'en faut pas d'autre pour amener un déraillement. Un vice dans les rails eux-mêmes a souvent donné lieu à un accident semblable. Ceci est surtout sujet à se présenter aux coussinets, c'est-à-dire aux points où les bouts de deux rails successifs s'unissent. Il arrive fréquemment qu'un de ces rails se trouve fort au-dessus ou au-dessus de l'autre, ou bien que les rails ne sont pas suffisamment affermis sur le coussinet. Le choc de la roue de la locomotive sur un joint ainsi défectueux peut, soit immédiatement amener la rupture du rail, ou l'affaiblir au point qu'une roue des voitures suivantes le rompra, et les voitures dérailleront.

XXVI.

Les négligences dans la manœuvre des rails mobiles et des aiguilles (nom qu'on donne à une partie du mécanisme qui permet aux trains de passer d'une ligne sur une autre, ou d'une des lignes dans les gares d'évitement) sont aussi très-souvent causes d'accidents. Quand on veut opérer le passage dont il s'agit, un certain changement doit être effectué dans la position des rails mobiles par une personne employée à cet effet sur la ligne, et, lorsque le passage a eu lieu, on rétablit les rails dans leur position accoutumée. Si quelque négligence se produit dans cette opération, il en résulte pour les trains qui passent ensuite un danger très-grand.

XXVII.

Afin de déterminer la part qui revient à chacune des causes d'accidents qui arrivent sur les chemins de fer, nous avons pris indistinctement, dans les comptes rendus sur ce sujet, 100 cas, dont l'analyse suit :

Accidents résultant de collisions. 56
     de roue ou d'essieu brisé. 18
     de défaut dans le rail. 14
     des aiguilles. 5
     d'obstacles sur la voie. 3
     de déraillements causés par des animaux. 3
     d'explosion de chaudière. 1
                 100

Il suit de là que, sur 100 accidents, 56 procèdent de *collisions,* et 32 de déraillements causés par la rupture d'une roue ou d'un essieu, ou par des rails défectueux. Les autres causes d'accidents s'élèvent à un chiffre très-faible, comme on voit.

Puisque plus de la moitié du nombre total des accidents qui arrivent sur les chemins de fer procèdent de collisions, c'est surtout vers cette cause d'accidents que doit se porter l'attention des compagnies.

Avant qu'une collision ait lieu, le conducteur et les autres employés du train qui vient ont ou doivent avoir les moyens d'observer l'objet qui se trouve en avant, et contre lequel ils vont donner. S'il est possible d'arrêter le train avant qu'il ait franchi la longueur de voie ou l'espace d'entre le point où l'obstacle a été remarqué et le point où cet obstacle serait atteint, la collision sera prévenue. Cette possibilité dépendra du nombre de freins et de garde-freins que possédera le train par rapport à son poids et à sa vitesse.

L'expérience a prouvé que la distance ou l'espace dans lequel un train d'un poids donné peut être arrêté par un nombre donné de freins est en proportion du carré de la vitesse du train, c'est-à-dire qu'avec une vitesse double il exigera quatre fois plus de freins ; avec une vitesse triple, neuf fois plus de freins, et ainsi de suite.

Lors de l'accident qui eut lieu près de Wolverton, le 5 juin 1847, on reconnut qu'il était impossible d'arrêter un train de dix-neuf voitures dans une distance de 540 *yards* (413ᵐ,560), et par une vitesse de 25 *miles* à l'heure. Dans l'espèce, une collision ne put être évitée, et sept personnes furent tuées ; l'enquête fit connaître que ce train possédait trois freins : le tender en avait un, les voitures deux.

XXVIII.

Les enquêtes qui s'ouvrirent à propos de cet accident et de quelques autres analogues induisirent le conseil du commerce à proposer comme règle, pour les compagnies de chemins de fer, d'établir un frein toutes les quatre voitures. — En février 1848, le gouvernement français ordonna une mesure semblable pour les trains circulant sur les voies de France.

XXIX.

Cependant, puisque la puissance des freins, nécessaire pour arrêter un train, s'accroît avec la vitesse dans une si grande proportion, un nombre de freins plus considérable encore serait nécessaire pour un train rapide, tel que les trains express. Chaque voiture composant ces trains devrait être pourvue d'un frein et d'un garde-frein particuliers. Il s'ensuivrait, sans doute aucun, une augmentation de dépense considérable pour cette classe de trains ; mais la sécurité publique est un objet de trop haute importance pour qu'on ait égard à une raison de cette nature.

XXX.

Un danger résulte souvent de la tentative qu'on fait pour en éviter un autre. Lorsqu'on aperçoit sur les rails, devant le train, un obstacle quelconque, naturellement on doit user de tous les moyens pour arrêter le train subitement. Mais si l'on n'agit avec une grande précaution et beaucoup d'habileté, un péril, plus sérieux même que celui qu'on prétend éviter, se produit. Les moyens d'arrêter un train sont le frein du tender qu'on serre, les freins des voitures, et enfin le *renversement de l'action de la machine.* Ce procédé consiste à changer le mouvement des tiroirs de façon à ce que la vapeur arrête les pistons au lieu de les accélérer. Il s'ensuit que toute la force de la vapeur est soudainement amenée à s'opposer au mouvement en avant du train.

XXXI.

C'est là un procédé dangereux. La marche de la locomotive est entravée par un agent qui n'agit pas sur les voitures dont elle est suivie. Celles-ci sont conséquemment poussées sur la locomotive, et l'une contre l'autre, de toute la force dont la locomotive se trouve privée par l'action en arrière (renversée) de la vapeur. L'effet qui se produit est à peu près le même que celui qui aurait lieu si une locomotive, placée derrière le train, poussait brusquement le train contre la locomotive de devant. Il en résulte une tendance à lancer les voitures intermédiaires hors des rails, en doublant (en pliant sur lui-même) le train.

Avant donc de renverser la vapeur, avant même de serrer le frein du tender, il est toujours utile d'avertir les garde-freins de serrer les freins des voitures qui composent le train. Cela fait, et le frein du tender étant ensuite serré, il y a moins de danger à renverser la vapeur sur la locomotive. — Mais il arrive malheureusement que, dans les circonstances où ces mesures extrêmes sont nécessaires, on a rarement le temps d'observer tant de précautions. Il est inutile d'insister ici sur la nécessité d'établir sur le tender un signal en vue des garde-freins, et des postes d'où ils puissent toujours voir ce signal.

XXXII.

Nous ne quitterons pas ce sujet sans appeler l'attention sur l'ingénieuse application qu'on a faite de substances détonantes, nommées actuellement *signaux de brume.*

Ce sont des boules fulminantes qui, écrasées, font explosion et détonent comme un pistolet. Lorsqu'un accident survient à un train et l'arrête, ou généralement lorsqu'un obstacle se présente sur la voie, dû à quelque cause inattendue et qu'on ne puisse immédiatement faire disparaître, s'il y a en ce moment un brouillard ou quelque autre cause qui empêche le conducteur du train qui vient de voir l'obstacle, le gardien ou policeman se précipite au-devant du train, et place les boules en question sur les rails, de distance en distance. De cette façon, lorsque le train vient, il fait éclater les boules en roulant sur elles, et le conducteur est ainsi averti d'arrêter.

XXXIII.

Les conséquences déplorables résultant de collision sont souvent aggravées par la manière dont les voitures (ou wagons) qui composent les trains sont reliées ou réunies entre elles. Le mode de jonction ou de réunion des wagons consécutifs dont se compose un train est celui-ci. De l'extrémité du chàssis qui supporte chaque voiture partent deux fortes tiges de fer qui s'appuient contre des ressorts en spirale ou à boudin, et qui se terminent par des coussins d'environ un pied de diamètre, nommés tampons. Quand deux voitures à la suite l'une de l'autre viennent en contact, ces tampons doivent se rencontrer de manière à ce que leurs centres coïncident. Pour cela, il faut que les tampons de toutes les voitures aient la même largeur, c'est-à-dire qu'il y ait la même distance entre leurs centres, et, en second lieu, qu'ils soient à la même hauteur au-dessus des rails. Si cette disposition n'était pas adoptée, une collision aurait pour effet d'amener une voiture à pousser l'autre de côté ou en haut : de côté, si le centre du tampon déviait horizontalement ; en haut, s'il avait une déviation verticale.

Dans tous les cas, les voitures tendraient à se précipiter l'une l'autre hors des rails.

Les voitures successives qui forment un train furent d'abord reliées entre elles par une chaîne, qui nécessairement était toujours un peu lâche ; de cette manière, lorsque la locomotive entraînait le train, les tampons n'étaient pas en contact parfait, et lorsque le train s'arrêtait, ou seulement lorsqu'il ralentissait sa vitesse, les voitures postérieures se jetaient contre les voitures antérieures avec un choc dont la force était proportionnelle à la différence de leurs vitesses. — Ce mode de réunion fut remplacé par une vis d'accouplement, qui permet d'entraîner les wagons ensemble ; il s'ensuit que les tampons sont en contact parfait, et leurs ressorts un peu comprimés. — Le train forme donc une colonne complète, une, et le changement de vitesse qu'il a à subir ne produit pas la collision partielle dont on a parlé.

De là résulte que, pour diminuer les chances de dégâts résultant de collision, il faut avoir soin d'éviter l'emploi de tampons excentriques, et d'accoupler convenablement les trains.

XXXIV.

Quoique, dans le plus grand nombre des cas de déraillement, ce soit la locomotive qui abandonne les rails, cependant il arrive parfois que, tandis que la locomotive garde sa position, un ou plusieurs wagons déraillent. — Cet accident arrive fréquemment quand un essieu ou une roue vient à se rompre ; mais il arrive aussi que le déraillement d'une voiture a pour cause une défectuosité du rail, et alors le déraillement de la voiture a lieu lorsque la locomotive et les voitures précédentes ont franchi la portion du rail défectueuse. — Le 16 septembre 1847, sur le chemin de fer de Manchester et de Liverpool, la dernière voiture du train express, renfermant deux voyageurs, dérailla, sans que les autres voitures éprouvassent rien, et fut entraînée à une distance considérable avant que le mécanicien s'aperçût de l'accident. Les deux voyageurs que contenait la voiture furent tués.

On attribua ce malheur à un défaut dans les rails. On supposa que, le poids de la locomotive étant trop considérable par rapport à la force de résistance du chemin, elle avait dérangé les rails en y passant, et que, les wagons suivants augmentant le dommage, le dérangement était devenu seulement alors assez grand pour dérailler les roues du dernier wagon, lors de son arrivée en cet endroit.

XXXV.

Les accidents dont les chemins de fer ont été le théâtre ont porté les directeurs à chercher un moyen qui permît aux diverses voitures composant le train de communiquer avec le conducteur de la locomotive. Si, lors du dernier accident, le conducteur eût été averti de ce qui se passait au moment du déraillement, il est probable qu'on eût pu s'opposer aux fatales conséquences qui en résultèrent. — Antérieurement à cet accident, l'attention des commissaires du gouvernement s'était arrêtée sur la nécessité d'établir des surveillants pour chaque train, et d'informer promptement le mécanicien de l'imminence d'un accident; quelques-unes des principales compagnies ont été consultées sur les moyens les plus avantageux de remédier au mal.

XXXVI.

La compagnie du Grand-Occidental a proposé d'établir à l'arrière du tender un poste pour un conducteur, dans une situation suffisamment élevée pour qu'il domine les impériales des voitures; il aurait vue sur toute la longueur latérale du train, et pourrait passer d'un côté à l'autre du tender pour voir ce qui se passerait de chaque côté du train. Ce conducteur, par son voisinage avec la locomotive, pourrait immédiatement communiquer avec le mécanicien, et chacun des gardiens placés sur les voitures du train pourrait communiquer par signaux avec le conducteur.

La compagnie du Nord-Ouest demandait que le sous-conducteur de convoi se tînt toujours en avant, près de la locomotive, en faisant face au train, de manière à observer tout signal de détresse, d'irrégularité ou de dérangement dans les wagons que le conducteur-chef, placé à l'arrière du train, pourrait faire. Pour compléter cette disposition, il fallait seulement que le sous-garde et le mécanicien pussent communiquer; la compagnie voulait, en conséquence, que des mesures fussent prises qui permissent au sous-garde d'ouvrir à volonté le sifflet de la locomotive.

Les progrès accomplis par la télégraphie électrique donnent lieu d'espérer que cette admirable invention permettra de résoudre la question.

I.

COMPLÉMENT.

Après avoir examiné les circonstances déterminantes des accidents contre lesquels le voyageur est impuissant à se protéger, il convient de s'arrêter un instant sur les accidents causés par l'imprudence, le défaut de vigilance ou de soin du voyageur lui-même.

Les commissaires des chemins de fer publient périodiquement les relevés de tous les accidents, suivis de mort ou de blessures, qui ont lieu sur les voies. Pour déterminer comment la négligence ou l'imprudence agit dans la production de ces désastres, la plus sûre méthode sera d'extraire de ces relevés les accidents arrivés aux voyageurs, et de les classer suivant leurs causes. C'est pourquoi l'on a pris sans distinction cent accidents, et on les a classés dans le tableau suivant :

CAUSES.	RÉSULTATS.		
	TUÉS.	BLESSÉS.	TOTAL.
Station dans un lieu, une attitude ou position dangereux.	17	11	28
Sortie de voiture pendant que le train était en mouvement.	17	7	24
Entrée en voiture pendant que le train était en mouvement.	10	6	16
Saut de la voiture pour reprendre un chapeau ou un paquet tombé.	8	5	13
Passage à travers le chemin sans précaution.	11	1	12
Sortie par un mauvais côté.	3	3	6
Remise d'objet à un train en marche.	1	»	1
	67	33	100

D'après ce qu'on a dit et exposé, il est évident que, de tous les modes de locomotion inventés jusqu'ici par l'esprit humain, les chemins de fer offrent le plus de sécurité. En réalité, les risques courus, quand on les réduit en chiffres, paraissent insignifiants, imperceptibles. Néanmoins, beaucoup de personnes timides, et même certaines personnes auxquelles on ne peut donner cette qualification, sont convaincues qu'il en est autrement. Cela tient à ce que le plus grand nombre ne se rendent pas compte du chiffre exact des risques courus, mais surtout à ce que, dans le petit nombre des accidents arrivés, il s'en est suivi des résultats vraiment terribles. — Les voies de transport antérieures aux chemins de fer ont été le théâtre d'accidents fréquents; mais ces accidents, individuels en général, n'étaient pas assez importants pour qu'on y fît attention, ou pour trouver place dans les feuilles publiques. Au contraire, les accidents sur les chemins de fer, s'ils sont rares, son quelquefois accompagnés de circonstances qui effrayent; on en parle, on s'y appesantit, on les commente dans les journaux, et le public prend l'alarme.

Quel que soit le peu d'importance des risques, cependant, comme on peut, dans beaucoup de cas, diminuer le danger des accidents en dehors du contrôle des voyageurs en adoptant des précautions convenables; comme on peut, dans tous les cas, écarter entièrement toutes les causes de danger procédant d'ignorance ou de négligence, il est utile de faire connaître les règles par l'observance desquelles le voyageur peut rendre plus faible encore le chiffre déjà si faible des risques qu'il court en chemin de fer. Dans ce but, l'auteur réunit ici un certain nombre de règles principales, basées en partie sur une longue expérience personnelle et sur une grande pratique des chemins de fer de chaque partie du globe où ce mode de locomotion a été adopté.

RÈGLES DE CONDUITE POUR LES VOYAGEURS EN CHEMINS DE FER.

Ire RÈGLE. — *Ne jamais tenter d'entrer dans un wagon ou d'en sortir pendant qu'il est en mouvement, et quelque lent que soit ce mouvement.*

Cette règle est extrêmement importante. Sur cent accidents qui arrivent aux voyageurs, et auxquels donne lieu leur propre imprudence, quarante procèdent de cette cause; sur ces quarante, vingt-sept entraînent la mort.

C'est une particularité de la locomotion par chemin de fer que la vitesse, quand elle n'est pas très-considérable, semble toujours, au voyageur inexpérimenté, beaucoup moins grande qu'elle ne l'est en effet. Un train dont la vitesse est celle d'une voiture qui va rapidement, ne paraît pas aller plus vite qu'une personne qui se promène. A cette circonstance (qu'on explique par l'égalité extrême du mouvement) doit s'attribuer le grand nombre d'accidents atteignant les passagers qui tentent de descendre des trains encore en mouvement.

Le 4 juillet 1844, sur la voie de Dublin et de Drogheda, un passager s'élança du wagon avant que le train fût arrêté, tomba d'une main sur le rail, et les roues du wagon passèrent dessus.

Le 26 août 1844, sur le chemin de fer de Liverpool et de Manchester, un voyageur, s'élançant du wagon avant que le train fût arrêté, fut tué.

De pareils accidents, suivis de mort, arrivèrent sur le chemin de Jonction *(Great Jonction Railway)*, le 7 août 1846; sur celui d'Édimbourg et de Glascow, le 16 février 1846; sur le chemin du Sud-Ouest, le 9 janvier 1847; sur celui d'Est-Lancastre, le 29 mai 1847; sur le Nord-Ouest, le 1er février 1847; sur le Great North of England, le 17 février 1845; sur le Midland, les 27 et 31 octobre 1845.

Les comptes rendus fournissent une liste interminable de semblables malheurs; on a pris au hasard les précédents.

IIe RÈGLE. — *Ne jamais se tenir dans un endroit ou dans une position insolite.*

Sur cent accidents résultant du défaut de précaution, vingt-huit sont dus à cette cause. Sur ces vingt-huit, dix-sept sont suivis de mort.

Sur certaines lignes de chemins de fer, les impériales des voitures ont des sièges. Ceux qui les occupent se tiennent quelquefois debout par inadvertance, et lorsque le train passe sous un pont, une arche les frappe. Les gardiens et garde-freins, qui, par la nature de leurs fonctions, sont obligés à cette position, s'en trouvent souvent victimes, malgré leur expérience.

Les voyageurs doivent prendre garde de se pencher hors des fenêtres des wagons, de passer les bras dehors, ou, s'ils occupent une voiture de seconde classe sans porte, comme il arrive parfois, ils doivent avoir soin de ne pas étendre leurs jambes hors de la voiture.

Des voyageurs placés sur l'impériale des voitures d'un train, et se tenant debout accidentellement, ont été frappés à la tête par des arches de ponts, aux dates et sur les voies suivantes :

Chemin de Newcastle et de Carlisle.	2 septembre 1846.
Manchester et Sheffield	5 novembre 1847.
North-Union	6 janvier 1847.
South-Eastern	30 janvier 1846.
Bristol et Birmingham	11 juillet 1846.
Glascow et Ayr.	16 mai 1844.
Manchester et Birmingham	31 mai 1844.

Ce ne sont là que quelques-uns des exemples empruntés aux comptes rendus officiels.

Les blessures et les morts résultant de ce que les victimes se sont penchées hors des portes et des fenêtres, sont très-nombreuses et produites par différentes causes.

Sur la ligne de Preston and Wyre, le 18 avril 1844, un voyageur qui se penchait par une fenêtre fut frappé par le signal, et blessé.

Sur la ligne de Bolton and Bury, le 26 juillet 1846, un voyageur, en se penchant, fut frappé par la colonne de fer d'un pont, et tué.

Sur la ligne de Hull and Selby, le 17 avril 1846, un voyageur, qui étendait le bras pour ramener son vêtement, eut le bras brisé.

Sur la ligne d'Edimbourgh and Glascow, un voyageur, en montant d'un compartiment de voiture de seconde classe dans un autre, tomba et fut tué.

Sur la ligne de Bodmin and Wadebridge, le 3 août 1844, un voyageur, en passant d'une voiture dans une autre, tomba entre les deux et fut tué, etc., etc.

IIIe RÈGLE. — *Quand on voyage en chemin de fer, il est généralement excellent de demeurer à sa place sans sortir jusqu'à destination. Quand on ne le peut, il faut sortir le moins possible.*

IVe RÈGLE. — *Ne jamais sortir par le mauvais côté d'une voiture.*

Les chemins de fer anglais se composent en général de deux lignes de rails, qu'on appelle d'ordinaire, l'une ligne *supérieure*, et l'autre ligne *inférieure*. La règle qui s'applique aux chemins ordinaires est également applicable aux chemins de fer. Les trains occupent toujours la ligne de rails à la gauche du mécanicien en regardant devant soi. Il résulte de là que les trains, se mouvant dans des directions opposées, ne sont jamais sur la même ligne et qu'aucune collision n'est possible entre eux.

Les portes des voitures qui se trouvent à votre droite (en regardant la locomotive) s'ouvrent sur la voie entre les deux lignes de rails. Le voyageur ne doit jamais quitter la voiture par ces portes ; s'il le fait, il peut être frappé ou tué par les trains qui passent sur la ligne de rails adjacente. S'il quitte la voiture par la porte de gauche, il descend sur le côté du chemin où il n'y a pas de danger.

En quittant un train, on doit immédiatement se retirer à la distance de quelques pieds du bord de la ligne, afin d'éviter d'être frappé par les marchepieds ou autres parties saillantes des voitures qui passent.

Sur le chemin de fer du North-Western, le 12 janvier 1847, un voyageur, sorti par le mauvais côté de son wagon, fut atteint et tué par un train qui passait à ce moment.

Un accident semblable eut lieu, le 25 décembre 1848, sur la ligne du South-Eastern.

Les comptes rendus en signalent un grand nombre d'autres, suivis de mort ou de blessures graves.

V⁵ RÈGLE. — *Ne jamais passer d'un côté du chemin à l'autre, excepté quand il est absolument nécessaire de le faire, et en prenant les plus grandes précautions.*

Avant de traverser la ligne, il faut avoir soin de regarder les deux voies, afin de s'assurer s'il ne vient aucun train. On n'a pas seulement à craindre que le train n'arrive avant d'avoir atteint l'autre côté, on peut aussi faire un faux pas, trébucher, tomber d'une manière ou d'une autre, et le train alors peut vous aborder avant que vous vous soyez relevé et que vous ayez quitté la ligne qu'il suit.

C'est surtout sur les points où la ligne décrit une courbe que les précautions sont nécessaires, et là où la vue n'a qu'un champ circonscrit. A la vérité, le bruit du train avertit généralement de son approche; mais il ne faut pas toujours compter là-dessus, car le vent empêche parfois qu'on l'entende venir.

Lorsqu'on traverse un chemin de fer à l'endroit où se trouvent des gares d'évitement et de nombreux rails mobiles (ce qui se voit toujours aux stations ou près des stations), les pieds sont susceptibles de s'engager entre les rails et les rails mobiles, et souvent alors il est arrivé qu'une personne, ainsi empêchée, a été atteinte par un train avant d'avoir pu se débarrasser de l'obstacle.

Les voyageurs qui attendent aux stations l'arrivée d'un train, ou descendus d'un train qui s'est arrêté et attendant pour remonter, doivent prendre les plus grandes précautions. Le buffet se trouve parfois sur le côté de la route opposé à celui où s'arrête le train, et on n'y peut arriver qu'en traversant la ligne.

La nécessité d'observer la règle ci-dessus est manifeste quand on jette les yeux sur les comptes rendus.

Le 29 juin 1846, une femme qui attendait un train, au chemin de fer de Brighton, traversait la voie; à la vue du train qui s'avançait, la frayeur, on le suppose, la gagna, et elle tomba. Un employé, voyant sa situation, vole à son secours; mais, pendant qu'il s'efforce de l'entraîner, le train arrive et les tue l'un et l'autre.

Le 26 mars 1847, sur le chemin d'York and Newcastle, un voyageur, en traversant la ligne, a le pied embarrassé entre des rails; il est tenu dans cette position jusqu'à ce qu'un train arrive qui lui passe sur le corps et le tue.

Le 8 mai 1846, sur le chemin des Eastern-Counties, une dame veut franchir la ligne, afin d'empêcher un de ses enfants, qui se trouvait sur le côté opposé, de la traverser; elle est atteinte et tuée.

Le 15 juin 1846, sur le chemin de Darlington, un voyageur, qui attendait un train, tomba endormi sur le bord de la plate-forme et fut frappé par un train de marchandises qui passait. Il fut tué.

Il arrive fréquemment que, tandis que l'attention d'une personne traversant une ligne est portée sur un train qu'elle pense avoir le temps d'éviter, elle est frappée par un train venant en sens contraire, et qu'elle n'a pas vu.

Le chemin de fer Calédonien en fournit un exemple le 15 mars 1847. Un voyageur fut tué par un train, tandis que toute son attention était portée sur un autre train qui venait de la direction opposée.

Des accidents semblables, suivis d'un résultat aussi triste, sont arrivés sur beaucoup d'autres lignes. Le 30 décembre 1847, sur le Midland, un voyageur quitte le train et veut traverser la ligne; il est poussé par le marchepied de l'avant-garde-frein contre la plate-forme, et tué.

VIe RÈGLE. — *Les trains express sont plus dangereux que les trains ordinaires. Ceux qui veulent le plus de sécurité possible n'en doivent faire usage que lorsqu'ils sont absolument obligés d'arriver promptement.*

La principale source de danger des trains express ne résulte pas tant de leur vitesse extrême que de leur différence de vitesse avec les autres trains de la ligne. Si tous les trains sans exception avaient exactement la même vitesse, aucun train n'en atteindrait un autre, et ce genre de collision ne serait pas à redouter. Plus les trains s'écartent de cette uniformité de vitesse, plus les collisions sont probables. Comme trains exceptionnels, ils sont habiles à atteindre les trains plus lents et réguliers, si ceux-ci éprouvent un retard par une cause accidentelle quelconque ; comme trains d'une vitesse extrême, ils sont plus difficiles à arrêter à temps pour empêcher une collision. Si une collision a lieu, ses résultats sont désastreux, en raison directe de la vitesse relative des trains dont l'un atteint l'autre. L'importance du choc, toutes choses égales d'ailleurs, sera proportionnelle à l'excès de la vitesse du train le plus rapide sur celle du train le plus lent. — La probabilité d'une collision augmente aussi dans le même rapport.

Il devrait y avoir, pour les trains express, une ligne de rails particulière, exclusive.

Leur nombre par jour étant nécessairement faible, et la durée de leurs courses peu considérable, la même ligne de rails peut, sans inconvénient ni danger, servir au trafic dans les deux directions, comme sur les lignes simples de chemin de fer.

Des exemples prouvant le danger des trains express abondent dans les comptes-rendus.

VIIe RÈGLE. — *Éviter les trains spéciaux, les trains de plaisir, et, en général, tous trains exceptionnels. Ils présentent moins de sécurité que les trains ordinaires.*

Il y a toujours plus ou moins de danger de collision lorsque, sur un chemin de fer, un objet ne se trouve pas à sa place accoutumée. Les conducteurs des trains réguliers sont toujours informés de la marche des autres trains réguliers, et, sauf dans les cas d'arrêt ou de retard accidentel, ils savent où ils les doivent rencontrer. Les trains spéciaux sont établis dans des occasions soudaines, imprévues, et quoique leurs conducteurs sachent le mouvement des trains réguliers et soient à même de prévenir les collisions, les conducteurs des trains réguliers ignorent le mouvement des trains spéciaux.

Les trains de plaisir sont des trains exceptionnels, mais non imprévus. Ils sont, en conséquence, moins dangereux que les trains spéciaux. Néanmoins, ceux qui veulent sécurité doivent éviter ces trains. Un examen de la statistique des accidents en prouvera le danger.

Sur le chemin de Maryport and Carlisle, le 10 novembre 1846, une collision eut lieu entre un train spécial et un train de charbon, par suite de la négligence de l'employé pour les signaux à la station de Wigton, et du chef de gare à Carlisle. Le conducteur du train de charbon n'avait pas été averti de l'arrivée du train spécial et n'avait point reçu avis de s'arrêter jusqu'à son arrivée. Un passager seulement et le mécanicien furent blessés.

VIIIe RÈGLE. — *S'il arrive au train par lequel on voyage un accident qui l'arrête, pendant un certain temps, sur un point de la ligne où un tel arrêt n'est pas régulier, il est plus sûr de quitter la voiture que d'y rester; mais en la quittant, on devra se rappeler les règles I, IV et V.*

On peut affirmer, en général, qu'il y a toujours plus ou moins de danger sur un chemin de fer lorsque les voitures ou wagons se trouvent en un lieu où, d'après le règlement de la circulation sur la ligne, ils ne doivent pas être. Le train qui suit, ne s'attendant pas à les trouver là, peut les atteindre et produire une collision. Nous avons été personnellement témoin de plus d'un fait de ce genre, et les comptes rendus des commissions près les chemins de fer en fournissent plusieurs exemples. Nous devons donc signaler à l'attention du lecteur la règle ci-dessus : mais, en quittant le train, les voyageurs devront prendre garde de traverser la ligne, ou de s'y tenir arrêtés, ou de sortir des wagons par le mauvais côté.

IXe RÈGLE. — *Quand un chapeau s'envole, ou lorsqu'un paquet tombe, on doit prendre garde de céder à son premier mouvement et de s'élancer du wagon.*

On dirait que, chez certaines personnes, il y a un mouvement presque irrésistible qui les porte à sauter du train pour rattraper leur chapeau emporté par le vent ou tombé accidentellement. Les comptes rendus des accidents en fournissent maints exemples.

Xe RÈGLE. — *Quand on voyage en chemin de fer, il faut choisir, si l'on peut, un wagon placé au centre du train ou près du centre.*

En cas de collision, ce sont les premiers et les derniers wagons d'un train qui sont le plus susceptibles d'être endommagés. Si les deux trains se heurtent de front, les wagons de devant souffrent. Si le choc a lieu par un train qui vient derrière, ce sont les wagons de derrière qui supportent les conséquences du choc. — Dans la plupart des cas de collision, la justesse de la règle ci-dessus est évidente.

Si la locomotive déraille, ce sont encore les wagons antérieurs qui souffrent le plus.

XIe RÈGLE. — *On ne doit rien remettre à un train en marche.*

XIIe RÈGLE. — *Quand on voyage accompagné de sa voiture, il n'y faut pas demeurer sur le chemin de fer. On doit de préférence prendre place dans l'une des voitures ordinaires du chemin.*

Les voitures ordinaires des chemins de fer sont moins dangereuses, en cas d'accident, qu'une voiture particulière placée sur un truck. Elles sont plus fortes et plus lourdes. Elles sont moins susceptibles d'être lancées hors des rails ou écrasées, s'il y a collision. Les cendres qui sortent de la cheminée de la locomotive sont généralement en ignition, et si elles tombent sur un objet inflammable, elles y peuvent mettre le feu. Les voitures ou wagons n'ont rien à craindre de ce côté, à cause de leur construction particulière ; mais il n'en est pas de même des voitures privées, et, lorsqu'elles sont sur un truck, c'est-à-dire plus élevées que les wagons, elles sont plus exposées. De graves accidents ont été dus parfois à cette cause.

Les trucks qui transportent les voitures privées sont aussi placés souvent à l'extrémité du train, la plus dangereuse position (*voy.* X^e règle).

Le 8 décembre 1847, un accident arriva à la comtesse de Zetland, qui voyageait dans sa voiture particulière, sur le Midland. Voici le récit de lady Zetland elle-même :

« Le 8 décembre, je quittai Darlington à neuf heures vingt-cinq minutes, après avoir pris le train de Londres. Je voyageais dans mon coupé avec ma femme de chambre. La voiture fut attachée sur un truck, et placée, le dos tourné à la locomotive, vers le centre du train, qui se composait de nombreux wagons. Peu de temps après avoir quitté Leicester, je crus sentir une odeur de brûlé, et dis à ma femme de chambre de regarder par la fenêtre à côté d'elle si quelque chose était en feu. Elle baissa la fenêtre, mais la referma immédiatement, tant il pleuvait de petits morceaux de charbon ou de coke embrasés. Cependant je crus encore sentir une odeur de brûlé ; elle baissa derechef la fenêtre et s'écria que la voiture était en feu. Nous baissâmes alors les fenêtres de côté, et agitâmes nos mouchoirs en criant « Au feu ! » de toutes nos forces. Personne n'y fit attention. Je refermai les fenêtres, dans la crainte que le courant d'air qui traversait la voiture n'y activât l'incendie, et me résolus à y demeurer le plus possible. Quelque temps après, voyant que, selon toute apparence, aucun secours ne nous viendrait, ma femme de chambre s'effraya et, sans me faire part de son projet, ouvrit la portière, baissa le marchepied, et s'efforça de gagner le truck. Je la suivis ; mais malheureusement, comme je m'étais dirigée vers l'arrière de la voiture, qui était en feu, je fus obligée de lever le marchepied et de fermer la porte comme je pus, pour pouvoir passer à l'avant de la voiture, point le plus éloigné du feu, et où se tenait ma femme de chambre. Nous nous y cramponnâmes aux ressorts du coupé, en criant toujours « Au feu ! » et en agitant nos mouchoirs. Quelques policemen passèrent sur la route, mais aucun ne prit garde à nous. Nous ne vîmes aucun gardien. Un gentleman d'une voiture derrière la mienne nous aperçut, mais il ne put nous être d'aucun secours. Ma femme de chambre était au paroxysme de la terreur ; je la vis s'asseoir sur le bord du truck et serrer son manteau autour d'elle. Je pense lui avoir dit alors de se tenir ferme à la voiture. Je me tournai un moment pour agiter mon mouchoir, et quand je regardai ensuite, ma pauvre femme de chambre avait disparu. Le train poursuivait sa marche, le feu croissait naturellement, et le vent soufflait de mon côté. Un homme (un voyageur) se glissa le long des wagons et vint aussi près qu'il put du truck où je me tenais ; mais il lui fut impossible de me secourir. Enfin le train s'arrêta à la station de Rugby. Une locomotive fut envoyée à la recherche de ma femme de chambre. On la trouva sur la route, et on l'a déposée à l'hôpital de Leicester, où elle est maintenant dans un état désespéré. Elle a le crâne fracturé ; on lui a amputé trois doigts. Le train marchait avec une vitesse de 45 milles à l'heure. » — *Signé, S.-Y.* ZETLAND.

Le train se composait de sept wagons, de deux avant-freins et de quatre voitures privées sur des trucks, ensemble treize voitures. Il était remorqué par une locomotive avec mécanicien et chauffeur, et sous la surveillance d'un gardien, qui se trouvait à la queue du train, dans un wagon à bagages, d'où il ne pouvait voir la voiture en feu, laquelle était la huitième à partir de la locomotive.

XIIIe RÈGLE. — *On doit éviter les routes qui traversent une voie ferrée et de niveau avec elle ; on ne devra les franchir qu'avec le consentement du gardien.*

XIVe RÈGLE. — *Mieux vaut voyager de jour que de nuit, et par un beau temps que par un temps brumeux.*

Les collisions arrivent plus fréquemment la nuit et par un brouillard, que pendant le jour et par un temps découvert.

Certaines personnes, à l'approche d'un convoi, éprouvent, lorsqu'elles se trouvent sur la voie ou à peu de distance, une sorte de fascination ; elles sont, pour ainsi dire, attirées sous les voitures. Des exemples de ce genre se présentent si souvent, et dans de telles circonstances, qu'on peut les attribuer tous à une intention suicide.

FIN DU PREMIER VOLUME.

TABLE DES MATIÈRES.

LES PLANÈTES SONT-ELLES HABITÉES?

CHOSES USUELLES.

VOIES DE TRANSPORT AUX ÉTATS-UNIS.

ERREURS DES SENS.

LATITUDES ET LONGITUDES.

DES ACCIDENTS SUR LES CHEMINS DE FER.

LISTE DES AUTEURS CITÉS.

FIN DE LA TABLE.